U0311035

高职高专公共基础课规划教材

高等数学

第2版

主　编　周世新
副主编　常秀玲
参　编　尹升鹏

机械工业出版社

本书是以教育部制订的《高职高专教育高等数学课程教学基本要求》为指导，以“必需、够用”为原则，适当降低了难度，在认真分析、研究高职高专院校高等数学课程教改经验的基础上编写而成. 在体系安排上，注重贯彻循序渐进的原则，精心配备了各章节的例题、习题和复习题，题型新颖多样，形成梯度，并备有答案.

本书共8章，内容包括函数、极限与连续、导数与微分、导数的应用、不定积分、定积分及其应用、多元函数微分学、线性代数与线性规划简介.

本书可作为高职高专院校理工类、经管类专业的高等数学教材，也可作为成人院校、高等教育自学考试、专升本的教材或参考用书.

图书在版编目(CIP)数据

高等数学/周世新主编. —2版. —北京：机械工业出版社，2015.7 （2018.1重印）

高职高专公共基础课规划教材

ISBN 978-7-111-50629-4

Ⅰ.①高… Ⅱ.①周… Ⅲ.①高等数学—高等职业教育—教材 Ⅳ.①O13

中国版本图书馆CIP数据核字(2015)第141839号

机械工业出版社(北京市百万庄大街22号 邮政编码100037)
策划编辑：王玉鑫 责任编辑：王玉鑫
责任校对：张晓蓉 封面设计：张 静
责任印制：常天培
涿州市京南印刷厂印刷
2018年1月第2版第2次印刷
184mm×260mm · 15.25印张 · 373千字
3001—4900册
标准书号：ISBN 978-7-111-50629-4
定价：39.00元

凡购本书，如有缺页、倒页、脱页，由本社发行部调换

电话服务
服务咨询热线：010-88379833
读者购书热线：010-88379649

网络服务
机工官网：www.cmpbook.com
机工官博：weibo.com/cmp1952
教育服务网：www.cmpedu.com
金书网：www.golden-book.com

封面无防伪标均为盗版

前　言

随着高职高专院校课程改革力度的不断加大，基础理论课教学内容与学时正在逐步被压缩，而传统教材的难度普遍偏大，重理论，轻应用．为了适应这种新形势的需要，我们以高职高专教育的培养目标为依据，本着以“必需、够用”为度的编写原则，突出“理清概念，强化基础，注重应用”的特色，集思广益，编写了这本书．

本书共8章，包括函数、极限与连续、导数与微分、导数的应用、不定积分、定积分及其应用、多元函数微分学、线性代数与线性规划简介．这些内容基本可以满足高职高专院校绝大多数专业对高等数学教学的需求，其他各类院校不同的专业，可以根据实际教学情况选取自己所需内容．

本书在吸收同类教材优点的基础上，结合高职高专教学改革的实际情况，精心组织教材内容，具有以下几个特点：

1. 弱化逻辑推理，注意把握理论推导证明的深度，并保持了系统的完整性．

2. 对传统教材体系进行整体优化，削枝强干，注重实用、讲求实效、学以致用，删减一些不必要的内容，努力体现高等职业教育和成人教育的特色．

3. 注重数学思想和数学方法的介绍，对基本概念、公式、定理的解释力求言简意赅；对一些较烦琐的定理，一般只给出结论或从几何直观角度予以说明．

4. 在整体结构设计上，每章设有基本要求，便于教师备课和学生学习；每章后有小结，内容不但包括了本章的基本知识、基本方法和难点解析，还有常见的问题类型，便于学生自学和总结；在每章后还增加了阅读材料，在抽象的数学学习过程中增添了生动的元素，同时又扩大了学生对数学家的了解，开阔了视野、拓展了思维空间，满足了数学爱好者的需求．

5. 精选每一道例题和习题，并做到每节有习题，每章有复习题；题型多样，题量充足，且具有一定的梯度、密度；所选例题、习题富有启发性、应用性，没有单纯性的技巧和难度较大的习题；习题中包含了部分专升本考试题目，以满足部分学生专升本复习与考试的需要；书后附有所有习题和复习题的参考答案，能较好地满足教师教学和学生复习考试的需求．

6. 重视联系实际，体现数学在日常生活中的应用．考虑到学生在数学基础状况方面有较大差异，因此，在编写过程中注意了应用的度，力求实事求是，努力满足教学的实际需要．

7. 考虑到矩阵及线性规划应用非常广泛，有一部分专业需要用到这些内容；另外，了解这些知识，对提高学生的职业能力和素质也是有益的，因此，本书中设置了第8章——线性代数与线性规划简介．

本书由周世新副教授主编，参加编写的还有常秀玲、尹升鹏。作者在高职高专院校从事一线教学工作多年，将教学心得、体会及研究成果融入本书．此外，还参考了大量专家及学者的著作，并吸收了许多有益的经验和成果，在此表示衷心的感谢．

由于编者水平有限，书中难免有疏漏和不妥之处，恳请各位专家、读者批评赐教．

编　者

目　　录

第 1 章　函　　数

本章是微积分学的最基础部分. 函数是对现实世界中各种事物之间相互依存关系的一种抽象，是微积分学中最重要的概念之一和研究的基本对象，也是研究现代科学技术和经济问题必不可少的高等数学基本知识. 本章先复习中学已学习过的函数及其性质，进而给出基本初等函数与初等函数的定义.

【基本要求】

1. 理解函数的概念，会求函数的定义域、表达式及函数值，会求分段函数的定义域、函数值，并会做出简单的分段函数的图形.

2. 理解和掌握函数的单调性、奇偶性、有界性和周期性，会判断所给函数的类别.

3. 了解函数 $y=f(x)$ 与其反函数 $y=f^{-1}(x)$ 之间的关系(定义域、值域、图形)，会求单调函数的反函数.

4. 理解复合函数的概念，熟练掌握复合函数的复合过程.

5. 掌握基本初等函数的简单性质及其图形.

6. 了解初等函数的概念.

7. 会建立简单实际问题的数学模型.

8. 理解需求函数、供给函数、成本函数、收益函数、利润函数等几种常见经济函数的意义，会根据所给条件建立相应经济函数关系式.

1.1　函数的概念

1.1.1　区间和邻域

1. 区间

在实际问题中，一个变量根据所研究问题的条件，一般有着一定的变化范围，如果超出这个范围，就会使研究的问题失去意义. 在数学中常用区间表示一个变量的变化范围，下边介绍一些常用的区间记号(设 a 与 b 是两个实数,且 $a\leqslant b$).

(1) 闭区间：满足不等式 $a\leqslant x\leqslant b$ 的全体实数 x 的集合 $\{x \mid a\leqslant x\leqslant b\}$，记作 $[a,b]$，在数轴上表示为以 a，b 为端点且包含端点 a 和 b 的线段.

(2) 开区间：满足不等式 $a<x<b$ 的全体实数 x 的集合 $\{x \mid a<x<b\}$，记作 (a,b)，在数轴上表示为以 a，b 为端点但不包含端点 a 和 b 的线段.

(3) 半开半闭区间：满足不等式 $a\leqslant x<b$ 的全体实数 x 的集合 $\{x \mid a\leqslant x<b\}$，记作 $[a,b)$，在数轴上表示为以 a，b 为端点包含端点 a 但不包含端点 b 的线段. 类似地，满足不等式 $a<x\leqslant b$ 的全体实数 x 的集合 $\{x \mid a<x\leqslant b\}$，记作 $(a,b]$，在数轴上表示为以 a，b 为端点不包含端点 a 但包含端点 b 的线段.

除了上述有限区间外，还有五种无穷区间：

(1) $[a,+\infty)=\{x\mid x\geqslant a\}$表示满足不等式$x\geqslant a$的全体实数$x$的集合，在数轴上表示为以$a$为左端点的右半轴.

(2) $(a,+\infty)=\{x\mid x>a\}$表示满足不等式$x>a$的全体实数$x$的集合，在数轴上表示为以$a$为左端点但不包括点$a$的右半轴.

(3) $(-\infty,b]=\{x\mid x\leqslant b\}$表示满足不等式$x\leqslant b$的全体实数$x$的集合，在数轴上表示为以$b$为右端点的左半轴.

(4) $(-\infty,b)=\{x\mid x<b\}$表示满足不等式$x<b$的全体实数$x$的集合，在数轴上表示为以$b$为右端点但不包括点$b$的左半轴.

(5) $(-\infty,+\infty)=\{x\mid -\infty<x<+\infty\}$表示全体实数，在几何上就表示整个数轴.

注意：“$+\infty$”与“$-\infty$”是引用的符号，不能作为数看待.

2. 邻域

下面给出高等数学中经常用到的邻域的概念.

如图1-1所示，设x_0与δ是给定的两个实数，且$\delta>0$，则以x_0为中心的开区间$(x_0-\delta,x_0+\delta)$称为**点x_0的δ邻域**，记作$N(x_0,\delta)$. 其中，点x_0称为邻域的中心，δ称为邻域的半径，即

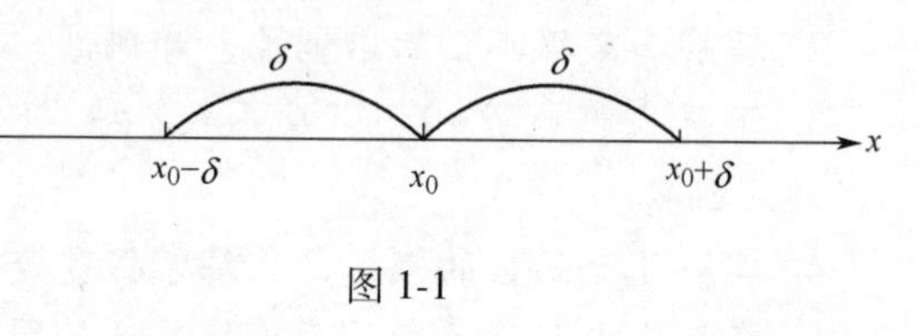

图1-1

$$N(x_0,\delta)=\{x\mid x_0-\delta<x<x_0+\delta\}$$

由于$\{x\mid x_0-\delta<x<x_0+\delta\}=\{x\mid |x-x_0|<\delta\}$，所以

$$N(x_0,\delta)=\{x\mid |x-x_0|<\delta\}$$

表示与点x_0距离小于δ的一切点x的全体. 有时会用到点x_0的δ邻域中把中心点x_0去掉，此时称为**点x_0的去心δ邻域**，记作$N(\hat{x}_0,\delta)$，即

$$N(\hat{x}_0,\delta)=\{x\mid 0<|x-x_0|<\delta\}$$

其中，$0<|x-x_0|$表示$x\neq x_0$.

例如，$N(2,1)=\{x\mid |x-2|<1\}=(1,3)$表示以点$x_0=2$为中心，以1为半径的邻域；而$N(\hat{2},1)=\{x\mid 0<|x-2|<1\}=(1,2)\cup(2,3)$表示以点$x_0=2$为中心，以1为半径的去心邻域.

1.1.2　函数的定义

函数的概念在17世纪之前一直与公式紧密关联. 到1837年，德国数学家狄利克莱抽象出了直至今日仍为人们接受，并且较为合理的函数概念.

关于函数的定义，在初中就介绍过了，在高中学了集合过后又有了一个定义，我们不妨回忆一下.

定义1　设有两个变量x和y，D是一个非空数集，若当变量x在集合D内任意取定一个数值时，变量y按照一定的规律f，有确定的值与之对应，则称y是x的函数，记作

$$y=f(x),\ x\in D$$

其中，变量x称为自变量；f称为对应法则；变量y称为x的函数(或因变量)；自变量的取值范围D称为函数的定义域.

若对于确定的 $x_0 \in D$，通过对应规律 f，函数 y 有确定的值 y_0 与之相对应，则称 y_0 为函数 $y=f(x)$ 在 x_0 处的函数值，记作

$$y_0=y\big|_{x=x_0}=f(x_0)$$

函数值的集合，称为函数的值域，记作 Z. $Z=\{y \mid y=f(x), x \in D\}$.

若函数在某个区间上的每一点都有定义，则称这个函数在该区间上有定义.

函数分为单值函数和多值函数. 在函数定义中，如果对于每个 $x \in D$，按照对应法则 f，对应的函数值 y 总是唯一的，那么这样定义的函数称为**单值函数**；如果对于每个 $x \in D$，按照对应法则 f，总有确定的函数值 y 与之对应，但这个 y 值不是唯一的，那么这样定义的函数称为**多值函数**. 例如，$y^2=x$，当 x 任取一个正数时，对应的 y 值有两个，所以这个函数是一个多值函数. 对于多值函数加上限定条件就可以转化为单值函数，上述函数若加上 $y \geqslant 0$（或 $y \leqslant 0$），则可以转化为单值函数. 本书中所讨论的函数除非特别说明，均指的是单值函数.

y 是 x 的函数，可以记作 $y=f(x)$，也可以记作 $y=\varphi(x)$ 或 $y=F(x)$ 等，但同一函数在同一问题的讨论中应取定一种记法. 当同一问题中涉及多个函数时，则应取不同的记号分别表示它们各自的对应规律. 为方便起见，有时也用记号 $y=y(x)$，$u=u(x)$，$s=s(x)$ 等表示函数，这种函数的记号也称为函数的解析表达式.

函数的表示方法通常有三种：表格法、图形法和解析法. 常用的是解析法，即通过分析把变量之间的对应关系用一个公式表示出来.

例 1 据统计，某地 2010 年 7 月 19~29 日每天的最高气温见表 1-1.

表 1-1

日期(7 月)	19	20	21	22	23	24	25	26	27	28	29
最高气温/℃	29	31	31	30	24	21	23	19	26	28	30

这个表格表达了该地区的最高温度是日期的函数. 这里虽然不存在任何计算温度的公式，但是每一天都会产生出一个唯一的最高气温，即对每个日期都有一个唯一最高气温与之相对应.

1.1.3 函数的两个要素

1. 定义域

自变量的取值范围称为函数的定义域.

(1) 定义域的表示方法：用不等式描述的集合；用区间表示；用邻域表示.

(2) 定义域的求法：研究任何函数都要先考虑其定义域，在求函数的定义域时，要考虑以下情况：

① 分式的分母不能为零；

② 偶次开方时，被开方式非负；

③ 指数函数和对数函数中，底数大于零且不等于 1，对数函数的真数大于零；

④ 含反三角函数 $\arcsin x$ 或 $\arccos x$ 时，要满足 $|x| \leqslant 1$；

⑤ 若函数同时含有以上几种情况，则要取其公共部分.

例 2 求下列函数的定义域：

(1) $y=\frac{1}{1-x}+\sqrt{4-x^2}$；　　(2) $y=\arcsin\frac{x-1}{2}+\lg\frac{x^2+2x}{3}$；

(3) $y=\log_{(3x-1)}(8-2^x)$.

解　(1) 由题意得$\begin{cases}1-x\neq 0\\4-x^2\geqslant 0\end{cases}$，所以所求函数的定义域为$[-2,1)\cup(1,2]$.

(2) 由题意得$\begin{cases}\left|\frac{x-1}{2}\right|\leqslant 1\\x^2+2x>0\end{cases}\Rightarrow\begin{cases}-1\leqslant x\leqslant 3\\x>0 \text{ 或 } x<-2\end{cases}$，所以所求函数的定义域为$(0,3]$.

(3) 要使函数有意义，必须满足

$$\begin{cases}8-2^x>0\\3x-1>0,\\3x-1\neq 1\end{cases}\text{即}\begin{cases}x<3\\x>\frac{1}{3}\\x\neq\frac{2}{3}\end{cases}$$

故所求函数的定义域为$\left(\frac{1}{3},\frac{2}{3}\right)\cup\left(\frac{2}{3},3\right)$.

【课堂练习】　求下列函数的定义域：(1) $y=\sqrt{3x-5}$；(2) $y=\frac{1}{\lg(3x-2)}$.

2. 对应规则

函数的对应规则是指由自变量的取值确定因变量取值的规律.

例 3　$f(x)=5x^2-2x+1$ 表示一个特定的函数，f 确定的对应规律为

$$f(\quad)=5(\quad)^2-2(\quad)+1$$

例 4　设 $y=f(x)=\frac{1}{2}\sin\frac{1}{x}$，求$f\left(\frac{2}{\pi}\right)$.

解

$$y\Big|_{x=\frac{2}{\pi}}=f\left(\frac{2}{\pi}\right)=\frac{1}{2}\sin\frac{\pi}{2}=\frac{1}{2}.$$

函数的定义域、对应法则称为函数的两个要素.

一个函数若它的定义域、对应法则确定，则其值域就确定. 因此，两个函数表达式是否表示同一个函数，主要就看其定义域、对应法则是否一样.

例 5　判断下列函数表达式是否表示同一个函数.

(1) $f(x)=x$，$g(x)=\frac{x^2}{x}$；　　(2) $f(x)=x$，$g(x)=\sqrt{x^2}$；

(3) $f(x)=x$，$g(x)=\sqrt[3]{x^3}$；　　(4) $f(x)=|x|$，$g(x)=\sqrt{x^2}$；

(5) $f(x)=\ln x^2$，$g(x)=2\ln x$；　　(6) $f(u)=\sqrt{u}$，$g(x)=\sqrt{x}$.

解　根据函数的定义域、对应法则是否相同进行判断可知：(1)否；(2)否；(3)是；(4)是；(5)否；(6)是.

3. 函数的值域

函数值的取值的集合，称为函数的值域.

一般地，求一个函数的值域都比较麻烦，由于在高等数学中用的比较少，因此这里不再

仔细地介绍，大家掌握好如何求函数值就行了.

例6 求函数$f(x)=\dfrac{x+1}{x-1}$在$x=0$，3，a，$\dfrac{1}{a}$，$3a-2b$的函数值.

解 $f(0)=\dfrac{0+1}{0-1}=-1$； $f(3)=\dfrac{3+1}{3-1}=2$； $f(a)=\dfrac{a+1}{a-1}$；

$$f\left(\frac{1}{a}\right)=\frac{\frac{1}{a}+1}{\frac{1}{a}-1}=\frac{1+a}{1-a}；\ f(3a-2b)=\frac{3a-2b+1}{3a-2b-1}.$$

例7 若$f(x-1)=3x^2-5$，求$f(x)$.

解法1
$$\begin{aligned}f(x-1)&=3x^2-5=3(x^2-2x+1)+6x-3-5\\&=3(x-1)^2+6x-6-2\\&=3(x-1)^2+6(x-1)-2\end{aligned}$$

故$f(x)=3x^2+6x-2$.

解法2 令$x-1=t$，则$x=t+1$. 将此代入表达式

$$\begin{aligned}f(t)&=3(t+1)^2-5\\&=3t^2+6t-2\end{aligned}$$

故$f(x)=3x^2+6x-2$.

1.1.4 分段函数

例8 求绝对值函数$y=|x|=\begin{cases}x & x\geqslant 0\\-x & x<0\end{cases}$的定义域、值域，并画出草图.

解 函数的定义域为$(-\infty,+\infty)$，值域为$[0,+\infty)$，其图形如图1-2所示.

例9 求符号函数$y=\operatorname{sgn}x=\begin{cases}1 & x>0\\0 & x=0\\-1 & x<0\end{cases}$的定义域、值域，并画出草图.

解 函数的定义域为$(-\infty,+\infty)$，值域为$\{-1,0,1\}$，其图形如图1-3所示.

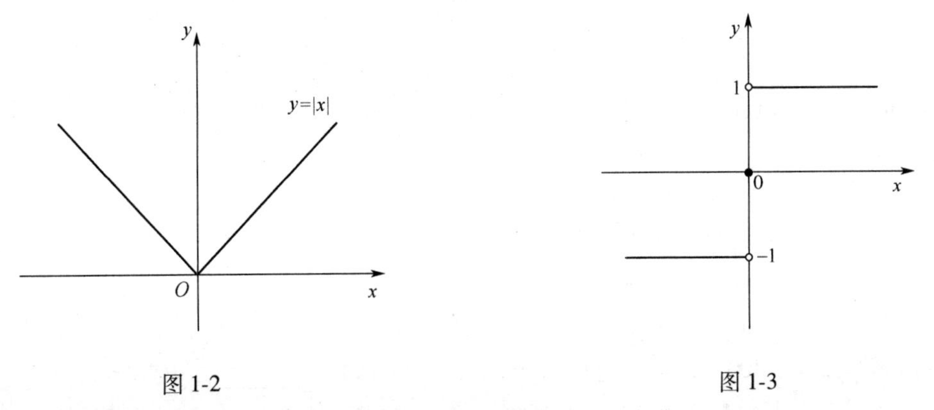

图1-2 图1-3

例10 狄利克莱函数$y=D(x)=\begin{cases}1 & x\text{是有理数}\\0 & x\text{是无理数}\end{cases}$，此函数的定义域为$(-\infty,+\infty)$，值域为$\{0,1\}$，这个函数不能用图形把它表示出来.

有的函数在其定义域的不同范围内，要用两个或两个以上的数学式子来表示，这一类函

数称为**分段函数**.

注意：(1) 分段函数虽有几个式子，但它们合起来表示一个函数，而不是几个函数.

(2) 对分段函数求函数值时，不同点的函数值应代入相应范围的解析式中去.

(3) 分段函数的定义域是各个段的自变量的取值范围的总和.

习题 1.1

一、选择题

1. 下列数学结构是函数的是(　　)(a,b,c 为互异实数).

A. $f(x)=\begin{cases}-x & -1\leqslant x\leqslant 0\\ x^2 & 0\leqslant x\leqslant 1\\ 2 & 1\leqslant x\leqslant 2\end{cases}$；　　B. $y=\sqrt{\sin x-2}$；

C. 自变量 $x\in\{a,b,c\}$，$f:\begin{matrix}a\,b\,c\\ \downarrow\downarrow\downarrow\\ 1\,1\,1\end{matrix}$；　　D. $y=\dfrac{\ln(x-1)}{\sqrt{1-x}}$.

2. 函数 $y=\dfrac{\ln(x+2)}{\sqrt{x-2}}$的定义域为(　　).

A. $\{x\mid x>-2\}$；　　B. $\{x\mid x\geqslant 2\}$；

C. $\{x\mid x\geqslant -2\}$；　　D. $\{x\mid x>2\}$.

3. 函数 $y=\sqrt{x-1}+\ln(3-x)$ 的定义域为(　　).

A. $[1,+\infty)$；　B. $(-\infty,3)$；　C. $[1,3]$；　D. $[1,3)$.

4. 下列各组函数中是相同函数的是(　　).

A. $y=\dfrac{x}{x}$与 $y=1$；　　B. $y=2\ln|x|$与 $y=\ln x^2$；

C. $y=\sin x$ 与 $y=\sqrt{1-\cos^2 x}$；　　D. $y=\ln x^2$ 与 $y=2\ln x$.

5. 下列各组函数中是相同函数的是(　　).

A. $y=\dfrac{x^2-1}{x-1}$与 $y=x+1$；　　B. $y=\sin^2 x+\cos^2 x$ 与 $y=1$；

C. $y=\ln x^6$ 与 $y=6\ln x$；　　D. $y=\ln x$ 与 $y=3\ln x$.

二、填空题

1. 设$f(\sin x)=\cos 2x+1$，则$f(x)=$ ________.

2. 开区间(a,b)用集合方法表示为________.

3. 设函数$f(x+1)=x^2-2x$，则$f(x)=$ ________.

4. 设函数$f(x)=\begin{cases}10 & x<0\\ 100 & x=0\\ x^2+1 & x>0\end{cases}$，则$f(-3)=$ ________；$f(0)=$ ________；$f(10)=$ ________.

5. 设$f(x)=\begin{cases}\cos x & -\dfrac{\pi}{2}<x\leqslant 0\\ 1+x^2 & 0<x\leqslant 2\end{cases}$，则$f\left(\dfrac{\pi}{2}\right)=$ ________.

6. 函数$f(x)=\dfrac{x^2-1}{x+1}$与$g(x)=x-1$在区间________上是相同函数.

三、解答题

1. 设$f(x)=\ln x$，求$f(e^{-1})$，$f(1)$，$f(e)$.

2. 设$\varphi(x)=\begin{cases}x^2-x+1 & x\geqslant 0\\ 1-x & x<0\end{cases}$，求$\varphi(0)$，$\varphi(1)$，$\varphi(-2)$.

3. 设$f(x)=\sqrt{x-1}+e^x$，求：(1)函数的定义域；(2)$f(1)$，$f(2)$；(3)$f(x^2)$.

4. 设函数$f(x)=\begin{cases}x^2+1 & x<0\\ x+1 & x\geqslant 0\end{cases}$，做出$f(x)$的图形.

5. 火车站收取行李费的规定如下：当行李不超过50kg时按基本运费计算，每千克收0.30元；当超过50kg时，超重部分按每千克0.45元收费，试求某地的行李费y(单位:元)与质量x(单位:kg)之间函数关系，并画出该函数的图形.

1.2　函数的几个特性

1.2.1　函数的单调性

设函数$f(x)$在区间I上有定义，若对区间I内任意两点x_1，x_2，当$x_1<x_2$时，有$f(x_1)<f(x_2)$或$f(x_1)>f(x_2)$，则称$f(x)$在区间I上是单调增加的或单调减少的，区间I称为单调区间. 单调增加函数和单调减少函数统称为单调函数.

例1　因为函数$y=x^2$在区间$(-\infty,0]$内是单调减少的，在区间$[0,+\infty)$内是单调增加的，所以$(-\infty,0]$和$[0,+\infty)$是它的单调区间，但在区间$(-\infty,+\infty)$内函数不是单调的.

单调增加函数的图形：x与y同增同减；单调减少函数的图形：x与y增减相反，分别如图1-4和图1-5所示.

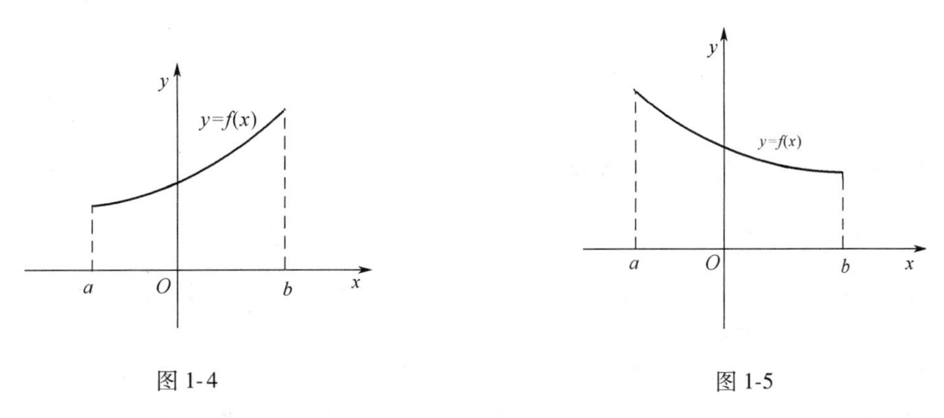

图1-4　　图1-5

1.2.2　函数的奇偶性

如果函数$y=f(x)$的定义域D是关于原点对称的区间，且对$\forall x\in D$有$f(-x)=-f(x)$，则称函数$y=f(x)$为区间D上的奇函数；若有$f(-x)=f(x)$，则称函数$y=f(x)$为区间D上的偶函数.

奇函数的图形关于原点对称，偶函数的图形关于 y 轴对称，分别如图 1-6 和图 1-7 所示.

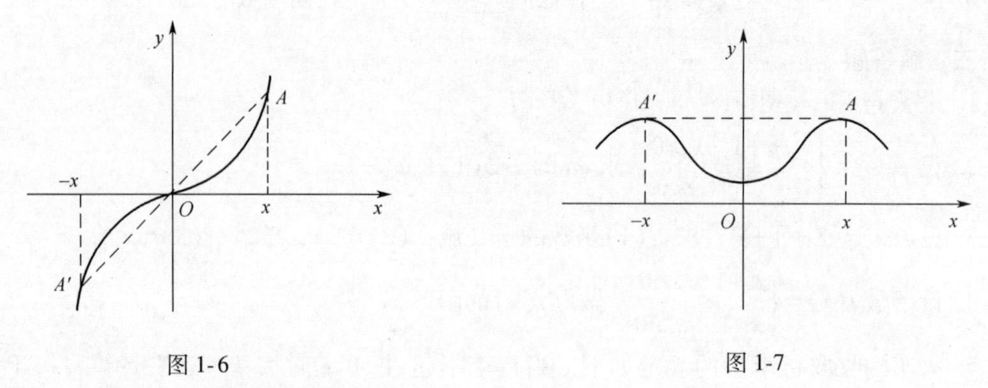

图 1-6　　　　图 1-7

例 2　判断下列函数的奇偶性.

(1) $y=\ln(x+\sqrt{1+x^2})$；　(2) $f(x)=x+\cos x$；　(3) $f(x)=x^2e^{-|\sin x|}$.

解　(1) 函数的定义域为 $(-\infty,+\infty)$，且

$$f(-x)=\ln(-x+\sqrt{1+(-x)^2})=\ln\frac{1}{x+\sqrt{1+x^2}}=-\ln(x+\sqrt{1+x^2})=-f(x)$$

故此函数是奇函数.

(2) 因为 $f(-x)=-x+\cos(-x)=-x+\cos x$，所以此函数为非奇非偶函数.

(3) 因为 $f(-x)=(-x)^2e^{-|\sin(-x)|}=x^2e^{-|\sin x|}=f(x)$，所以此函数为偶函数.

1.2.3　函数的周期性

若存在不为零的数 T，使得对于任意 $x\in I$，有 $x+T\in I$，且 $f(x+T)=f(x)$，则称 $f(x)$ 为周期函数. 通常所说的周期函数的周期是指它的最小正周期. 周期函数主要针对三角函数.

例 3　$y=\sin x$，$y=\cos x$ 的周期为 2π；$y=\tan x$，$y=\cot x$ 的周期为 π；正弦型函数 $y=A\sin(\omega x+\varphi)$ 和余弦型函数 $y=A\cos(\omega x+\varphi)$ 的周期为 $T=\dfrac{2\pi}{\omega}$，所以函数 $y=\sin 2x$ 的周期为 $T=\dfrac{2\pi}{2}=\pi$；而函数 $y=\tan\dfrac{1}{2}x$ 的周期为 $T=\dfrac{\pi}{1/2}=2\pi$.

周期函数的图形，每隔周期的整数倍重复出现.

1.2.4　函数的有界性

设函数 $f(x)$ 的定义域为 D，如果存在一个正数 M，使得对 $\forall x\in D$ 恒有 $|f(x)|\leqslant M$，则称函数在 D 内有界，否则称为无界.

例 4　函数 $f(x)=\sin x$，$g(x)=\cos x$ 在定义域 $(-\infty,+\infty)$ 内有界，因为 $|\sin x|\leqslant 1$，$|\cos x|\leqslant 1$；函数 $y=\tan x$，$y=\cot x$ 在定义域内无界；函数 $f(x)=x^2$ 在 $(-\infty,+\infty)$ 上无界，但在区间 $(0,1)$ 内有界；函数 $\varphi(x)=\dfrac{1}{x}$ 在 $(0,1)$ 内无界，而在 $[2,3]$ 内有界.

在所讨论的区间上，有界函数的图形，一定夹在平行于 x 轴的两条直线之间.

习题　1.2

一、判断题

1. 函数 $y=\sin x$ 在 $[0,\pi]$ 上单调增加.　　(　　)

2. 函数 $y=x^2$，$x\in(0,+\infty)$ 是偶函数.　　(　　)

3. 函数 $f(x)=3\cos\left(\frac{x}{2}-\frac{\pi}{2}\right)$ 的周期是 $\frac{2\pi}{3}$.　　(　　)

二、选择题

1. 下列函数是奇函数的是(　　).

A. $f(x)=x(x-x^3)$；　　B. $f(x)=2\sin x+x^3$；

C. $f(x)=\sin x+\cos x+2$；　　D. $f(x)=a^x+a^{-x}(a>1)$.

2. 下列函数是偶函数的是(　　).

A. $f(x)=x(x-x^3)$；　　B. $f(x)=2\sin x+x^3$；

C. $f(x)=\sin x+\cos x+2$；　　D. $f(x)=a^x-a^{-x}(a>1)$.

3. 函数 $f(x)=\frac{e^x-e^{-x}}{e^x+e^{-x}}$ 的图形对称于(　　).

A. 直线 $y=x$；　　B. y 轴；

C. x 轴；　　D. 原点$(0,0)$.

4. 下列函数中关于原点对称的是(　　).

A. $f(x)=\frac{\sin x}{x}$；　　B. $g(x)=x^3+\cos x$；

C. $h(x)=\frac{10^x+10^{-x}}{2}$；　　D. $t(x)=\frac{|x|}{x}$.

5. 函数 $y=x^2+3$ 在(　　)内是单调增加的.

A. $(0,+\infty)$；　　B. $(-\infty,0)$；　　C. $(-\infty,+\infty)$；　　D. $[a,b]$.

6. 函数 $y=\frac{1}{x}$ 在区间(　　)内有界.

A. $(0,+\infty)$；　　B. $[1,+\infty)$；

C. $(-\infty,0)$；　　D. $(-\infty,0)\cup(0,+\infty)$.

7. 函数 $f(x)=\sin(x^3)$ 的图形(　　).

A. 关于 x 轴对称；　　B. 关于 y 轴对称；

C. 关于原点对称；　　D. 以上都不对.

三、解答题

1. 奇函数和偶函数的图形具有怎样的对称特征?

2. 单调函数的图形具有怎样的特征?

3. 周期函数的图形具有怎样的特征?

4. 做出函数 $f(x)=\begin{cases}x^2+1 & x>0\\ 0 & x=0\\ x^2-1 & x<0\end{cases}$ 的图形并讨论其单调性.

1.3　反函数

定义 2　设给定函数 $y=f(x)$，若把 y 看作自变量，x 看作函数，则由关系式 $y=f(x)$ 所确定的函数 $x=\varphi(y)$ 称为函数 $y=f(x)$ 的直接反函数，函数 $y=f(x)$ 称为直接函数；将 x，y 互换便有 $y=\varphi(x)$，称为 $y=f(x)$ 的矫形反函数，简称反函数，记作

$$y=f^{-1}(x)$$

函数与反函数定义域、值域及图形间存在以下关系：

(1) 原函数的定义域和值域分别为反函数的值域和定义域.

(2) 反函数 $y=f^{-1}(x)$ 与直接函数 $y=f(x)$ 的图形关于直线 $y=x$ 对称.

例 1　求函数 $y=\dfrac{1}{e^x-1}$ 的反函数.

解　由原式变形得 $ye^x-y=1$，$e^x=\dfrac{y+1}{y}$；即 $x=\ln\dfrac{y+1}{y}$，互换 x 与 y，得 $y=\dfrac{1}{e^x-1}$ 的反函数为 $y=\ln\dfrac{x+1}{x}$.

例 2　求函数 $y=\dfrac{e^x}{e^x+1}$ 的反函数，并求反函数的定义域.

解　由 $y=\dfrac{e^x}{e^x+1}$ 可解得 $x=\ln\left(\dfrac{y}{1-y}\right)$，交换 x，y 的位置，得所求函数的反函数为 $y=\ln\left(\dfrac{x}{1-x}\right)$，其定义域为 $(0,1)$.

习题　1.3

一、选择题

1. 下列函数中互为反函数的是(　　).

A. $y=\sin x$ 与 $y=\cos x$；　　B. $y=e^x$ 与 $y=e^{-x}$；

C. $y=\tan x$ 与 $y=\cot x$；　　D. $y=3x$ 与 $y=\dfrac{x}{3}$.

2. 函数 $y=f(x)$ 的图形与它的反函数 $y=f^{-1}(x)$ 的图形关于(　　)对称.

A. 直线 $y=x$；　　B. y 轴 $x=0$；

C. x 轴 $y=0$；　　D. 原点 $(0,0)$.

3. 函数 $y=f(x)$ 的图形过点 (a,b)，则它的反函数 $y=f^{-1}(x)$ 的图形必过点(　　).

A. $(-a,b)$；　　B. $(-a,-b)$；

C. (b,a)；　　D. $(a,-b)$.

4. 函数 $y=-\sqrt{x-1}$ 的反函数是(　　).

A. $y=x^2+1$；　　B. $y=x^2+1\quad(x\leqslant 0)$；

C. $y=x^2+1\quad(x\geqslant 0)$；　　D. 不存在.

二、求下列函数的反函数

1. $y=x^3+2$　　2. $y=2^x+1$

3. $y=\frac{1-x}{1+x}$　　4. $y=2\sin 3x$

5. $y=1+\ln(x+2)$　　6. $y=\sqrt[3]{x^2+1}\quad(x\geqslant 0)$

1.4　基本初等函数和初等函数

1.4.1　基本初等函数

微积分的研究对象主要为初等函数，而初等函数是由基本初等函数组成的. 下面，先给出基本初等函数的定义.

定义3　常数函数、幂函数、指数函数、对数函数、三角函数、反三角函数统称为基本初等函数.

1. 常数函数

$y=C$，$x\in(-\infty,+\infty)$，C 为常数，图形为一条平行于 x 轴且在 y 轴上截距为 C 的直线.

2. 幂函数

$y=x^\alpha$（α 为实数），定义域因 α 的不同而不同，图形过(1,1)点，如图1-8所示. 当 $\alpha>0$ 时在区间$(0,+\infty)$上为单调增加函数，当 $\alpha<0$ 时单调性因 α 的不同而不同. 例如，$y=x^{-1}$在区间$(-\infty,0)\cup(0,+\infty)$上为单调减少函数，而 $y=x^{-2}$在区间$(-\infty,0)$上为单调增加函数，在区间$(0,+\infty)$上为单调减少函数，如图1-9和图1-10所示.

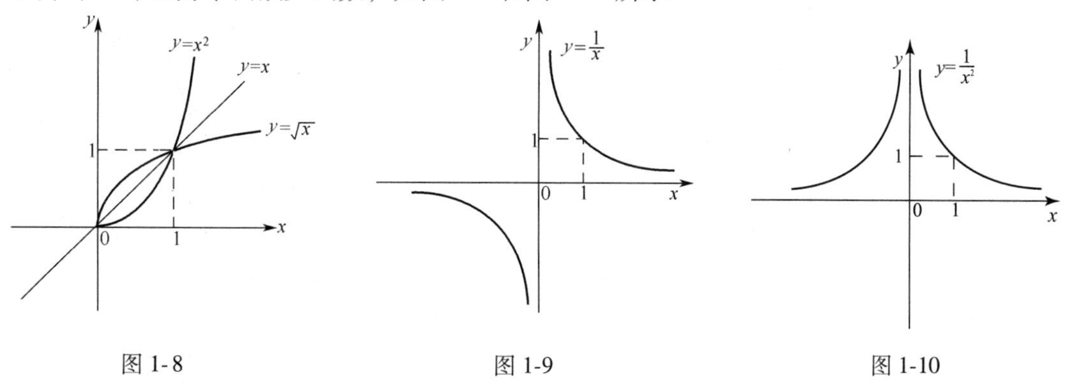

图1-8　　图1-9　　图1-10

3. 指数函数

$y=a^x(a>0,a\neq 1)$，$x\in(-\infty,+\infty)$，当 $a>1$ 时，为单调增加函数；当 $0<a<1$ 时，为单调减少函数，如图1-11所示.

另外，常用的幂的运算及乘法公式还有：

$a^m\cdot a^n=a^{m+n}$，$\frac{a^n}{b^n}=\left(\frac{a}{b}\right)^n$，$(a^m)^n=a^{mn}$，

$(a\pm b)^2=a^2\pm 2ab+b^2$，$a^2-b^2=(a+b)(a-b)$，$a^3\pm b^3=(a\pm b)(a^2\mp ab+b^2)$.

4. 对数函数

$y=\log_a x\ (a>0,a\neq 1)$，$x\in(0,+\infty)$，其图形如图1-12所示. 当 $a>1$ 时，为单调增加

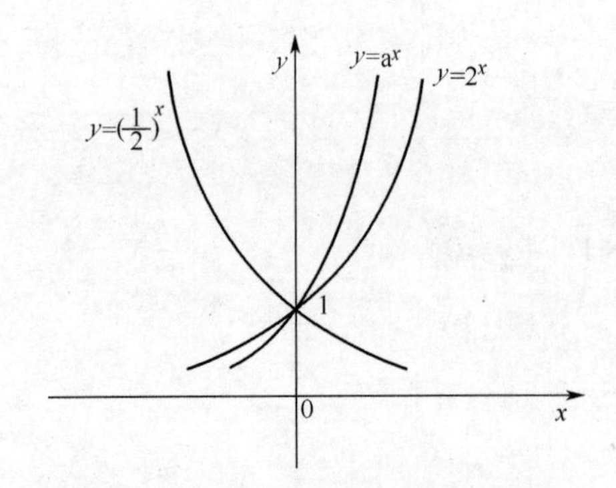

图 1-11

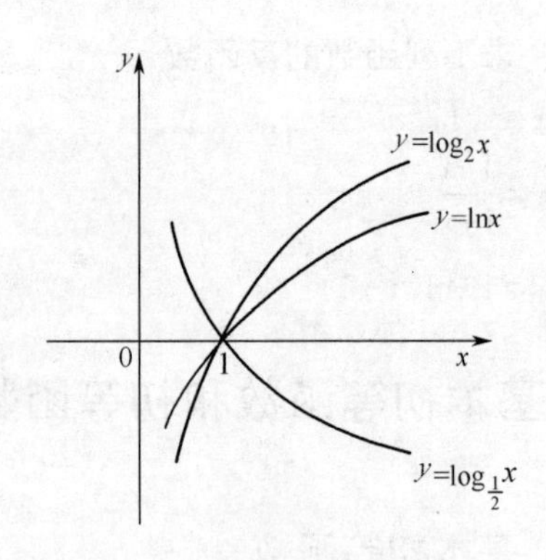

图 1-12

函数；当 $0<a<1$ 时，为单调减少函数.

另外，常用的对数知识还有：

$\log_a mn=\log_a m+\log_a n$，$\log_a \dfrac{m}{n}=\log_a m-\log_a n$，$\log_a m^n=n\log_a m$.

5. 三角函数

$y=\sin x$，$y=\cos x$，$y=\tan x$，$y=\cot x$，$y=\sec x$，$y=\csc x$. 下面主要复习其中的四个：正弦、余弦、正切和余切函数的定义、定义域、图形及性质等(见图 1-13~图 1-16).

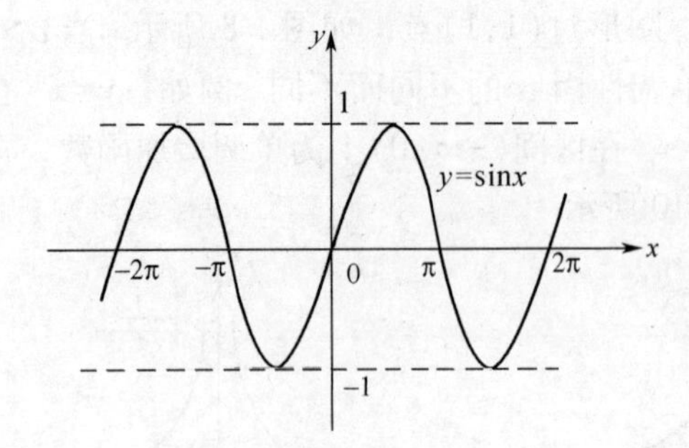

图 1-13

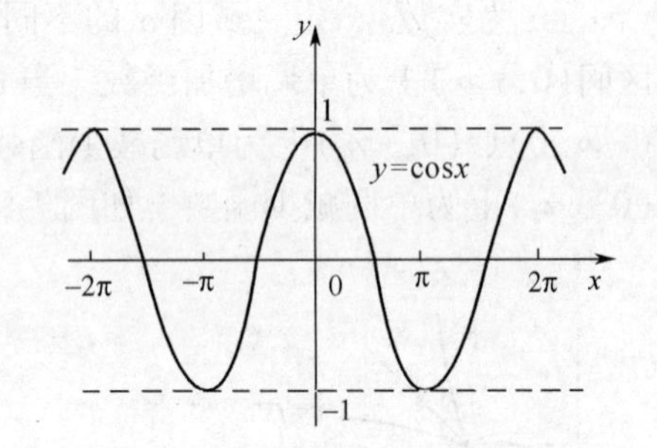

图 1-14

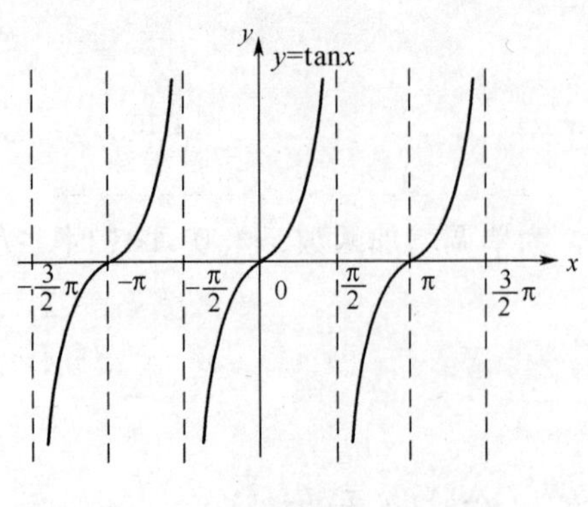

图 1-15

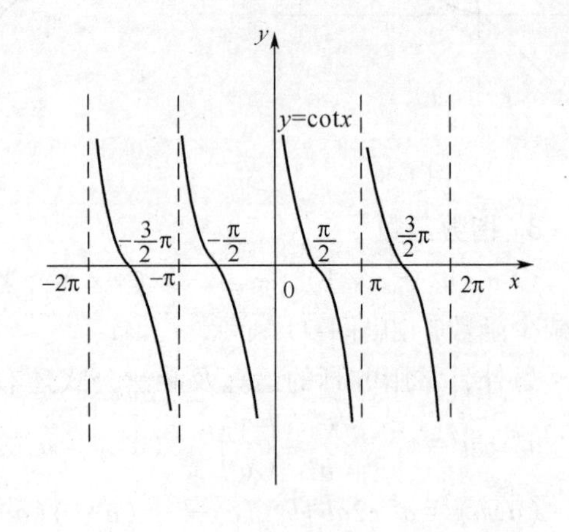

图 1-16

另外，常用的三角函数知识还有：

(1) 同角三角函数间的关系

$\sin^2x+\cos^2x=1$，$1+\tan^2x=\sec^2x$，$1+\cot^2x=\csc^2x$，

$\tan x=\dfrac{\sin x}{\cos x}$，$\cot x=\dfrac{\cos x}{\sin x}$，$\sec x=\dfrac{1}{\cos x}$，$\csc x=\dfrac{1}{\sin x}$，$\tan x=\dfrac{1}{\cot x}$.

（2）倍角三角函数间的关系

$\sin2x=2\sin x\cos x$，$\cos2x=\cos^2x-\sin^2x=2\cos^2x-1=1-2\sin^2x$，

$\sin^2x=\dfrac{1-\cos2x}{2}$，$\cos^2x=\dfrac{1+\cos2x}{2}$.

6. 反三角函数

$y=\arcsin x$，$y=\arccos x$，$y=\arctan x$，$y=\text{arccot}\,x$，其图形分别如图1-17～图1-20所示，其中主要复习反正弦函数、反余弦函数、反正切函数的定义、定义域、图形及性质等.

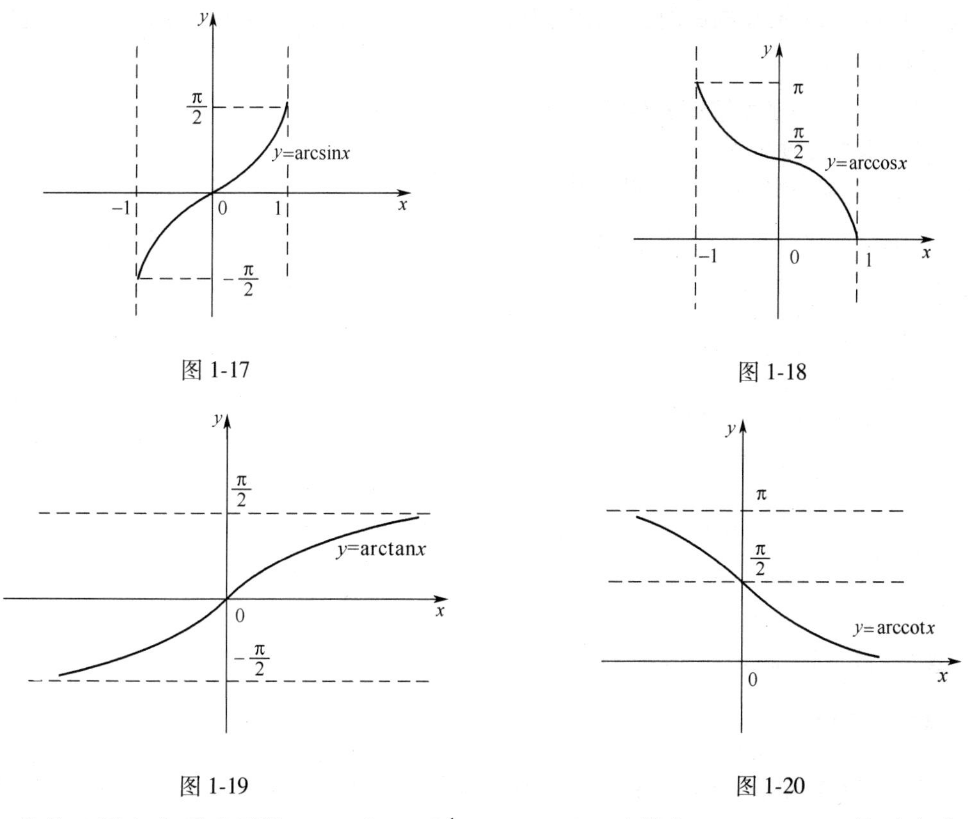

图1-17 图1-18

图1-19 图1-20

此外，还有多项式函数 $y=a_0x^n+a_1x^{n-1}+\cdots+a_{n-1}x+a_n$（其中 $a_0,a_1,\cdots,a_n$ 是不全为0的常数），在下面复合函数的合成与分解时，可当作基本初等函数来对待.

1.4.2 复合函数

所谓复合函数就是把两个或两个以上的基本初等函数嵌套组合成一个新的函数.

定义4 设函数 $y=f(u)$ 和 $u=\varphi(x)$，如果 $u=\varphi(x)$ 的值域 Z 或其部分包含在 $y=f(u)$ 的定义域 D 中，则 y 通过中间变量 u 构成 x 的函数 $y=f[\varphi(x)]$ 称为复合函数. 其中，x 称为自变量；y 称为因变量；u 称为中间变量.

值得注意的是：

（1）不是任何两个函数都可以构成一个复合函数，只有在 $D\cap Z\neq\varnothing$ 时才可以复合.

(2) 复合函数可以有多个中间变量.

(3) 复合函数通常都是由基本初等函数(或多项式函数)构成的.

(4) 复合函数分解的原则：从外向内分解.

例 1　函数 $y=\sin^3 x$ 是由 $y=u^3$，$u=\sin x$ 复合而成的函数，这是因为：$y=u^3$ 的定义域为 $D=(-\infty,+\infty)$，而 $u=\sin x$ 的值域为 $Z=[-1,1]$，且 $D\cap Z=[-1,1]\neq\varnothing$；函数 $y=\sqrt{1-x^2}$ 是由 $y=\sqrt{u}$ 与 $u=1-x^2$ 构成的复合函数，这是因为：$y=\sqrt{u}$ 定义域为 $D=[0,+\infty)$，而 $u=1-x^2$ 的值域为 $Z=(-\infty,1]$，$D\cap Z=[0,1]\neq\varnothing$；而函数 $y=\arcsin u$ 与 $u=5+x^2$ 是不能复合成一个函数的，这是因为：$y=\arcsin u$ 的定义域为 $D=[-\pi/2,\pi/2]$，而 $u=5+x^2$ 的值域为 $Z=[5,+\infty)$，$D\cap Z=\varnothing$.

例 2　由 $y=\mathrm{e}^u$，$u=\sqrt{x}$ 构成的复合函数为 $y=\mathrm{e}^{\sqrt{x}}$；由 $y=\ln u$，$u=\sin v$，$v=x^5$，构成的复合函数为 $y=\ln(\sin x^5)$.

例 3　已知 $y=2^u$，$u=1+\lg v$，$v=3x$，求 y 关于 x 的函数.

解　依次代入后得 $y=2^{1+\lg 3x}$.

例 4　将下列函数分解成基本初等函数.

(1) $y=\cos\dfrac{1}{x-1}$；　(2) $y=\sin^2(1+2x)$；　(3) $y=\mathrm{e}^{\sqrt{x^2+1}}$；

(4) $y=[\arcsin(1-x^2)]^3$；　(5) $y=\ln(\cos^2 x)$；　(6) $y=\sqrt[3]{\sin x^2}$.

解　分析：复合函数分解的原则是每一步都应为基本初等函数.

(1) $y=\cos u$，$u=v^{-1}$，$v=x-1$；

(2) $y=u^2$，$u=\sin v$，$v=1+2x$；

(3) $y=\mathrm{e}^u$，$u=\sqrt{v}$，$v=x^2+1$；

(4) $y=u^3$，$u=\arcsin v$，$v=1-x^2$；

(5) $y=\ln u$，$u=v^2$，$v=\cos x$；

(6) $y=u^{\frac{1}{3}}$，$u=\sin v$，$v=x^2$；

补充：$y=\mathrm{e}^{\arctan\sqrt{x^2-1}}\Rightarrow y=\mathrm{e}^u$，$u=\arctan v$，$v=\sqrt{t}$，$t=x^2-1$.

【课堂练习】　分解 $y=\sqrt{1+\lg(3+\cos a^x)}$.

1.4.3　初等函数

定义 5　由基本初等函数经过有限次的四则运算和有限次的复合运算后用一个解析式子表示的函数称为初等函数，否则称为非初等函数.

例 5　函数 $y=\arctan\sqrt{\dfrac{1+\cos x}{1-\cos x}}$ 是初等函数.

例 6　多项式函数 $p_n(x)=a_0x^n+a_1x^{n-1}+\cdots+a_{n-1}x+a_n$，$x\in(-\infty,+\infty)$ 是初等函数.

例 7　有理分式函数 $F(x)=\dfrac{P_n(x)}{Q_m(x)}$，其定义域是 $\mathbf{R}$ 中去掉使 $Q_m(x)=0$ 的根后的数集，也是初等函数.

例 8　函数 $y=1+x+x^2+\cdots$ 不满足有限次运算，所以不是初等函数；分段函数不能用一个解析式表示，所以也不是初等函数.

在工程技术上常常要用到下列双曲函数，它们都是初等函数，具体定义为双曲正弦函数：$\mathrm{sh}x=\dfrac{e^{x}-e^{-x}}{2}$；　　双曲余弦函数：$\mathrm{ch}x=\dfrac{e^{x}+e^{-x}}{2}$；

双曲正切函数：$\mathrm{th}x=\dfrac{\mathrm{sh}x}{\mathrm{ch}x}$；　　双曲余切函数：$\mathrm{cth}x=\dfrac{\mathrm{ch}x}{\mathrm{sh}x}=\dfrac{1}{\mathrm{th}x}$.

由双曲函数的定义，可以得到类似三角函数的一些简单性质：

（1）$\mathrm{sh}0=0$，$\mathrm{ch}0=1$.

（2）$\mathrm{sh}x$ 是$(-\infty,+\infty)$上的奇函数，$\mathrm{ch}x$ 是$(-\infty,+\infty)$上的偶函数.

（3）$\mathrm{sh}x$ 在$(-\infty,+\infty)$上是严格增加函数；$\mathrm{ch}x$ 在$(-\infty,0]$上是严格减少函数，在$[0,+\infty)$上是严格增加函数.

（4）$\mathrm{sh}x$ 和 $\mathrm{ch}x$ 还满足下列恒等式

$$\mathrm{ch}^2x-\mathrm{sh}^2x=1,\quad \mathrm{sh}2x=2\mathrm{sh}x\mathrm{ch}x,\quad \mathrm{ch}2x=\mathrm{ch}^2x+\mathrm{sh}^2x$$

习题　1.4

一、填空题

1. 函数 $y=\sin e^{x}$ 是由________和________复合而成.

2. 函数 $y=\tan^{3}(1+2x)$ 是由________、________和________复合而成.

3. 函数 $y=3^{\sqrt{x^2-1}}$ 是由________、________和________复合而成.

4. 函数 $y=\cos(\sin x^{2})$ 是由________、________和________复合而成.

二、选择题

1. 下列函数中不是复合函数的是(　　).

A. $y=\left(\dfrac{1}{3}\right)^{x}$；　　B. $y=e^{1+x^{2}}$；

C. $y=\ln\sqrt{1-x}$；　　D. $y=\sin(2x+1)$.

2. 函数 $f(x)=\begin{cases}x^{2} & -2\leqslant x\leqslant 1\\ 3x-5 & 1<x\leqslant 3\end{cases}$ 是(　　).

A. 基本初等函数；　　B. 初等函数；

C. 两个函数；　　D. 一个函数.

3. 设函数 $f(x)=\dfrac{1}{x}$，则 $f\left(f\left(\dfrac{1}{x}\right)\right)=$(　　).

A. $\dfrac{1}{x}$；　　B. $\dfrac{1}{x^{2}}$　　C. x；　　D. x^{2}.

4. 下列函数不是初等函数的是(　　).

A. $f(x)=x+1$；　　B. $f(x)=-x$；

C. $f(x)=x^{\sqrt{2}}$；　　D. $f(x)=\begin{cases}1 & x\geqslant 0\\ -1 & x<0\end{cases}$.

三、解答题

1. 下列各函数是由哪些基本初等函数复合而成的?

（1）$y=\sin 8x$；　　（2）$y=\tan\sqrt{1+2x}$；　　（3）$y=\sin^{2}(3x-1)$；

（4）$y=\sqrt{1-x^{2}}$；　　（5）$y=[\arccos(1-x^{2})]^{3}$；　　（6）$y=\sin\dfrac{5}{x-1}$.

2. 下列各组函数能否构成复合函数？为什么？

（1）$y=\sqrt{1-x}$ 与 $x=1+e^t$；（2）$y=\sqrt{-u}$ 与 $u=\frac{1}{x^2}$.

1.5 几种常用的经济函数

1.5.1 需求函数

在经济学中，消费者(购买者)对商品的需求这一概念的含义是消费者既有购买商品的愿望，又有购买商品的能力. 也就是说，只有消费者同时具备了购买商品的欲望和支付能力两个条件，才称得上是需求. 通常影响某种商品的需求的因素有很多，如人口、收入、财产、该商品的价格、其他商品的价格以及消费者的偏好等. 在所考虑的范围内，商品的价格是重要因素，如果把商品价格以外的上述因素都看作不变的因素，则可把商品价格 p 看作自变量，需求量 Q_d 看作因变量，即需求量 Q_d 是价格 p 的函数，称为**需求函数**.

需求函数的图形称为**需求曲线**. 需求函数一般是价格的递减函数，因此需求曲线通常是一条从左上方向右下方倾斜的曲线，即价格上涨，需求量逐步减少；价格下降，需求量则逐步增大.

常见的线性需求函数的基本类型是

$$Q_d=a-bp\ (a>0,b>0,\text{且 } a,b \text{ 是常数})$$

当 $p=0$ 时，$Q_d=a$，表示该商品价格为零时，购买者对此商品的需求量为 a，此时的需求量为该商品的**饱和需求量**；当 $p=\frac{a}{b}$ 时，$Q_d=0$，表示该商品定价为 $\frac{a}{b}$ 时，已无人购买此商品.

需求函数的反函数为 $p=\frac{a}{b}-\frac{1}{b}Q_d$，此函数称为**价格函数**，给出的是价格随需求量变化的规律.

1.5.2 供给函数

供给是与需求相对应的概念，需求是对消费者而言的，供给是对生产者而言的. 供给是指生产者在某一时刻内，在各种可能的价格水平上，对某种商品愿意并能出售的数量. 这就是说，供给必须具备两个备件：一是有出售商品的愿望，二是有供应商品的能力，二者缺一不可. 供给不仅与生产中投入的成本及技术状况有关，而且与生产者对其他商品和劳务价格的预测等因素有关. 而在其他因素不变的条件下，可把商品价格 p 看作自变量，供给量 Q_s 看作因变量，即供给量 Q_s 是价格 p 的函数，称为**供给函数**.

供给函数的图形称为**供给曲线**. 与需求函数相反，供给函数一般是价格的递增函数，因此供给曲线通常是一条从左下方向右上方倾斜的曲线，即当价格上涨时，供给量就会增加；当价格下降时，供给量会随之下降. 也就是说，供给量会随价格变动而发生同方向变动.

常见的线性供给函数的基本类型是

$$Q_s=-a+bp\ (a>0,b>0,\text{且 } a,b \text{ 是常数})$$

当 $p=\frac{a}{b}$ 时，$Q_s=0$，此时 $p=\frac{a}{b}$ 称为价格的最低限值. 只有当价格 $p>\frac{a}{b}$ 时，厂家才会供给该商品.

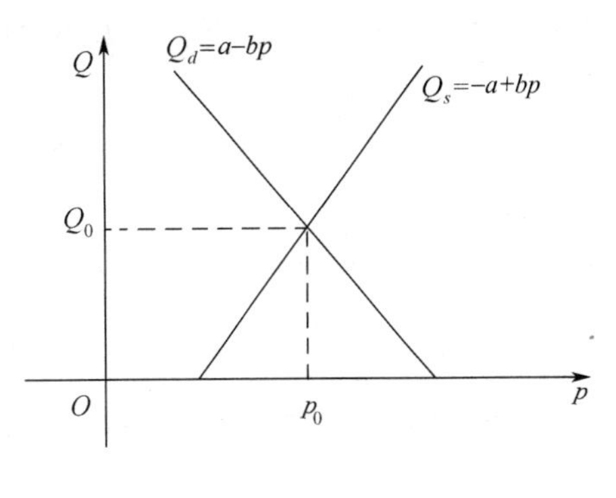

图 1-21

市场均衡：作为市场经济，当某种商品的供给量大于需求量时，价格就会下降；相反，当某种商品的需求量大于供给量时，价格就要上涨. 在图1-21中，在点 p_0 的左侧，需求量大于供给量；在点 p_0 的右侧，供给量大于需求量. 可见当该商品的价格小于 p_0 时，价格呈上涨趋势，而价格大于 p_0 时，价格呈下降趋势，价格在点 p_0 左右上下波动. 当价格等于 p_0 时，恰好供给量 Q_s 与需求量 Q_d 相等，此时称 p_0 为**均衡价格**，而 $Q_s=Q_d$ 则称为**均衡交易量**，记作 Q.

例 1　求下列市场的均衡价格和均衡交易量.

（1）$Q_s=-45+8p$，$Q_d=125-2p$；

（2）$Q_s+32-7p=0$，$Q_d-128+9p=0$.

解　（1）令 $Q_s=Q_d$，则 $125-2p=-45+8p$，即 $10p=170$，解得 $p=17$ 即为均衡价格；将 $p=17$代入 Q_s 或 Q_d 中，解得 $Q_s=91$ 即为均衡交易量.

（2）因为供给函数为 $Q_s=-32+7p$，需求函数为 $Q_d=128-9p$，令 $Q_s=Q_d$，即 $-32+7p=128-9p$，解得 $p=10$ 即为均衡价格；将 $p=10$ 代入 Q_s 或 Q_d 中，解得 $Q_s=38$ 即为均衡交易量.

由于商品千差万别，所以供给函数与需求函数也大不相同. 上面说的线性关系，是最简单的.

1.5.3　成本函数

生产某种产品需要投入设备、原料、劳动力等资源，这些资源投入的价格或费用总额称为总成本. 产品的总成本包括两部分：固定成本和可变成本，如果用 Q 表示产量，则

$$C(Q)=C_0+C_1(Q)\quad (Q\geqslant 0)$$

这是最简单的类型. 其中，固定成本 C_0 是指厂房、机器设备等固定资产的折旧、一般管理费、非生产人员的工资等，这类成本的特点是短期内不发生变化，即在一定限度内不随产量的变化而变化；可变成本 $C_1(Q)$是指随产量变化而变化的费用，如原材料费用、能源支出、生产工人的工资等，这类成本的特点是随产品产量的变化而变化，它是产量 Q 的函数.

平均成本是指单位产品的成本

$$\overline{C}(Q)=\frac{C(Q)}{Q}\quad (Q\geqslant 0)$$

即平均成本为总成本与产量之比，它也是 Q 的函数.

注意：成本函数一般是单调增加函数，其曲线称为**成本曲线**；单位平均成本函数一般为单调递减函数.

例 2　某工厂生产某种产品，固定成本 5000 元，每生产一个单位产品，总成本增加 50 元，则生产 Q 单位产品时的总成本为

$$C(Q)=5000+50Q$$

例 3　生产某种商品的总成本(单位:元)为

$$C(Q)=500+2Q$$

求生产 50 件这种商品的总成本和平均成本.

解　生产 50 件商品时的总成本为

$$C(50)=500+2\times50=600(\text{元})$$

由于平均成本

$$\overline{C}(Q)=\frac{C(Q)}{Q}=\frac{500}{Q}+2$$

故生产 50 件商品时的平均成本为

$$\overline{C}(50)=\frac{500}{50}+2=12(\text{元/件})$$

即生产 50 件商品的总成本为 600 元，而平均成本为 12 元/件.

1.5.4 收益函数

总收益是生产者出售一定数量的产品所得到的全部收入，记作 $R(Q)$. 总收益取决于销售某种产品的销售量和价格，总收益等于单位产品价格乘以销售量，即

$$R(Q)=pQ \quad (Q\geqslant0)$$

这里 p 不一定是常数. 当 p 为常数时，总收益 $R(Q)$ 的图形是一条随销售量 Q 增加而不断上升的直线. 当 p 不是常数时，例如，销售一定数量后出现滞销，降价销售；再滞销，再降价，此时总收益 R 随 Q 的增加而增加得越来越慢.

注意：收益函数一般是单调增加函数，但因产量 Q 和价格 p 之间的关系往往由需求确定，因此，总收益 R 或表现为产量 Q 的函数，也可能表现为价格 p 的函数，这要视讨论的问题而定.

出售单位产品所得到的收益称为平均收益，记作 $\overline{R}(Q)$，则平均收益函数为

$$\overline{R}(Q)=\frac{R(Q)}{Q} \quad (Q\geqslant0)$$

例 4 已知某种商品的需求函数是

$$Q=200-5p$$

试求该商品的收益函数，并求销售 20 件该商品时的总收益和平均收益.

解 由需求函数可得

$$5p=200-Q$$

$$p=40-\frac{Q}{5}$$

再由公式 $R(Q)=pQ$ 可得该商品的收益函数为

$$R(Q)=Q\left(40-\frac{Q}{5}\right)=40Q-\frac{Q^2}{5}$$

而

$$\overline{R}(Q)=\frac{R(Q)}{Q}=40-\frac{Q}{5}$$

由此可以得到销售 20 件该商品时的总收益和平均收益分别为

$$R(20)=40\times20-\frac{20^2}{5}=720$$

$$\overline{R}(20)=40-\frac{20}{5}=36$$

例 5 销售某种产品，当销售量在 100 个单位以内时，每单位售价 15 元；当超过 100 个

单位不超过 150 个单位时，其超过部分每单位售价 10 元；当超过 150 个单位时，超过部分单位售价 8 元，求总收益函数.

解 $R(Q)=\begin{cases}15Q & 0\leqslant Q\leqslant 100\\ 15\times100+10(Q-100) & 100<Q\leqslant 150\\ 15\times100+10\times50+8(Q-150) & Q>150\end{cases}$

例 6 设某产品的需求函数为：

(1) $p=10-\frac{Q}{5}$；　　(2) $Q=1000-2p$，

求总收益函数.

解 总收益函数为

(1) $R(Q)=10Q-\frac{Q^2}{5}$；

(2) $R(p)=1000p-2p^2$.

后一函数将收益表示为 p 的函数. 如果要求 $R(Q)$，即将总收益表示为销售数量的函数，可从题目(2)中解出 $p=500-\frac{Q}{2}$，则 $R(Q)=500Q-\frac{Q^2}{2}$.

1.5.5 利润函数

这里的利润是指总利润. 总收益扣除总成本的剩余部分就是总利润. 因总成本 C 一般是产量 Q 的函数，因此，总利润一般也表现为产量 Q 的函数，即

$$L(Q)=R(Q)-C(Q)\ (Q\geqslant 0)$$

当 $L(Q)=R(Q)-C(Q)>0$ 时，生产者盈利；

当 $L(Q)=R(Q)-C(Q)<0$ 时，生产者亏损；

当 $L(Q)=R(Q)-C(Q)=0$ 时，生产者盈亏平衡，使得 $L(Q)=0$ 的点 Q_0 称为**盈亏平衡点**(也称保本点).

企业生产或商人经营以利润为目的，但利润并不总是随销售量的增加而增加. 如何确定生产规模以获取最大的利润，在学完导数与微分的有关知识后，将会对这一问题做进一步的探讨.

例 7 设生产某种产品的固定成本为 600 元，每增加 1 个单位总成本增加 5 元，产品销售单价为 8 元，求利润函数.

解
$$C(Q)=600+5Q,\ R(Q)=8Q$$
$$\begin{aligned}L(Q)&=R(Q)-C(Q)\\&=8Q-(600+5Q)\\&=3Q-600\end{aligned}$$

显然，当 $Q=200$ 时，利润 $L(200)=0$，为盈亏平衡点；当 $Q<200$ 时，利润为负，成本大于收益，有亏损；当 $Q>200$ 时，利润为正，成本小于收益，有盈利.

习题 1.5

1. 已知某产品价格 p 和需求量 Q_d 间有关系式：$3p+Q_d=60$，试求：

(1) 需求函数 Q_d，并作图；　　(2) 总收益函数 $R(Q)$，并作图.

2. 某产品的总成本函数是 $C(Q)=6Q^3+7Q+15$，则平均成本函数为________.

3. 若某商品的需求函数是 $Q_d=25-2p$，供给函数是 $Q_s=3p-12$，则该商品的市场均衡价格是________.

4. 设某种商品的市场供求的数学模型为：$Q_s=6+6p$，$Q_d=18-2p$，试求均衡价格 p_0 和均衡交易量 Q_0，并画出均衡价格分析图.

5. 已知某产品的成本函数为 $C(Q)=0.2Q^2+4Q+294$，该产品的需求函数为 $Q=180-4p$，求该产品的利润函数.

6. 企业生产某种产品，固定成本为 2 万元，可变成本与产量 Q(件)成正比，且每多生产一件产品成本增加 30 元，求总成本函数和平均成本函数. 如果产品出厂单价为 80 元/件，且产品都能售出，求总收益函数和总利润函数，试进行盈亏分析并求该企业的盈亏临界点.

本章小结

一、基本知识

1. 基本概念

区间、邻域、函数、定义域、函数的两个要素、分段函数、反函数、复合函数、基本初等函数、初等函数、需求函数、供给函数、成本函数、收益函数、利润函数.

2. 基本性质

(1) 函数的几个特性：单调性、奇偶性、周期性、有界性.

(2) 基本初等函数的图形和性质.

3. 基本方法

(1) 定义域的求法：如果函数的表达式中

① 含有分式，则要求分式的分母不能为零；

② 含有偶次开方时，则要求被开方式非负；

③ 含有指数函数和对数函数时，则要求底数大于零且不等于 1，且对数函数的真数大于零；

④ 含有反三角函数 arcsinx 或 arccosx 时，则要满足 $|x|\leqslant 1$；

⑤ 分段函数的定义域是各个段的自变量的取值范围的总和；

⑥ 若函数同时含有以上几种情况，则要取其公共部分.

(2) 复合函数的复合过程.

二、要点解析

问题 1 判定两个函数是否是同一个函数的依据是什么？

解析 判定两个函数是否相同，要依据函数的两个要素：定义域和对应法则.

例 1 下列各题中，$f(x)$与$g(x)$是否表示同一个函数？为什么？

(1) $f(x)=|x|$，$g(x)=\sqrt{x^2}$；　　(2) $f(x)=x$，$g(x)=\cos(\arccos x)$.

解 (1) $f(x)$和$g(x)$是同一个函数. 因为两者的定义域和对应法则都相同.

(2) $f(x)$和$g(x)$不是同一个函数. 因为$f(x)$的定义域是$(-\infty,+\infty)$，而$g(x)$的定义域是$[-1,1]$.

问题 2 分段函数一般不是初等函数.

解析　分段函数一般不是初等函数，因为在分段函数自变量的不同区间上其解析式不相同，即它不能用一个解析式来表示，所以说它不是初等函数. 但是，也有特殊的分段函数，如

$$f(x)=\begin{cases} x & x\geqslant 0 \\ -x & x<0 \end{cases}$$

它与 $g(x)=\sqrt{x^2}$ 是相同函数，故 $f(x)$ 可以用一个解析式表示，所以 $f(x)$ 可以称为初等函数.

例 2　判断下列函数的奇偶性：

（1）$f(x)=x\sin x$；　　（2）$f(x)=\sin x-\cos x$.

解　（1）因为 $f(-x)=-x\sin(-x)=x\sin x=f(x)$，所以 $f(x)=x\sin x$ 是偶函数.

（2）因为 $f(-x)=\sin(-x)-\cos(-x)=-\sin x-\cos x$，它既不满足 $f(-x)=f(x)$，也不满足 $f(-x)=-f(x)$，因此，$f(x)=\sin x-\cos x$ 既不是奇函数也不是偶函数，是非奇非偶函数.

例 3　下列函数是由哪些基本初等函数复合而成的？

（1）$y=2^{\tan^2 x}$；　　（2）$y=\sqrt[3]{(1+2x)^2}$.

解　（1）$y=2^u$，$u=v^2$，$v=\tan x$；　　（2）$y=u^{\frac{2}{3}}$，$u=1+2x$.

复 习 题 一

1. 设 $f(x)=\begin{cases} x+1 & x>0 \\ \pi & x=0 \\ 0 & x<0 \end{cases}$，求 $f(f(f(-5)))$ 的值.

2. 在下列各对函数中，哪一组是相同函数？

（1）$y=\ln x^3$ 与 $y=3\ln x$；　　（2）$y=\ln\sqrt{x}$ 与 $y=\dfrac{1}{2}\ln x$；

（3）$y=\cos x$ 与 $y=\sqrt{1-\sin^2 x}$；　　（4）$y=\dfrac{1}{x+1}$ 与 $y=\dfrac{x-1}{x^2-1}$；

（5）$y=\ln x^4$ 与 $y=4\ln x$.

3. 求下列函数的定义域.

（1）$y=\dfrac{x-1}{x^2+1}$；　　（2）$y=\dfrac{|x|}{x}$；

（3）$y=\sqrt{x-2}+\sqrt{2-x}$；　　（4）$y=\ln\dfrac{1}{1-x}+\sqrt{x+6}$；

（5）$y=\sqrt{3-x}+\arctan\dfrac{1}{x}$；　　（6）$y=\sqrt{\ln x-2}$；

（7）$y=\arcsin(x-1)$；　　（8）$y=\dfrac{\sqrt{4-x}}{\ln(3x-1)}$；

（9）$y=\arcsin\dfrac{x-2}{2}$；　　（10）$y=\dfrac{1}{x^2-1}+\arcsin x+\sqrt{x}$.

4. 设 $f(x)=\begin{cases} 1-2x & |x|\leqslant 1 \\ x^2+1 & |x|>1 \end{cases}$，求 $f(0)$，$f(1)$，$f(-1)$，$f\left(\dfrac{3}{2}\right)$，$f\left(-\dfrac{3}{2}\right)$.

5. 设函数 $f(x)=\begin{cases} x^2+1 & x<0 \\ x+1 & x\geqslant 0 \end{cases}$，做出 $f(x)$ 的图形，并讨论其单调性和单调区间.

6. 下列函数哪些是奇函数？哪些是偶函数？哪些是非奇非偶函数？

（1）$y=\frac{a^x+a^{-x}}{2}$；（2）$y=\sin x+\sin^2 x$；

（3）$y=\ln\frac{2-x}{2+x}$；（4）$y=\sin x-\cos x+1$.

7. 下列函数哪些是周期函数？若是周期函数，求出其周期.

（1）$y=2\sin x^2$；（2）$y=1+\sin\frac{\pi x}{2}$；

（3）$y=\cos\frac{1}{x}$；（4）$y=\cos 3x$；

（5）$y=\sin(x-2)$；（6）$y=\tan\left(2x-\frac{\pi}{6}\right)$.

8. 求下列函数的反函数.

（1）$y=\mathrm{e}^x-1$；（2）$y=3\sin 2x$；

（3）$y=\ln(2x+1)-4$；（4）$y=3^{2x-3}$.

9. 对于下列函数 $f(x)$ 和 $g(x)$，求复合函数 $f(g(x))$ 和 $g(f(x))$，并确定它们的定义域.

（1）$f(x)=2x+3$，$g(x)=x^2-1$；（2）$f(x)=\sqrt{x-2}$，$g(x)=x^4$；

（3）$f(x)=\frac{x}{1-x}$，$g(x)=2^x$.

10. 指出下列函数的复合过程.

（1）$y=\sqrt[3]{1-2x}$；（2）$y=2^{\tan^2 x}$；

（3）$y=\sin^2(1+2x)$；（4）$y=2\sin^2 3x$；

（5）$y=\ln\sqrt{1+x^2}$；（6）$y=\cos\sqrt[3]{1+x^2}$.

11. 已知某种产品的需求函数为 $Q=200-5p$，求该产品的收益函数，并求销售 20 件商品时的总收益和平均收益.

12. 已知某产品的出厂价为 200 元，生产 Q 个单位产品的总成本为

$$C(Q)=500+50Q+\frac{1}{20}Q^2$$

求利润函数.

13. 设生产某种产品 Q 件的总成本函数为 $C(Q)=1000+20Q+0.2Q^2$，该产品的需求函数为 $Q=15-\frac{p}{3}$，求该产品的利润函数和平均利润函数.

【阅读资料】

微积分的两位伟大奠基者——牛顿和莱布尼茨

牛顿（Issac Newton，1643—1727），英国伟大的物理学家、天文学家、数学家和自然哲学家，经典力学体系的奠基人.

牛顿在科学上最卓越的贡献是微积分和经典力学的创建. 牛顿的巨著《自然哲学的数学原理》是他一生中主要工作的总结，其中不仅包含了丰富的成果，而且提出了许多新的课题和研究方式.

1643 年 1 月 4 日，牛顿出生于英格兰林肯郡格兰瑟姆附近的沃尔索普村. 他是一个不足月的遗腹子，生得十分瘦弱，小时候体质很差. 可是由于他后来注意锻炼身体，体质逐渐强壮起来，一直到晚年仍非常健康. 他一生只掉了一颗牙，头发虽然在 30 岁时已开始变白，但到老都没有脱落. 他一直活到 85 岁，这是人们始料不及的. 他在学校读书时开始成绩并不突出，后来才发奋图强. 他沉思默想，喜欢动手制作小玩具，在读小学时，就制成了令人惊讶的精巧的小水车. 在读中学时，他自制了一个小水钟，黎明时水会自动滴到他脸上，催他起床. 关于牛顿的趣闻轶事很多，如“我以为我还没有吃饭，其实已吃过啦”“把怀表当鸡蛋煮”“专心研究忘了求婚”“苹果落地的灵感”等，由于篇幅所限这里就不介绍了.

1661 年，牛顿以优异的成绩考入剑桥大学三一学院，1665 年取得了学士学位. 1665 年伦敦地区鼠疫流行，大学被迫停办，牛顿回到了自己的家乡，度过了两年的时光. 在这两年里，他制订了一生大多数重要科学创造的蓝图. 他开始在数学、机械和光学上刻苦钻研，并取得了伟大成就. 他获得了解决微积分问题的一般方法；发现了白光由七色光混合而成，那时他才 23 岁. 1667 年，牛顿回剑桥后当选为三一学院委员，次年获硕士学位. 他在 1687 年 7 月 5 日发表的《自然哲学的数学原理》里提出的万有引力定律以及他的牛顿运动定律是经典力学的基石. 1669 年，牛顿的老师巴罗宣布牛顿的学说已经超过了自己，决定把具有很高荣誉的“卢卡斯数学教授”的职位让给他，那时牛顿年仅 26 岁. 牛顿还和莱布尼茨各自独立地发明了微积分. 他总共留下了 50 多万字的炼金术手稿和 100 多万字的神学手稿. 他于 1696 年任皇家造币厂监督，并移居伦敦；1703 年任英国皇家学会会长；1705 年被英国女王安妮封为贵族艾萨克爵士. 他晚年潜心于自然哲学与神学.

牛顿临终时谦逊地说：“我不知道世人对我怎么看，但在我自己看来，我不过就像是一个在海滨玩耍的孩子，为不时发现比寻常更为光滑的一块卵石或比寻常更为美丽的一片贝壳而沾沾自喜，而对于展现在我面前的浩瀚的真理的海洋，却全然没有发现.”他还说：“如果我所见的比笛卡儿远一点的话，那是因为我站在巨人们的肩上的缘故.”

莱布尼茨(G W Leibniz,1646—1716)，德国自然科学家、数学家、物理学家、历史学家和哲学家，一个举世罕见的科学天才，和牛顿同为微积分的创建人. 他博览群书，涉猎百科，对丰富人类的科学知识宝库做出了不可磨灭的贡献.

1646 年 7 月 1 日，莱布尼茨出生于德国东部莱比锡的一个书香之家，他父亲是莱比锡大学伦理学教授，家中丰富的藏书引起他广泛的兴趣. 莱布尼茨幼年即表露出超常的才智，8 岁时进入尼古拉学校学习拉丁文、希腊文、修辞学、算术、逻辑、音乐、《圣经》、数理逻辑；后来成为数理逻辑的奠基人之一. 莱布尼茨多才多艺，在历史上很少有人能和他相比. 他的著作包括数学、历史、

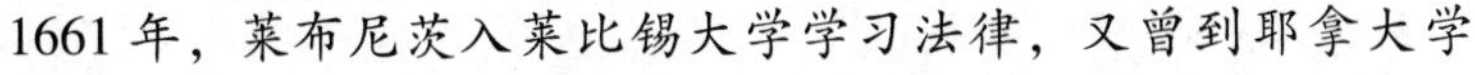

语言、生物、地质、机械、物理、法律、外交等各个方面.

1661 年，莱布尼茨入莱比锡大学学习法律，又曾到耶拿大学学习几何，1666 年转入阿尔特多夫大学，1667 年获法学博士学位. 他当时写的论文《论组合的艺术》已含有数理逻辑的早期思想，后来的工作使他成为数理逻辑的创始人. 同年他又投身外交界，曾到欧洲各国游历. 1668 年任驻法大使去巴黎生活了 4 年，在此他结交了荷兰著名数学家和物理学家惠更斯，后者使他对数学大感兴趣，虽然他是一个外交家，却深入钻研了数学. 在惠更斯的指导下，这位法学博士钻研起笛卡儿、费马和帕斯卡等名家的著作，他的许多重大成就，包括微积分就是在巴黎完成的. 他的兴趣十分广泛，受到帕斯卡的启发，1673 年发明了加法计算器，制造出能进行+、−、×、÷、$\sqrt{\ }$运算的计算机，并在英国伦敦皇家学会展出. 1675 年他在巴黎科学院进行了各种计算机的实算演示并大获成功. 莱布尼茨从 1672 年开始整理他在巴黎 4 年的微积分研究成果，于 1675 年给出积分号“$\int$”，同年引入微分号“d”，1677 年莱布尼兹在他的稿中表述了微积分基本定理：$\int_a^b y\mathrm{d}x = z(b) - z(a)$.

1673 年莱布尼茨当选为英国皇家学会会员，1700 年当选为巴黎科学院院士，同年创办柏林科学院，且致力于维也纳、圣彼得堡、德累斯顿科学院的创办，还曾主持出版了《中国近况》一书，亲自写了序言，指出欧洲要向中国传授科学. 可以说，他是最早关心中国科学事业的西方朋友.

莱布尼茨是百科全书式的天才，在分析数学和离散数学的各个领域里都有举足轻重的贡献. 他不仅是伟大的数学家，还是外交家、哲学家、法学家、历史学家、语言学家和先驱的地质学家，在逻辑学、力学、流体静力学、气体学、航海学和计算机方面也做了许多重要的工作. 他慷慨从事慈善事业，一生孜孜不倦，勤奋忘我，终生未娶.

第 2 章　极限与连续

极限是高等数学中的一个重要概念，是研究微积分的工具. 从极限思想的产生到极限理论的确定，经历了大约两千年的时间. 极限理论的确定，使微积分有了更加坚实的逻辑基础，并使微积分在当今科学的各个领域得以更广泛、更合理、更深刻地应用和发展. 连续性是函数的重要性态之一，连续函数在微积分学中有着重要的地位. 它不仅是函数研究的重要内容，也为极限计算开辟了新的途径.

【基本要求】

1. 了解极限的概念，根据极限的概念了解函数的变化趋势. 掌握函数在一点处的左极限与右极限，理解函数在一点处极限存在的充分必要条件.

2. 掌握极限的四则运算法则.

3. 熟练掌握用两个重要极限求极限的方法.

4. 理解无穷小量和无穷大量的概念，掌握无穷小量的性质、无穷小量的比较、无穷大量与无穷小量的关系. 会用无穷小量性质求函数极限，会进行无穷小量阶的比较.

5. 理解函数在一点连续与间断的概念，会判断分段函数在分界点处的连续性，理解函数在一点连续与极限存在之间的关系.

6. 会求函数的间断点并确定其类型.

7. 理解初等函数在其定义区间上的连续性.

2.1　极限的概念

在客观世界中，有大量的几何和物理实际问题，需要人们研究当自变量无限接近于某个常数或某个“目标”时，函数无限接近于什么？是否无限接近于某一确定常数？这就需要极限的概念和方法. 为了以后叙述问题的方便，下面首先关注自变量以不同方式无限接近于“目标”时，极限是如何定义的.

2.1.1　数列的极限

1. 数列的概念

自变量为正整数的函数 $x_n=f(n)$ $(n=1,2,3,\cdots)$，其函数值按自变量 n 由小到大排列成的一列数

$$x_1,x_2,x_3,\cdots,x_n,\cdots$$

称为一个**数列**，将其简记为$\{x_n\}$，其中 x_n 为数列$\{x_n\}$的**通项**或**一般项**. 例如，与 $x_n=\dfrac{1}{3^n}$相应的数列为

$$\frac{1}{3},\frac{1}{3^2},\frac{1}{3^3},\cdots,\frac{1}{3^n},\cdots$$

由于一个数列$\{x_n\}$完全由其一般项x_n所确定，故通常把数列$\{x_n\}$简称为数列x_n.

2. 数列的极限

对于一个给定的数列$\{x_n\}$，重要的不是去研究它的每一个项如何，而是要知道，当n无限增大时，它的项x_n的变化趋势. 来看下列几个数列.

例 1 数列$2,\frac{3}{2},\frac{4}{3},\cdots,\frac{n+1}{n},\cdots$，数列各项的值随$n$的增大而增大，越来越与1接近.

例 2 数列$1,-\frac{1}{2},\frac{1}{3},-\frac{1}{4},\cdots,(-1)^{n-1}\frac{1}{n}$，$\cdots$，数列各项的值随$n$的增大而逐渐密集地分布在$x=0$的附近，越来越与0接近.

例 3 数列$1,-1,1,-1,\cdots,(-1)^{n-1},\cdots$，数列各项的值随$n$的增大交替取得1与$-1$两个数，而不是与某一数接近.

例 4 数列$2,4,6,8,\cdots,2n,\cdots$，数列各项的值随n的增大而增大，且无限增大.

例 5 数列$a,a,a,\cdots,a,\cdots$，数列各项的值都相同.

上面例1、例2与例5三个数列反映出的变化趋势是：当n无限增大时，它的项x_n都分别无限接近于一个确定的常数.

定义 1 对于数列$\{x_n\}$，当n无限增大时，若数列$\{x_n\}$的通项x_n的值无限接近于某一确定的常数A，则称A为数列$\{x_n\}$的极限，或称数列$\{x_n\}$收敛于A，记为$\lim\limits_{n\to\infty}x_n=A$或$x_n\to A$（$n\to\infty$）. 若数列$x_n$没有极限，则称该数列发散.

由定义1可知，例1中的数列$\left\{\frac{n+1}{n}\right\}$是收敛的，且$\lim\limits_{n\to\infty}\frac{n+1}{n}=1$；例2中的数列$\left\{(-1)^{n-1}\frac{1}{n}\right\}$也是收敛的，且$\lim\limits_{n\to\infty}(-1)^{n-1}\frac{1}{n}=0$；例5中的数列$\{a\}$是个常数列，也是收敛的，且$\lim\limits_{n\to\infty}a=a$；例3、例4中的数列$\{(-1)^{n-1}\}$，$\{2n\}$都是发散的.

注意：(1) 关于"n无限增大"，所谓无限增大当然是想要多大就有多大，因此有限数列没有极限.

(2) 关于"无限接近"，当然是指x_n与A的距离是越来越小，要有多小就有多小.

(3) 关于"一个确定的常数"，表明数列的极限是唯一的.

例 6 观察下列数列的变化趋势，并写出收敛数列的极限.

(1) $\{x_n\}=\left\{3-\frac{1}{n^2}\right\}$；　　(2) $\{x_n\}=\{-2\}$；　　(3) $\{x_n\}=\left\{\sin\frac{n\pi}{2}\right\}$；

(4) $\{x_n\}=\left\{\frac{n}{n+1}\right\}$；　　(5) $\{x_n\}=\left\{\frac{1}{3^n}\right\}$；　　(6) $\{x_n\}=\{2n+1\}$；

解 (1) 当n依次取$1,2,3,4,5,\cdots$等正整数时，数列$\left\{3-\frac{1}{n^2}\right\}$的各项依次为2，$\frac{11}{4},\frac{26}{9},\frac{47}{16},\frac{74}{25},\cdots$，可以看出，当$n\to\infty$时，$3-\frac{1}{n^2}\to3$，故有$\lim\limits_{n\to\infty}\left(3-\frac{1}{n^2}\right)=3$.

(2) 这个数列的各项都是-2，故有$\lim\limits_{n\to\infty}(-2)=-2$.

(3) 当n依次取$1,2,3,4,5,\cdots$等正整数时，数列$\left\{\sin\frac{n\pi}{2}\right\}$各项依次为$1,0,-1,0,1,\cdots$，

可以看出，当 $n\to\infty$ 时，$\left\{\sin\dfrac{n\pi}{2}\right\}$不能无限地趋于一确定的常数 A，因此数列$\left\{\sin\dfrac{n\pi}{2}\right\}$的极限不存在，即数列发散.

数列$\{f(n)\}$的一般项$f(n)$随自变量 n 的变化而变化. 由于 n 只能取正整数，所以研究数列的极限，只需要考虑自变量 $n\to+\infty$ 时函数$f(n)$的极限. 因此，通常在研究数列极限时，把记号 $n\to+\infty$ 简记为 $n\to\infty$.

（4）$x_n=\dfrac{n}{n+1}$，即$\dfrac{1}{2},\dfrac{2}{3},\dfrac{3}{4},\cdots,\dfrac{n}{n+1},\cdots$，因此$\lim\limits_{n\to\infty}\dfrac{n}{n+1}=1$.

（5）$x_n=\dfrac{1}{3^n}$，即$\dfrac{1}{3},\dfrac{1}{3^2},\dfrac{1}{3^3},\cdots,\dfrac{1}{3^n},\cdots$，因此$\lim\limits_{n\to\infty}\dfrac{1}{3^n}=0$.

（6）$x_n=2n+1$，即 $3,5,7,\cdots,2n+1,\cdots$，因此$\lim\limits_{n\to\infty}(2n+1)$不存在.

由数列极限的定义不难得出下面的结论：

（1）$\lim\limits_{n\to\infty}q^n=0$（$|q|<1$）；　　（2）$\lim\limits_{n\to\infty}C=C$（$C$ 为常数）.

2.1.2　函数的极限

对于给定的函数 $y=f(x)$，因变量 y 随着自变量 x 的变化而变化. 当自变量 x 无限接近于某个“目标”（一个数 x_0、$+\infty$ 或$-\infty$）时，若因变量 y 无限接近于一个确定的常数 A，则称函数$f(x)$以 A 为极限. 为了叙述问题的方便，这里规定：当 x 从 x_0 的左右两侧无限接近于 x_0 时，用记号 $x\to x_0$(读作“x 趋于 x_0”)表示；当 x 从 x_0 的右侧无限接近于 x_0 时，用记号 $x\to x_0^+$ 表示；当 x 从 x_0 的左侧无限接近于 x_0 时，用记号 $x\to x_0^-$ 表示；当 x 无限增大时，用记号 $x\to+\infty$（读作“x 趋于正无穷”）表示；当 x 无限减小时，用记号 $x\to-\infty$（读作“x 趋于负无穷”）表示；当$|x|$无限增大时，用记号 $x\to\infty$（读作“x 趋于无穷”）表示. 下面，我们根据自变量 x 无限接近于“目标”的方式不同，分别介绍函数的极限.

1. 当 $x\to\infty$ 时函数的极限

先考察函数$f(x)=\dfrac{1}{x}$，当$|x|$无限增大时，$\dfrac{1}{x}$无限接近于确定常数 0.

一般的有，

定义 2　设函数 $y=f(x)$，当$|x|$无限增大时，函数$f(x)$无限趋近于某个确定的常数 A，则称函数$f(x)$以 A 为极限，记作

$$\lim_{|x|\to\infty}f(x)=A \quad 或 \quad f(x)\to A(|x|\to\infty)$$

当 $x>0$，且$|x|$无限增大时，则可记为 $x\to+\infty$；当 $x<0$，且$|x|$无限增大时，则可记为 $x\to-\infty$.

定义 3　设函数 $y=f(x)$，当 $x\to+\infty$（或 $x\to-\infty$）时，函数$f(x)$无限趋近于某个确定常数 A，则称当 $x\to+\infty$（或 $x\to-\infty$）时，函数$f(x)$以 A 为极限，记作

$$\lim_{x\to+\infty}f(x)=A(或\lim_{x\to-\infty}f(x)=A)$$

例 7　$\lim\limits_{x\to+\infty}\arctan x=\dfrac{\pi}{2}$，$\lim\limits_{x\to-\infty}\arctan x=-\dfrac{\pi}{2}$，$\lim\limits_{x\to\infty}\dfrac{1}{x}=0$.

不难证明，函数$f(x)$在 $x\to\infty$ 时的极限与在 $x\to+\infty$，$x\to-\infty$ 时的极限有如下关系：

$$\lim_{x\to\infty}f(x)=A\Leftrightarrow\lim_{x\to+\infty}f(x)=\lim_{x\to-\infty}f(x)=A(记号“\Leftrightarrow”表示等价)$$

注意：无法区分正负无穷大时就笼统地称之为无穷大.

2. 当 $x \to x_0$ 时函数 $f(x)$ 的极限

为了便于读者理解 $x\to x_0$ 时函数 $f(x)$ 极限的定义，先从图形上观察两个具体的函数，如图 2-1 和图 2-2 所示.

不难看出，当 $x\to 1$ 时，$f(x)=x+1$ 无限接近于 2(图 2-1)；当 $x\to 1$ 时，$g(x)=\dfrac{x^2-1}{x-1}$ 无限接近于 2(图 2-2). 函数 $f(x)=x+1$ 与 $g(x)=\dfrac{x^2-1}{x-1}$ 是两个不同的函数，前者在 $x=1$ 处有定义，后者在 $x=1$ 处无定义. 这就是说，当 $x\to 1$ 时，$f(x)$，$g(x)$ 的极限是否存在与其在 $x=1$ 处是否有定义无关.

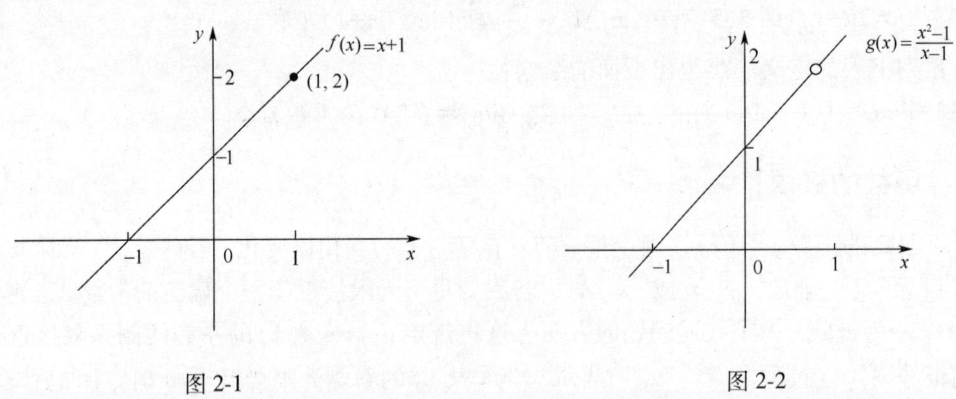

图 2-1　　　　图 2-2

定义 4　设函数 $f(x)$ 在 x_0 的某一去心邻域 $N(\hat{x}_0,\delta)$ 内有定义，当自变量 x 在 $N(\hat{x}_0,\delta)$ 内无限接近于 x_0 时，相应的函数值无限接近于常数 A，则称 A 为 $x\to x_0$ 时函数 $f(x)$ 的极限，记作

$$\lim_{x\to x_0} f(x)=A \quad 或 \quad f(x)\to A(x\to x_0)$$

由定义 4 可见，

$$\lim_{x\to 1}(x+1)=2,\ \lim_{x\to 1}\frac{x^2-1}{x-1}=2$$

3. 左极限与右极限

(1) 当 $x\to x_0^-$ 时函数 $f(x)$ 的极限

定义 5　设函数 $f(x)$ 在 x_0 的左半邻域 $(x_0-\delta,x_0)$ 内有定义，当自变量 x 在此半邻域内无限接近于 x_0 时，相应的函数值 $f(x)$ 无限接近于常数 A，则称 A 为函数 $f(x)$ 在 x_0 处的左极限，记作

$$\lim_{x\to x_0^-} f(x)=A,\ f(x_0^-)=A,\ f(x_0-0)=A \quad 或 \quad f(x)\to A(x\to x_0^-)$$

由定义 5 可知，在讨论函数 $f(x)$ 在 x_0 处的左极限 $\lim\limits_{x\to x_0^-} f(x)=A$ 时，在自变量 x 无限接近 x_0 的过程中，恒有 $x<x_0$.

(2) 当 $x\to x_0^+$ 时函数 $f(x)$ 的极限

定义 6　设函数 $f(x)$ 在 x_0 的右半邻域 $(x_0,x_0+\delta)$ 内有定义，当自变量 x 在此半邻域内无限接近于 x_0 时，相应的函数值 $f(x)$ 无限接近于常数 A，则称 A 为函数 $f(x)$ 在 x_0 处的右极

限，记作

$$\lim_{x\to x_0^+}f(x)=A,\ f(x_0^+)=A,\ f(x_0+0)=A \quad 或 \quad f(x)\to A(x\to x_0^+)$$

由定义 6 可知，在讨论函数 $f(x)$ 在 x_0 处的右极限 $\lim\limits_{x\to x_0^+}f(x)=A$ 时，在自变量 x 无限接近于 x_0 的过程中，恒有 $x>x_0$.

例如，符号函数

$$y=f(x)=\operatorname{sgn}x=\begin{cases}1 & x>0\\ 0 & x=0\\ -1 & x<0\end{cases}$$

当 $x\to 0^+$ 时 $f(x)\to 1$，即 $f(0^+)=1$；当 $x\to 0^-$ 时 $f(x)\to -1$，即 $f(0^-)=-1$.

（3）**左、右极限与函数极限的关系**

容易证明，函数 $f(x)$ 当 $x\to x_0$ 时极限存在的充分必要条件是：左极限与右极限各自存在且相等，即

$$\lim_{x\to x_0}f(x)=A \Leftrightarrow \lim_{x\to x_0^+}f(x)=\lim_{x\to x_0^-}f(x)=A$$

因此，当 $f(x_0^-)$ 及 $f(x_0^+)$ 都存在但不相等，或者 $f(x_0^-)$ 或 $f(x_0^+)$ 中至少有一个不存在时，就可断言 $f(x)$ 在 x_0 处的极限不存在.

例 8　设函数 $f(x)=\begin{cases}x+1 & x<0\\ 0 & x=0\\ x-1 & x>0\end{cases}$，讨论当 $x\to 0$ 时，$f(x)$ 是否存在极限.

解　根据左、右极限的定义可得

$$\lim_{x\to 0^-}f(x)=\lim_{x\to 0^-}(x+1)=1,\qquad \lim_{x\to 0^+}f(x)=\lim_{x\to 0^+}(x-1)=-1$$

由于左、右极限存在，但不相等，即 $\lim\limits_{x\to 0^-}f(x)\neq\lim\limits_{x\to 0^+}f(x)$，故函数 $f(x)$ 在点 $x=0$ 的极限不存在.

例 9　已知 $f(x)=\begin{cases}x+1 & -5<x<0\\ \dfrac{3}{x+3} & 0\leqslant x<2\\ 2 & 2<x<5\end{cases}$，求：(1) $\lim\limits_{x\to 0}f(x)$，(2) $\lim\limits_{x\to 2}f(x)$，(3) $\lim\limits_{x\to 3}f(x)$.

解　（1）因为

$$\lim_{x\to 0^-}f(x)=\lim_{x\to 0^-}(x+1)=1,\ \lim_{x\to 0^+}f(x)=\lim_{x\to 0^+}\frac{3}{x+3}=1$$

所以 $\lim\limits_{x\to 0}f(x)=1$.

（2）因为

$$\lim_{x\to 2^-}f(x)=\lim_{x\to 2^-}\frac{3}{x+3}=\frac{3}{5},\ \lim_{x\to 2^+}f(x)=\lim_{x\to 2^+}2=2$$

可见 $\lim\limits_{x\to 2^-}f(x)\neq\lim\limits_{x\to 2^+}f(x)$，所以 $\lim\limits_{x\to 2}f(x)$ 不存在.

（3）$\lim\limits_{x\to 3}f(x)=\lim\limits_{x\to 3}2=2$.

例 10　讨论当 $x\to 0$ 时，函数 $f(x)=|x|$ 的极限.

解　因为

$$\lim_{x\to 0^-}f(x)=\lim_{x\to 0^-}(-x)=0,\ \lim_{x\to 0^+}f(x)=\lim_{x\to 0^+}x=0$$

所以，当 $x \to 0$ 时，函数 $f(x)=|x|$ 的极限为零.

例 11　设 $f(x)=\begin{cases} x+1 & x>0 \\ 0 & x=0 \\ x-1 & x<0 \end{cases}$，画出该函数的图形，求 $\lim\limits_{x\to0^-}f(x)$，$\lim\limits_{x\to0^+}f(x)$，并讨论 $\lim\limits_{x\to0}f(x)$ 是否存在.

解　$f(x)$ 的图形如图 2-3 所示，从该图不难看出：

$$\lim_{x\to0^-}f(x)=\lim_{x\to0^-}(x-1)=-1，\lim_{x\to0^+}f(x)=\lim_{x\to0^+}(x+1)=1$$

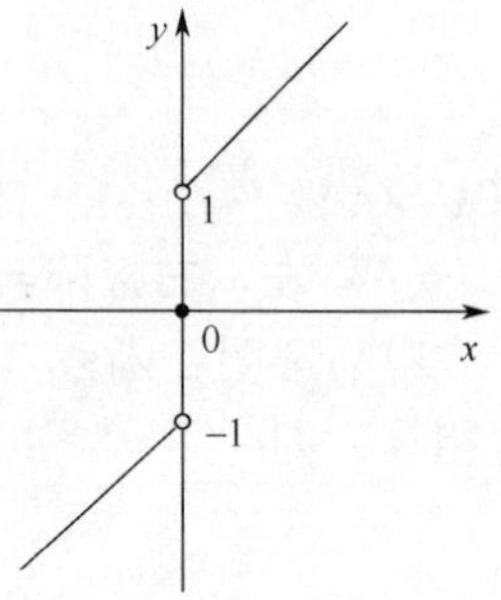

因为 $\lim\limits_{x\to0^-}f(x)\neq\lim\limits_{x\to0^+}f(x)$，所以根据极限存在的充要条件判定极限 $\lim\limits_{x\to0}f(x)$ 不存在.

图 2-3

例 12　做出函数 $f(x)=\begin{cases} x+1 & x<0 \\ x^2 & 0\leqslant x\leqslant1 \\ 1 & x>1 \end{cases}$ 的图形并讨论极限 $\lim\limits_{x\to0}f(x)$ 和 $\lim\limits_{x\to1}f(x)$ 是否存在.

解　$f(x)$ 的图形如图 2-4 所示，从该图不难看出：

$$\lim_{x\to0^-}f(x)=\lim_{x\to0^-}(x+1)=1，\lim_{x\to0^+}f(x)=\lim_{x\to0^+}x^2=0$$

因为 $\lim\limits_{x\to0^-}f(x)\neq\lim\limits_{x\to0^+}f(x)$，所以根据极限存在的充要条件判定极限 $\lim\limits_{x\to0}f(x)$ 不存在.

$$\lim_{x\to1^-}f(x)=\lim_{x\to1^-}x^2=1，\lim_{x\to1^+}f(x)=\lim_{x\to1^+}1=1$$

因为 $\lim\limits_{x\to1^-}f(x)=\lim\limits_{x\to1^+}f(x)$，所以根据极限存在的充要条件可判定极限 $\lim\limits_{x\to1}f(x)=1$.

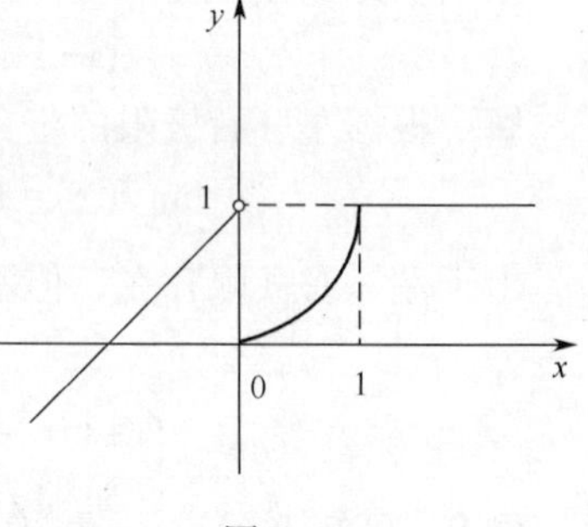

图 2-4

2.1.3　极限的性质

以上讨论了函数极限的各种情形，并把数列的极限作为函数极限的特殊情况给出. 它们描述的问题都是：自变量无限接近于某个目标时，函数值无限接近某个常数. 因此，它们有一系列的共性，下面以 $x\to x_0$ 为例给出函数极限的性质.

性质 1(唯一性)　若 $\lim\limits_{x\to x_0}f(x)=A$，$\lim\limits_{x\to x_0}f(x)=B$，则 $A=B$.

性质 2(有界性)　若 $\lim\limits_{x\to x_0}f(x)=A$，则存在 x_0 的某一去心邻域 $N(\hat{x}_0,\delta)$，在 $N(\hat{x}_0,\delta)$ 内函数 $f(x)$ 有界.

性质 3(保号性)　若 $\lim\limits_{x\to x_0}f(x)=A$ 且 $A>0$(或 $A<0$)，则存在某个去心邻域 $N(\hat{x}_0,\delta)$，在 $N(\hat{x}_0,\delta)$ 内 $f(x)>0$(或 $f(x)<0$).

推论　若在某个去心邻域 $N(\hat{x}_0,\delta)$ 内，$f(x)\geqslant0$(或 $f(x)\leqslant0$)，且

$$\lim_{x\to x_0}f(x)=A$$

则有 $A\geqslant0$(或 $A\leqslant0$).

性质 4(双边夹准则)　若 $x\in N(\hat{x}_0,\delta)$(其中 δ 为某个正常数)时，有

$$g(x)\leqslant f(x)\leqslant h(x)，且\lim_{x\to x_0}g(x)=\lim_{x\to x_0}h(x)=A$$

则有 $\lim\limits_{x\to x_0}f(x)=A$.

从直观上看，该准则是显然的. 当 $x \to x_0$ 时函数 $g(x)$，$h(x)$ 的值无限逼近常数 A，而夹在 $g(x)$ 与 $h(x)$ 之间的 $f(x)$ 的值也必然无限逼近常数 A，即 $\lim\limits_{x \to x_0} f(x) = A$. 对于极限的上述 4 个性质，若把 $x \to x_0$ 换成自变量 x 的其他变化过程，仍有类似的结论成立.

2.1.4　关于极限概念的几点说明

为了正确理解极限的概念，再说明如下几点：

（1）在一个变量前加上记号“lim”，表示对这个变量进行取极限运算，若变量的极限存在，则所指的不再是这个变量本身而是它的极限，即变量无限接近的那个值.

例如，设 A 表示圆面积，S_n 表示圆内接正 n 边形面积，则当 n 较大以后，总有 $S_n \approx A$，但 $\lim\limits_{n \to \infty} S_n$ 就不再是 S_n 了，而是它的极限——圆面积 A，所以表达式 $A = \lim\limits_{n \to \infty} S_n$ 不含任何近似成分.

（2）在极限过程 $x \to x_0$ 中考察 $f(x)$ 时，只要求 x 充分接近 x_0 时 $f(x)$ 存在，而与 $x = x_0$ 时或远离 x_0 时 $f(x)$ 取值如何是毫无关系的，这一点在求分段函数的极限时尤其重要.

（3）本节所给出的各种情形下的极限定义，均属于极限的形象描述，不属于严格的极限定义.

习题　2.1

一、选择题

1. 下列数列收敛的有（　　）.

A. $5, -5, 5, -5, \cdots, (-5)^{n-1}, \cdots$；　　B. $\frac{1}{3}, \frac{3}{5}, \frac{5}{7}, \frac{7}{9}, \cdots, \frac{2n-1}{2n+1}, \cdots$；

C. $\frac{1}{3}, -\frac{3}{5}, \frac{5}{7}, -\frac{7}{9}, \cdots, (-1)^{n-1}\frac{2n-1}{2n+1}, \cdots$；　　D. $2, 4, 6, 8, \cdots, 2n, \cdots$.

2. 函数 $f(x) = 2^{\frac{1}{x}}$ 在 $x = 0$ 处（　　）.

A. 有定义；　　B. 极限存在；　　C. 左极限存在；　　D. 右极限存在.

3. 设函数 $f(x) = \frac{|x|}{x}$，则极限 $\lim\limits_{x \to 0} f(x) =$（　　）.

A. -1；　　B. 0；　　C. 1；　　D. 不存在.

4. 函数 $f(x) = \frac{x^2 - 1}{x - 1}$ 在 $x = 1$ 点无定义，则极限 $\lim\limits_{x \to 1} f(x) =$（　　）.

A. 不存在；　　B. -2；　　C. 0；　　D. 2.

5. 设函数 $f(x) = \begin{cases} 2x + 3 & x < 1 \\ 2 & x = 1 \\ x^2 - 1 & x > 1 \end{cases}$，则 $f(\lim\limits_{x \to 0} f(x)) =$（　　）.

A. 2；　　B. -2；　　C. 8；　　D. 0.

6. 设函数 $y = x - 2\arctan x$，则 $\lim\limits_{x \to -\infty} (y - x) =$（　　）.

A. $-\pi$；　　B. π；　　C. $-\frac{\pi}{2}$；　　D. $\frac{\pi}{2}$.

二、解答题

1. 判断下列数列极限是否存在，若存在，求其极限.

（1）$\lim\limits_{n\to\infty}\left(1+\dfrac{1}{n}\right)$；　（2）$\lim\limits_{n\to\infty}(-1)^{n+1}$；　（3）$\lim\limits_{n\to\infty}(2n+1)$.

2. 设函数 $f(x)=\begin{cases}x+4 & x<1\\ 2x+3 & x\geqslant 1\end{cases}$，求 $\lim\limits_{x\to 1^+}f(x)$ 与 $\lim\limits_{x\to 1^-}f(x)$，问 $\lim\limits_{x\to 1}f(x)$ 是否存在？

3. 设 $f(x)=\begin{cases}x+1 & x<3\\ 0 & x=3\\ 2x-3 & x>3\end{cases}$，画出 $f(x)$ 的图形，求 $\lim\limits_{x\to 3^-}f(x)$，$\lim\limits_{x\to 3^+}f(x)$ 及 $\lim\limits_{x\to 3}f(x)$.

4. 已知 a，b 为常数，且 $\lim\limits_{x\to 2}\dfrac{ax+b}{x-2}=3$，则 a，b 应取何值？

5. 设函数 $f(x)=\begin{cases}e^x+1 & x>0\\ 2x+b & x\leqslant 0\end{cases}$，要使极限 $\lim\limits_{x\to 0}f(x)$ 存在，b 应取何值？

2.2　极限的运算法则

极限的运算是微积分的基本运算之一. 这种运算涉及的类型多、方法技巧性强，应适量地多做一些练习，特别是对基本方法，要切实掌握. 本节重点介绍极限的四则运算.

极限的四则运算法则：

设 x 在同一变化过程中 $\lim f(x)=A$，$\lim g(x)=B$，则有如下的运算法则.

法则 1　$\lim[f(x)\pm g(x)]=\lim f(x)\pm\lim g(x)=A\pm B$

法则 2　$\lim[f(x)g(x)]=\lim f(x)\lim g(x)=AB$

推论 1　当 $g(x)=C$（C 为常数）时，$\lim Cf(x)=C\lim f(x)=CA$

推论 2　$\lim[f(x)]^n=[\lim f(x)]^n=A^n$　$(n\in\mathbf{N})$

法则 3　$\lim\dfrac{f(x)}{g(x)}=\dfrac{\lim f(x)}{\lim g(x)}=\dfrac{A}{B}$　$(\lim g(x)\neq 0)$

注意：（1）法则 1、法则 2 还可以推广到有限个具有极限的函数的和与积的情形.

（2）上述极限法则对于 $x\to x_0$ 和 $x\to\infty$ 的情形都成立.

例 1　求极限 $\lim\limits_{x\to 2}(3x^2-4x+2)$.

解　$\lim\limits_{x\to 2}(3x^2-4x+2)=3\lim\limits_{x\to 2}x^2-4\lim\limits_{x\to 2}x+2=6$.

例 2　求极限 $\lim\limits_{x\to -1}\dfrac{2x^2+x-4}{3x^2+12}$.

解　因为 $\lim\limits_{x\to -1}(3x^2+12)=15\neq 0$，所以

$$\lim_{x\to -1}\frac{2x^2+x-4}{3x^2+12}=\frac{\lim\limits_{x\to -1}(2x^2+x-4)}{\lim\limits_{x\to -1}(3x^2+12)}=-\frac{3}{15}=-\frac{1}{5}$$

例 3　求极限 $\lim\limits_{x\to 4}\dfrac{x^2-7x+12}{x^2-5x+4}$.

解　当 $x=4$ 时，分子、分母都为 0，故可将分子、分母分解因式后约去公因式 $x-4$.

$$\lim_{x\to4}\frac{x^2-7x+12}{x^2-5x+4}=\lim_{x\to4}\frac{(x-3)(x-4)}{(x-1)(x-4)}=\lim_{x\to4}\frac{x-3}{x-1}=\frac{1}{3}$$

综上讨论，有理函数(即两个多项式之商)在 $x\to x_0$ 时的极限是容易求得的.

对 $x\to\infty$ 时“$\frac{\infty}{\infty}$”型有理函数的极限，可用分子或分母中 x 的最高次幂分别去除分子和分母，然后再求极限.

例 4 求极限 $\lim\limits_{x\to\infty}\frac{2x^2+x+1}{6x^2-x+2}$.

解 分析：当 $x\to\infty$ 时，分子与分母都趋于 ∞ $\left(\text{属于“}\frac{\infty}{\infty}\text{”型}\right)$，因此不能直接应用四则运算法则，但用 x^2 分别除分子与分母后，则可用极限的四则运算法则求得极限(此法叫“抓大头法”).

$$\lim_{x\to\infty}\frac{2x^2+x+1}{6x^2-x+2}=\lim_{x\to\infty}\frac{2+\frac{1}{x}+\frac{1}{x^2}}{6-\frac{1}{x}+\frac{2}{x^2}}=\frac{2}{6}=\frac{1}{3}$$

例 5 求极限 $\lim\limits_{x\to\infty}\frac{a_0x^n+a_1x^{n-1}+\cdots+a_n}{b_0x^m+b_1x^{m-1}+\cdots+b_m}$ (其中 $a_0\neq0, b_0\neq0, m, n$ 都为正整数).

解 分析：当 $x\to\infty$ 时，分子与分母的极限都趋于 ∞，不能用极限的运算法则. 用 x^m 同除分子和分母将分式变形，可讨论分式极限.

$$\lim_{x\to\infty}\frac{a_0x^n+a_1x^{n-1}+\cdots+a_n}{b_0x^m+b_1x^{m-1}+\cdots+b_m}=\lim_{x\to\infty}x^{n-m}\frac{a_0+a_1\frac{1}{x}+\cdots+a_n\frac{1}{x^n}}{b_0+b_1\frac{1}{x}+\cdots+b_m\frac{1}{x^m}}=\begin{cases}\frac{a_0}{b_0} & n=m\\ 0 & n<m\\ \infty & n>m\end{cases}$$

例 6 求极限 $\lim\limits_{x\to1}\left(\frac{3}{1-x^3}-\frac{1}{1-x}\right)$.

解 当 $x\to1$ 时，上式两项极限均不存在(呈现“$\infty-\infty$”型)，这时可以先通分，再求极限.

$$\begin{aligned}\lim_{x\to1}\left(\frac{3}{1-x^3}-\frac{1}{1-x}\right)&=\lim_{x\to1}\frac{3-(1+x+x^2)}{(1-x)(1+x+x^2)}\\&=\lim_{x\to1}\frac{(2+x)(1-x)}{(1-x)(1+x+x^2)}=\lim_{x\to1}\frac{2+x}{1+x+x^2}=1\end{aligned}$$

例 7 求极限：$\lim\limits_{x\to0}\frac{\sqrt{4+x}-2}{x}$.

解 当 $x\to0$ 时，分子、分母的极限均为零$\left(\text{呈现“}\frac{0}{0}\text{”形式}\right)$，不能直接用商的极限法则. 这时，可先对分子进行根式有理化，然后再求极限.

$$\lim_{x\to0}\frac{\sqrt{4+x}-2}{x}=\lim_{x\to0}\frac{(\sqrt{4+x}-2)(\sqrt{4+x}+2)}{x(\sqrt{4+x}+2)}=\lim_{x\to0}\frac{x}{x(\sqrt{4+x}+2)}=\lim_{x\to0}\frac{1}{\sqrt{4+x}+2}=\frac{1}{4}$$

在上述各例中，例 1 用代入法求解；例 2 对商式，还要求分母极限不为零；例 3 用因式分解(目的是约分)法求极限；例4、例5用变量代换法求极限(抓大头法)；例6用通分法求极限；例7用根式有理化法求极限.

小结 (1) 运用极限运算法则时，必须注意只有各项极限存在时才能用(对商式,还要求分母极限不为零).

(2) 若所求极限为“$\frac{0}{0}$”,“$\frac{\infty}{\infty}$”或“$\infty-\infty$”等形式，不能直接用极限法则，必须先对原式进行恒等变形(如约分、通分、根式有理化、抓大头法等)，然后再求极限.

(3) 求分段函数在分界点处的极限时，先分别求函数在分界点处的左、右极限，然后用极限存在的充分必要条件判定极限是否存在.

(4) 后面还要讲到利用重要极限公式求极限、无穷小的性质求极限、连续函数求极限、洛必达法则求极限等.

复习：公差为d的等差数列$a_1,a_2,a_3,\cdots,a_n,\cdots$的前$n$项和公式为

$$s_n=\frac{n(a_1+a_n)}{2}=na_1+\frac{n(n-1)}{2}d$$

公比为q的等比数列$a_1,a_2,a_3,\cdots,a_n,\cdots$前$n$项和公式为

$$s_n=\frac{a_1(1-q^n)}{1-q}=\frac{a_1-a_nq}{1-q}\ (q\neq 1)$$

习题 2.2

一、选择题

1. 已知$\lim\limits_{x\to\infty}\frac{ax+5}{x-1}=8$，则常数$a=$(　　).

A. 1；　B. 5；　C. 8；　D. -1.

2. 下列极限存在的是(　　).

A. $\lim\limits_{x\to\infty}4^x$；　B. $\lim\limits_{x\to\infty}\frac{x^3+1}{3x^3-1}$；　C. $\lim\limits_{x\to0^+}\ln x$；　D. $\lim\limits_{x\to1}\sin\frac{1}{x-1}$.

3. $\lim\limits_{x\to-1}\left(\frac{1}{x+1}-\frac{3}{x^3+1}\right)=$(　　).

A. -1；　B. 0；　C. $\frac{1}{2}$；　D. ∞.

4. $\lim\limits_{n\to\infty}\frac{4n^3-n+1}{5n^3+n^2+n}=$(　　).

A. $\frac{4}{5}$；　B. 0；　C. $\frac{1}{2}$；　D. ∞.

5. $\lim\limits_{x\to\infty}\frac{(x+1)^3-(x-2)^3}{x^2+2x+3}=$(　　).

A. 0；　B. 1；　C. 9；　D. ∞.

6. $\lim\limits_{n\to\infty}\frac{2^n-1}{3^n+1}=$(　　).

A. $\frac{2}{3}$；　B. $\frac{3}{2}$；　C. 0；　D. ∞.

7. 若$\lim\limits_{x\to 3}\dfrac{x^2-2x+k}{x-3}=4$，则 $k=$(　　).

A. 3；　　B. -3；　　C. -1；　　D. 1.

8. 若$\lim\limits_{n\to\infty}\dfrac{a^2+bn-5}{3n-2}=2$，则 a 与 b 的值分别为(　　).

A. 0 和 2；　　B. 0 和 3；　　C. 6 和 0；　　D. 0 和 6.

二、解答题

1. 求下列各极限.

(1) $\lim\limits_{x\to 2}(3x^3-2x^2+x-5)$；　(2) $\lim\limits_{x\to 3\pi}\sin 2x$；　(3) $\lim\limits_{x\to\frac{\pi}{4}}\dfrac{\sin x-\cos x}{\cos 2x}$；

(4) $\lim\limits_{x\to 0}(\mathrm{e}^{2x}+2^x+4)$；　(5) $\lim\limits_{x\to \mathrm{e}}\dfrac{\ln x}{x}$；　(6) $\lim\limits_{x\to 1}2\arctan x$.

2. 求下列各极限，并指出解题过程中每步的根据.

(1) $\lim\limits_{x\to 1}\dfrac{x^4-1}{x^3-1}$；　(2) $\lim\limits_{\Delta x\to 0}\dfrac{\sqrt{x+\Delta x}-\sqrt{x}}{\Delta x}$；　(3) $\lim\limits_{x\to 0}\ln\dfrac{\sqrt{x+1}-1}{x}$；

(4) $\lim\limits_{h\to 0}\dfrac{(x+h)^3-x^3}{h}$；　(5) $\lim\limits_{n\to\infty}\dfrac{1+2+3+\cdots+n}{n^2}$；　(6) $\lim\limits_{n\to\infty}\left(\dfrac{1}{3}+\dfrac{1}{9}+\cdots+\dfrac{1}{3^n}\right)$.

3. 利用极限的四则运算法则求下列极限.

(1) $\lim\limits_{x\to 2}(2x^2+3x)$；　(2) $\lim\limits_{x\to 2}\dfrac{x^2-4}{x-2}$；

(3) $\lim\limits_{x\to\infty}\dfrac{x^3-3x+2}{2x^3+3x+2}$；　(4) $\lim\limits_{x\to+\infty}\dfrac{x+1}{x^3+1}$.

(5) $\lim\limits_{x\to 1}\dfrac{\sqrt{x+2}-\sqrt{3}}{x-1}$；　(6) $\lim\limits_{x\to 2}\left(\dfrac{1}{x-2}-\dfrac{12}{x^3-8}\right)$.

4. 已知$\lim\limits_{x\to 1}\dfrac{x^2+ax+b}{1-x}=1$，试求 a 和 b.

2.3　两个重要极限

在科学技术中，经常用到重要极限$\lim\limits_{x\to 0}\dfrac{\sin x}{x}$和$\lim\limits_{x\to\infty}\left(1+\dfrac{1}{x}\right)^x$，下面分别介绍其极限值.

1. $\lim\limits_{x\to 0}\dfrac{\sin x}{x}=1$

关于该极限，这里不作理论推导，只通过列出$\dfrac{\sin x}{x}$的数值表(见表 2-1)，观察其变化趋势.

表 2-1

x	…	±1.3	±1.0	±0.7	±0.4	±0.1	±0.01	±0.001	…
$\dfrac{\sin x}{x}$	…	0.7412	0.8415	0.9203	0.9735	0.9983	0.999983	0.9999998	…

从表 2-1 可以看出，当 x 无限接近于零时，函数$\frac{\sin x}{x}$无限接近于 1. 理论上可以证明

$$\lim_{x\to 0}\frac{\sin x}{x}=1$$

注意：这个重要极限是"$\frac{0}{0}$"型的，为了强调其形式，把它的本质特征写成

$$\lim_{\square\to 0}\frac{\sin\square}{\square}=1\quad 或\quad \lim_{f(x)\to 0}\frac{\sin f(x)}{f(x)}=1$$

式中的"□"和"$f(x)$"既可表示自变量 x，又可表示 x 的函数 $f(x)$，而□→0 和 $f(x)\to 0$ 是表示当 $x\to x_0$(或∞)时，必有□→0 和 $f(x)\to 0$.

例 1　求$\lim\limits_{x\to 0}\frac{\sin 2x}{x}$.

解　$\lim\limits_{x\to 0}\frac{\sin 2x}{x}=\lim\limits_{x\to 0}2\frac{\sin 2x}{2x}=2\lim\limits_{2x\to 0}\frac{\sin 2x}{2x}=2.$

例 2　求$\lim\limits_{x\to 0}\frac{\sin 3x}{\sin 4x}$.

解　$\lim\limits_{x\to 0}\frac{\sin 3x}{\sin 4x}=\lim\limits_{x\to 0}\left(\frac{\sin 3x}{3x}\cdot\frac{4x}{\sin 4x}\cdot\frac{3x}{4x}\right)=\frac{3}{4}\lim\limits_{3x\to 0}\frac{\sin 3x}{3x}\cdot\lim\limits_{4x\to 0}\frac{4x}{\sin 4x}=\frac{3}{4}.$

例 3　求$\lim\limits_{x\to 0}\frac{1-\cos x}{x^2}$.

解　$\lim\limits_{x\to 0}\frac{1-\cos x}{x^2}=\lim\limits_{x\to 0}\frac{2\sin^2\frac{x}{2}}{x^2}=\frac{1}{2}\left[\lim\limits_{\frac{x}{2}\to 0}\frac{\sin\frac{x}{2}}{\frac{x}{2}}\right]^2=\frac{1}{2}.$

例 4　求$\lim\limits_{x\to 0}\frac{\tan x}{x}$.

解　$\lim\limits_{x\to 0}\frac{\tan x}{x}=\lim\limits_{x\to 0}\frac{\sin x}{x}\cdot\frac{1}{\cos x}=\lim\limits_{x\to 0}\frac{\sin x}{x}\cdot\lim\limits_{x\to 0}\frac{1}{\cos x}=1.$

2. $\lim\limits_{x\to\infty}\left(1+\frac{1}{x}\right)^x=\mathrm{e}$

关于这个极限，这里也不作理论推导，只通过列出$\left(1+\frac{1}{x}\right)^x$的数值表(见表 2-2)来观察其变化趋势.

表 2-2

x	1	2	3	4	5	10	100	1000	10000	…
$\left(1+\frac{1}{x}\right)^x$	2	2. 250	2. 370	2. 441	2. 488	2. 594	2. 705	2. 717	2. 718	…

从表 2-2 可以看出，当 x 无限增大时，函数$\left(1+\frac{1}{x}\right)^x$变化的大致趋势. 可以证明当 $x\to\infty$ 时，$\left(1+\frac{1}{x}\right)^x$的极限确实存在，并且是一个无理数，其值为 e，即

$$\lim_{x\to\infty}\left(1+\frac{1}{x}\right)^{x}=\mathrm{e}$$

这个极限值 e = 2. 71828182845…. 和 π 一样，e 也是一个无理数，它们是数学中最重要的两个常数.

1727 年，欧拉(L.Euler,1707—1783,瑞士人,18 世纪最伟大的数学家)首先用字母 e 表示了这个无理数. 这个无理数精确到 20 位小数的值为 e = 2. 71828182845904523536…

注意：这个极限属于“1^{∞}”型的，为了强调其形式，把它的本质特征写成

$$\lim_{\square\to\infty}\left(1+\frac{1}{\square}\right)^{\square}=\mathrm{e},\quad \lim_{f(x)\to\infty}\left(1+\frac{1}{f(x)}\right)^{f(x)}=\mathrm{e}\quad 或\quad \lim_{\square\to 0}(1+\square)^{\frac{1}{\square}}=\mathrm{e}$$

式中的“□”和“$f(x)$”既表示自变量 x，又可表示 x 的函数 $f(x)$，而 $\square\to 0$ 和 $f(x)\to 0$ 是表示当 $x\to x_0$(或∞)时，必有 $\square\to 0$ 和 $f(x)\to 0$.

例 5　求 $\lim\limits_{x\to\infty}\left(1+\dfrac{6}{x}\right)^{x}$.

解　所求极限类型是“1^{∞}”型，令 $\dfrac{x}{6}=u$，则 $x=6u$；而当 $x\to\infty$ 时，$u\to\infty$，所以

$$\lim_{x\to\infty}\left(1+\frac{6}{x}\right)^{x}=\lim_{u\to\infty}\left(1+\frac{1}{u}\right)^{6u}=\lim_{u\to\infty}\left[\left(1+\frac{1}{u}\right)^{u}\right]^{6}=\mathrm{e}^{6}$$

例 6　求 $\lim\limits_{x\to\infty}\left(1-\dfrac{5}{x}\right)^{x}$.

解　所求极限类型是“1^{∞}”型.

$$\lim_{x\to\infty}\left(1-\frac{5}{x}\right)^{x}=\lim_{x\to\infty}\left[\left(1-\frac{5}{x}\right)^{-\frac{x}{5}}\right]^{-5}=\mathrm{e}^{-5}$$

例 7　求 $\lim\limits_{x\to\infty}\left(1-\dfrac{1}{x}\right)^{2x}$.

解　令 $t=-x$，则当 $x\to\infty$ 时，$t\to\infty$，所以

$$\lim_{x\to\infty}\left(1-\frac{1}{x}\right)^{2x}=\lim_{t\to\infty}\left(1+\frac{1}{t}\right)^{-2t}=\lim_{t\to\infty}\left[\left(1+\frac{1}{t}\right)^{t}\right]^{-2}=\mathrm{e}^{-2}$$

例 8　求 $\lim\limits_{x\to 0}(1+2x)^{\frac{1}{x}}$.

解　$\lim\limits_{x\to 0}(1+2x)^{\frac{1}{x}}=\lim\limits_{x\to 0}\left[(1+2x)^{\frac{1}{2x}}\right]^{2}=\mathrm{e}^{2}$.

习题　2.3

一、选择题

1. 极限 $\lim\limits_{x\to\infty}x\sin\dfrac{1}{x}=$(　　).

A. 0；　　B. 1；　　C. −1；　　D. 不存在.

2. 下列极限正确的是(　　).

A. $\lim\limits_{x\to\infty}(1+x)^{\frac{1}{x}}=\mathrm{e}$；　　B. $\lim\limits_{x\to 0}\left(1+\dfrac{1}{x}\right)^{x}=\mathrm{e}$；

C. $\lim\limits_{x\to\infty}\left(1+\dfrac{1}{x}\right)^{x}=\mathrm{e}$；　　D. $\lim\limits_{x\to\infty}\left(1-\dfrac{1}{x}\right)^{-x}=\mathrm{e}^{-1}$.

3. 极限 $\lim\limits_{x\to 0}\dfrac{\sin 3x}{\sin 5x}=$(　　).

A. $\dfrac{3}{5}$；　　B. 1；　　C. $\dfrac{5}{3}$；　　D. ∞.

4. 极限$\lim\limits_{x\to\infty}\left(1+\dfrac{2}{x}\right)^{x}=($　　$)$.

A. e；　　B. e^2；　　C. e^4；　　D. 1.

5. 若$\lim\limits_{x\to 0}\dfrac{\sin 3x}{kx}=1$，则 $k=($　　$)$.

A. 3；　　B. $\dfrac{1}{3}$；　　C. 0；　　D. 1.

6. 极限$\lim\limits_{x\to+\infty}\left(1-\dfrac{k}{x}\right)^{x}=e^2$，则 $k=($　　$)$.

A. e^k；　　B. e^{-k}；　　C. 2；　　D. −2.

二、解答题

1. 利用重要极限$\lim\limits_{x\to 0}\dfrac{\sin x}{x}=1$求下列极限.

（1）$\lim\limits_{x\to 0}\dfrac{\sin 3x}{x}$；　（2）$\lim\limits_{x\to 0}\dfrac{\sin^2\sqrt{x}}{x}$；　（3）$\lim\limits_{x\to 0}\dfrac{\tan 2x}{x}$；

（4）$\lim\limits_{x\to 1}\dfrac{\sin(x-1)}{x^2-1}$；　（5）$\lim\limits_{x\to 0}(\ln|\sin x|-\ln|x|)$；　（6）$\lim\limits_{x\to 0}\dfrac{\sin^2 x}{x}$.

2. 利用重要极限$\lim\limits_{x\to\infty}\left(1+\dfrac{1}{x}\right)^{x}=e$或$\lim\limits_{x\to 0}(1+x)^{\frac{1}{x}}=e$求下列极限.

（1）$\lim\limits_{x\to+\infty}\left(1+\dfrac{1}{x}\right)^{2x}$；　（2）$\lim\limits_{x\to 0}(1+2x)^{\frac{1}{x}}$；　（3）$\lim\limits_{x\to 0}(1-x)^{\frac{2}{x}}$；

（4）$\lim\limits_{x\to\infty}\left(\dfrac{x+1}{x}\right)^{2x+1}$；　（5）$\lim\limits_{x\to\frac{\pi}{2}}(1+\cos x)^{3\sec x}$；　（6）$\lim\limits_{x\to\infty}\left(\dfrac{x}{1+x}\right)^{x}$；

（7）$\lim\limits_{x\to 2}[1+(x-2)]^{\frac{3}{x-2}}$；　（8）$\lim\limits_{x\to+\infty}x[\ln(x+2)-\ln x]$.

2.4　无穷小量与无穷大量

2.4.1　无穷小量的概念

在讨论变量的极限时，经常遇到以零为极限的变量，如$\lim\limits_{x\to 1}(x-1)=0$，$\lim\limits_{x\to 0}\sin x=0$，$\lim\limits_{x\to\infty}\dfrac{1}{x}=0$，$\lim\limits_{x\to-\infty}2^x=0$等. 在自变量的不同变化过程中，以上变量都以零为极限，为此我们有如下的定义.

定义 7　极限为零的变量称为**无穷小量**(简称为**无穷小**).

如果$\lim\limits_{x\to x_0}\alpha(x)=0$，则变量 $\alpha(x)$ 是 $x\to x_0$ 时的无穷小；如果$\lim\limits_{x\to\infty}\beta(x)=0$，则变量 $\beta(x)$ 是 $x\to\infty$ 时的无穷小. 类似地还有 $x\to x_0^+$，$x\to x_0^-$，$x\to-\infty$ 等情形下的无穷小.

关于无穷小量的几点说明：

（1）无穷小量是变量，表示量的变化状态，即表示变量的变化趋势为零，而不是表示量的大小.

（2）一个变量是否为无穷小量与自变量的变化范围紧密相关，在不同的变化过程中，同一变量可以有不同的变化趋势. 例如，

$$\lim_{x\to 1}(x^2-1)=0, \qquad \lim_{x\to\infty}(x^2-1)=\infty$$

所以，当 $x\to 1$ 时，x^2-1 是无穷小量；而当 $x\to\infty$ 时，x^2-1 就是无穷大量.

（3）很小很小的数不是无穷小量，越变越小的变量也不一定是无穷小量. 例如，当 $x\to+\infty$ 时，$1+\frac{1}{x}$ 就越变越小，但它不是无穷小量.

（4）无穷小量不是一个数，但数“0”是无穷小量中唯一的一个常数.

例1　自变量 x 在怎样的变化过程中，下列函数为无穷小.

（1）$y=\frac{1}{x-2}$；（2）$y=3x-1$；（3）$y=2^x$；（4）$y=\left(\frac{1}{3}\right)^x$.

解　（1）因为 $\lim\limits_{x\to\infty}\frac{1}{x-2}=0$，所以当 $x\to\infty$ 时，$\frac{1}{x-2}$ 为无穷小.

（2）因为 $\lim\limits_{x\to\frac{1}{3}}(3x-1)=0$，所以当 $x\to\frac{1}{3}$ 时，$3x-1$ 为无穷小.

（3）因为 $\lim\limits_{x\to-\infty}2^x=0$，所以当 $x\to-\infty$ 时，2^x 为无穷小.

（4）因为 $\lim\limits_{x\to+\infty}\left(\frac{1}{3}\right)^x=0$，所以当 $x\to+\infty$ 时，$\left(\frac{1}{3}\right)^x$ 为无穷小.

2.4.2　极限与无穷小之间的关系

设 $\lim\limits_{x\to x_0}f(x)=A$，即当 $x\to x_0$ 时，函数值 $f(x)$ 无限接近于常数 A，或者说 $f(x)-A$ 无限接近于常数零，即当 $x\to x_0$ 时，$f(x)-A$ 以零为极限，也就是说当 $x\to x_0$ 时，$f(x)-A$ 为无穷小. 若记 $\alpha(x)=f(x)-A$，则有 $f(x)=A+\alpha(x)$，于是有以下定理.

定理1（极限与无穷小之间的关系）　极限 $\lim\limits_{x\to x_0}f(x)=A$ 的充要条件是 $f(x)=A+\alpha(x)$，其中，$\alpha(x)$ 是当 $x\to x_0$ 时的无穷小.

定理1中自变量 x 的变化过程换成其他任何一种情形（$x\to x_0^+, x\to x_0^-, x\to+\infty, x\to-\infty, x\to\infty$）后仍然成立.

例2　当 $x\to\infty$ 时，将函数 $f(x)=\frac{x^2+1}{x^2}$ 写成其极限值与一个无穷小之和的形式.

解　因为 $\lim\limits_{x\to\infty}f(x)=\lim\limits_{x\to\infty}\frac{x^2+1}{x^2}=\lim\limits_{x\to\infty}\left(1+\frac{1}{x^2}\right)=1$，而 $f(x)=\frac{x^2+1}{x^2}=1+\frac{1}{x^2}$ 中的 $\frac{1}{x^2}$ 为 $x\to\infty$ 时的无穷小，所以 $f(x)=1+\frac{1}{x^2}$ 为所求极限值与一个无穷小之和的形式.

2.4.3　无穷小的运算性质

性质1　有限个无穷小的代数和是无穷小.

必须注意：无限多个无穷小的代数和未必是无穷小. 对此，在学习了定积分后，将会有更清楚的认识.

性质 2 无穷小与有界函数的积是无穷小.

推论 常数与无穷小的积是无穷小.

性质 3 有限个无穷小的积仍是无穷小.

必须注意：两个无穷小之商未必是无穷小. 例如，当 $x\to x_0$ 时，x 与 $2x$ 皆为无穷小，但由于$\lim\limits_{x\to 0}\dfrac{2x}{x}=2$，可知$\dfrac{2x}{x}$当 $x\to 0$ 时不是无穷小.

例 3 求$\lim\limits_{x\to 0}x^3\sin\dfrac{1}{x}$.

解 因为$\lim\limits_{x\to 0}x^3=0$，所以 x^3 为 $x\to 0$ 时的无穷小，又因为$\left|\sin\dfrac{1}{x}\right|\leqslant 1$，即 $\sin\dfrac{1}{x}$为有界函数，因此 $x^3\sin\dfrac{1}{x}$仍为 $x\to 0$ 时的无穷小，即 $\lim\limits_{x\to 0}x^3\sin\dfrac{1}{x}=0$.

2.4.4 无穷小的比较

前面讨论了两个无穷小的和、差、积仍然是无穷小，但两个无穷小之比，却不一定是无穷小. 例如，当 $x\to 0$ 时，$\alpha=3x$，$\beta=x^2$ 和 $\gamma=\sin x$ 都是无穷小，但是$\lim\limits_{x\to 0}\dfrac{x^2}{3x}=0$，$\lim\limits_{x\to 0}\dfrac{3x}{x^2}=\infty$，$\lim\limits_{x\to 0}\dfrac{\sin 3x}{3x}=\dfrac{1}{3}$. 比的极限的不同，反映了无穷小趋于零的速度的差异. 为比较无穷小趋于零的快慢，下面引入无穷小的阶的概念.

定义 8 设在自变量的某一变化过程中，α 与 β 都是无穷小，

（1）若 $\lim\dfrac{\beta}{\alpha}=0$，则称 β 是比 α 高阶的无穷小，记作 $\beta=o(\alpha)$.

（2）若 $\lim\dfrac{\beta}{\alpha}=\infty$，则称 β 是比 α 低阶的无穷小.

（3）若 $\lim\dfrac{\beta}{\alpha}=C$（$C$ 为非 0 常数），则称 α 与 β 是同阶无穷小；特别地，若 $C=1$，则称 α 与 β 是等价无穷小，记为 $\alpha\sim\beta$.

例 4 由于$\lim\limits_{x\to 0}\dfrac{\tan x-\sin x}{x}=\lim\limits_{x\to 0}\dfrac{\sin x}{x\cos x}-\lim\limits_{x\to 0}\dfrac{\sin x}{x}=1-1=0$，所以当 $x\to 0$ 时，$\tan x-\sin x$ 是比 x 高阶的无穷小量.

例 5 因为$\lim\limits_{x\to 0}\dfrac{1-\cos x}{x^3}=\lim\limits_{x\to 0}\dfrac{2\sin^2\dfrac{x}{2}}{x^3}=\lim\limits_{x\to 0}\left(\dfrac{\sin\dfrac{x}{2}}{\dfrac{x}{2}}\right)^2\cdot\dfrac{1}{2x}=\infty$，所以当 $x\to 0$ 时，$1-\cos x$ 是比 x^3 低阶的无穷小量.

例 6 由于$\lim\limits_{x\to 0}\dfrac{x(\sin x+2)}{x}=\lim\limits_{x\to 0}(\sin x+2)=2$，所以当 $x\to 0$ 时，$x(\sin x+2)$与 x 是同阶的无穷小量.

例 7 由于$\lim\limits_{x\to 0}\dfrac{\tan x}{x}=\lim\limits_{x\to 0}\dfrac{\sin x}{x}\cdot\dfrac{1}{\cos x}=1$，所以 $\tan x\sim x$.

可以证明：当 $x\to0$ 时，有

$$\sin x\sim x,\ \tan x\sim x,\ \arcsin x\sim x,\ \arctan x\sim x,$$

$$1-\cos x\sim\frac{x^2}{2},\ \ln(1+x)\sim x,\ e^x-1\sim x,\ \sqrt{1+x}-1\sim\frac{1}{2}x.$$

2.4.5　无穷大量

定义 9　在自变量 x 的某个变化过程中，如果相应的函数的绝对值 $|f(x)|$ 无限增大，则称 $f(x)$ 为该自变量在该变化过程中的**无穷大量**（简称为**无穷大**）.

如果相应的函数值 $f(x)$（或 $-f(x)$）无限增大，则称 $f(x)$ 为该自变量变化过程中的正（或负）无穷大. 如果函数 $f(x)$ 是 $x\to x_0$ 时的无穷大，则记作 $\lim\limits_{x\to x_0}f(x)=\infty$；如果 $f(x)$ 是 $x\to x_0$ 时的正无穷大，则记作 $\lim\limits_{x\to x_0}f(x)=+\infty$；如果 $f(x)$ 是 $x\to x_0$ 时的负无穷大，则记作 $\lim\limits_{x\to x_0}f(x)=-\infty$.

对于自变量 x 的其他变换过程中的无穷大、正无穷大、负无穷大，可用类似的方法描述.

值得注意的是：无穷大是极限不存在的一种情形，这里借用极限的记号，但并不表示极限存在.

根据无穷大的定义可知，$\ln x$ 是 $x\to0^+$ 时的负无穷大，$\ln x$ 也是 $x\to+\infty$ 时的正无穷大，x^2 是 $x\to\infty$ 时的正无穷大，用记号分别表示为

$$\lim_{x\to0^+}\ln x=-\infty,\ \lim_{x\to+\infty}\ln x=+\infty,\ \lim_{x\to\infty}x^2=+\infty$$

2.4.6　无穷大与无穷小的关系

定理 2（无穷大与无穷小的关系）　在自变量的同一变化过程中，如果 $f(x)$ 为无穷大，则 $\dfrac{1}{f(x)}$ 为无穷小；反之，如果 $f(x)$ 为无穷小，且 $f(x)\neq0$，则 $\dfrac{1}{f(x)}$ 为无穷大.

即：非零的无穷小量与无穷大量是互为倒数关系.

例 8　自变量在怎样的变化过程中，下列函数为无穷大.

（1）$y=\dfrac{1}{x-2}$；（2）$y=2x+1$；（3）$y=\ln x$.

解　（1）因为 $\lim\limits_{x\to2}(x-2)=0$，即当 $x\to2$ 时 $x-2$ 为无穷小，所以 $\dfrac{1}{x-2}$ 为 $x\to2$ 时的无穷大.

（2）因为 $\lim\limits_{x\to\infty}\left(\dfrac{1}{2x+1}\right)=0$，即当 $x\to\infty$ 时，$\dfrac{1}{2x+1}$ 为无穷小，所以 $2x+1$ 为 $x\to\infty$ 时的无穷大.

（3）因为 $\lim\limits_{x\to+\infty}\ln x=+\infty$，即当 $x\to+\infty$ 时，$\ln x$ 是正无穷大；因为 $\lim\limits_{x\to0^+}\ln x=-\infty$，即 $x\to0^+$ 时，$\ln x$ 是负无穷大.

最后，再指出两点：

（1）无穷大是一个绝对值无限变大的函数，任何绝对值很大的常数都不是无穷大.

（2）无穷大必无界，但反之不真. 例如，$f(x)=x\cos x$，当 $x\to\infty$ 时是无界的，但不是无穷大.

习题　2.4

一、填空题

1. 已知当 $x \to 0$ 时，$\tan ax$ 与 $\sin 2x$ 等价，则 $a=$________.

2. 若当 $x \to 0$ 时，无穷小量 $1-\cos x$ 与 mx^n 等价，则 $m=$________，$n=$________.

3. 若当 $x \to \infty$ 时，函数 $f(x)$ 与 $\dfrac{1}{x}$ 是等价无穷小，则 $\lim\limits_{x \to \infty} 2xf(x)=$________.

4. 当 $x \to$________时，函数 $y=\dfrac{1}{x^2-1}$ 是无穷大量；当 $x \to$________时，$y=\dfrac{1}{x^2-1}$ 是无穷小量.

二、选择题

1. 极限 $\lim\limits_{x \to \infty} \dfrac{\sin x}{x}=$(　　).

A. 0；　B. 1；　C. −1；　D. 不存在.

2. 极限 $\lim\limits_{x \to \infty} \dfrac{\cos x}{x^2}=$(　　).

A. 0；　B. 1；　C. −1；　D. 不存在.

3. $\lim\limits_{x \to +\infty} \mathrm{e}^{-x} \sin 2x=$(　　).

A. −1；　B. 0；　C. 1；　D. 不存在.

4. 极限 $\lim\limits_{x \to 0} x \sin \dfrac{1}{x}=$(　　).

A. −1；　B. 0；　C. 1；　D. 不存在.

5. 当 $x \to 0$ 时，函数 $\tan 3x$ 是比 $\sin x$(　　)无穷小.

A. 高阶；　B. 低阶；　C. 等价；　D. 同阶.

6. 设 $f(x)=\dfrac{x^2-2x+1}{x^2-1}$，当 $x \to$(　　)时，$f(x)$ 为无穷大；当 $x \to$(　　)时，$f(x)$ 为无穷小.

A. 1 和−1；　B. −1 和 1；　C. 0 和 1；　D. −1 和 1.

7. 当 $x \to 0$ 时，与 x 不是等价无穷小的是(　　).

A. e^x-1；　B. $1-\cos x$；　C. $\ln(1+x)$；　D. $\sin x$.

三、解答题

1. 观察下列函数在各自的变化过程中，哪些是无穷小？哪些是无穷大？

(1) $\dfrac{1}{x}(x \to 0)$；　(2) $\dfrac{1+2x}{x^2}(x \to \infty)$；

(3) $\sin 2x(x \to 0)$；　(4) $\mathrm{e}^{-x}(x \to +\infty)$；

(5) $3^{\frac{1}{x}}(x \to 0^-)$；　(6) $\dfrac{(-1)^n}{3^n}(n \to +\infty)$.

2. 利用无穷小的性质，计算下列极限.

（1）$\lim\limits_{x\to 0}(x+1)\ln(x+1)$；　　（2）$\lim\limits_{x\to 0}\dfrac{x^2\cos x}{1+e^x}$；

（3）$\lim\limits_{x\to -\infty}\left(\dfrac{1}{x}+e^x\right)$；　　（4）$\lim\limits_{x\to 1}\dfrac{x-1}{e^x-1}$.

3.（1）试证当 $x\to 0$ 时，$\sin x^2$ 是比 x 高阶的无穷小；

（2）试证当 $x\to 0$ 时，$\sqrt{x+1}-1$ 与 $\dfrac{1}{2}x$ 是等价无穷小.

2.5　函数的连续性

连续性是自然界中各种物态连续变化的数学体现，这方面的实例可以举出很多，如水的连续流动、身高的连续增长、时间的连续变化等，这些现象反映到数学上就形成了连续的概念. 在微分学中，连续的概念是与极限概念紧密相关的一个基本概念，在几何上表示就是一条连续不断开的曲线.

2.5.1　函数连续性的定义

首先我们引入增量概念，进而建立连续性定义. 设函数 $y=f(x)$ 在点 x_0 的某邻域上有定义，给自变量 x 一个增量 Δx，当自变量 x 由 x_0 变到 $x_0+\Delta x$（$x_0+\Delta x$ 仍在该邻域内）时，函数 y 相应由 $f(x_0)$ 变到 $f(x_0+\Delta x)$，因此函数相应的增量为

$$\Delta y=f(x_0+\Delta x)-f(x_0)$$

其几何定义如图 2-5 所示.

定义 10（增量定义法）　设函数 $y=f(x)$ 在点 x_0 的某一邻域内有定义，如果当自变量的增量 $\Delta x=x-x_0$ 趋于零时，相应的函数的增量 $\Delta y=f(x_0+\Delta x)-f(x_0)$ 也趋于零，即

$$\lim_{\Delta x\to 0}\Delta y=\lim_{\Delta x\to 0}[f(x_0+\Delta x)-f(x_0)]=0$$

则称 $f(x)$ 在点 x_0 处连续.

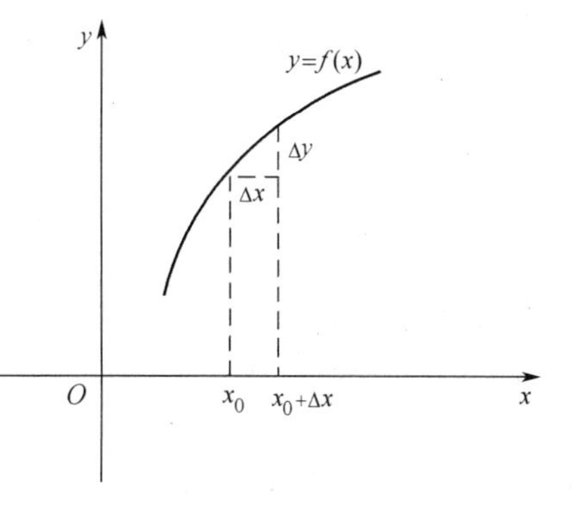

图 2-5

因为 $x=x_0+\Delta x$，因此上述定义式中的极限又可表为

$$\lim_{\Delta x\to 0}\Delta y=\lim_{\Delta x\to 0}[f(x)-f(x_0)]=0$$

即

$$\lim_{x\to x_0}f(x)=f(x_0)$$

于是有函数 $f(x)$ 在点 x_0 处连续的另一种形式的定义.

定义 11（极限定义法）　设函数 $f(x)$ 在点 x_0 的某个邻域 $N(x_0,\delta)$ 内有定义，若 $\lim\limits_{x\to x_0}f(x)=f(x_0)$，则称函数 $f(x)$ 在点 x_0 处连续，称点 x_0 为函数 $y=f(x)$ 的连续点.

由上述定义看出：函数 $f(x)$ 在点 x_0 处连续，必须同时满足以下三个条件：

（1）函数 $f(x)$ 在点 x_0 的一个邻域内有定义；

（2）极限 $\lim\limits_{x\to x_0}f(x)$ 存在；

(3) $\lim\limits_{x \to x_0} f(x) = f(x_0)$.

以上三条是构成函数连续性的三个要素.

若$\lim\limits_{x \to x_0^+} f(x) = f(x_0)$，则称$f(x)$在点$x_0$处右连续；若$\lim\limits_{x \to x_0^-} f(x) = f(x_0)$，则称$f(x)$在点$x_0$处左连续.

由此可知，函数在某点连续的充要条件为：函数在该点处左、右连续，即

$$\lim_{x \to x_0} f(x) = f(x_0) \Leftrightarrow \lim_{x \to x_0^+} f(x) = \lim_{x \to x_0^-} f(x) = f(x_0)$$

例 1　讨论函数$f(x) = \begin{cases} 3x & x \geqslant 1 \\ x+2 & x<1 \end{cases}$在$x=1$处的连续性.

解　由已知$f(1)=3$，而

右极限

$$f(1^+) = \lim_{x \to 1^+} f(x) = \lim_{x \to 1^+} 3x = 3 \times 1 = 3$$

左极限

$$f(1^-) = \lim_{x \to 1^-} f(x) = \lim_{x \to 1^-} (x+2) = 1+2 = 3$$

即

$$f(1^-) = f(1^+) = f(1) = 3$$

因此该函数在$x=1$点处连续.

例 2　讨论函数$f(x) = \begin{cases} x\sin\dfrac{1}{x} & x<0 \\ 0 & x \geqslant 0 \end{cases}$在$x=0$处的连续性.

解　由已知得$f(0)=0$，而

$$\lim_{x \to 0^-} f(x) = \lim_{x \to 0^-} x\sin\frac{1}{x} = 0, \qquad \lim_{x \to 0^+} f(x) = \lim_{x \to 0^+} 0 = 0$$

所以　$\lim\limits_{x \to 0} f(x) = f(0) = 0$，即$f(x)$在$x=0$处连续.

例 3　求下列函数的连续区间.

(1) $y=\sqrt{x^2-3x+2}$；　　(2) $y=\begin{cases} 0 & x<1 \\ 2x+1 & 1 \leqslant x<2. \\ 1+x^2 & 2 \leqslant x \end{cases}$

解　(1) 此函数为初等函数，其连续区间就是定义域. 解不等式$x^2-3x+2 \geqslant 0$，得$x \geqslant 2$或$x \leqslant 1$，故函数的连续区间为$(-\infty, 1] \cup [2, +\infty)$.

(2) 此函数为分段函数，在每一段内函数为初等函数，因此不连续点可能出现在$x=1$，$x=2$处. 在$x=1$处，$\lim\limits_{x \to 1^-} f(x) = 0$，$\lim\limits_{x \to 1^+} f(x) = 3$，所以$\lim\limits_{x \to 1} f(x)$不存在，因此该函数在$x=1$处不连续；在$x=2$处，$\lim\limits_{x \to 2^-} f(x) = 5$，$\lim\limits_{x \to 2^+} f(x) = 5$，所以$\lim\limits_{x \to 2} f(x) = 5 = f(2)$，因而$f(x)$在$x=2$处连续，故函数的连续区间为$(-\infty, 1) \cup (1, +\infty)$.

定义 12　如果一个函数在某个区间上的每一点都连续，则称这个函数为该区间上的**连续函数**.

2.5.2　函数的间断点及其分类

定义 13　若函数$f(x)$在点x_0处不连续，则称点x_0为$f(x)$的**间断点**.

根据函数连续的极限定义法，函数的间断点又可有如下定义.

定义 14　设函数$f(x)$在点x_0的某去心邻域$N(\hat{x}_0, \delta)$内有定义，如果函数$f(x)$有下列三

种情形之一：

（1）在点 x_0 处没有定义；

（2）在点 x_0 处有定义，但$\lim\limits_{x \to x_0} f(x)$不存在；

（3）在点 x_0 处有定义，且$\lim\limits_{x \to x_0} f(x)$存在，但$\lim\limits_{x \to x_0} f(x) \neq f(x_0)$，

则函数 $f(x)$ 在点 x_0 处不连续，而点 x_0 称为函数 $f(x)$ 的**不连续点**或**间断点**.

下面举例来说明函数间断点的几种常见类型.

例 4　函数 $f(x)=\dfrac{1}{x}$ 在 $x=0$ 处没有定义，所以 $x=0$ 是函数的不连续点，也即间断点.

例 5　函数 $y=f(x)=\dfrac{x^2-4}{x-2}$ 在 $x=2$ 处没有定义，所以函数在 $x=2$ 处间断. 但$\lim\limits_{x \to 2}\dfrac{x^2-4}{x-2}=\lim\limits_{x \to 2}(x+2)=4$，如果补充定义：令 $x=2$ 时，$y=4$，则所给函数在 $x=2$ 处连续.

例 6　符号函数 $y=f(x)=\operatorname{sgn}x=\begin{cases}1 & x>0\\0 & x=0\\-1 & x<0\end{cases}$，在 $x=0$ 处，由于$\lim\limits_{x \to 0^+} f(x)=1$，$\lim\limits_{x \to 0^-} f(x)=-1$，左极限与右极限虽都存在，但不相等，故极限$\lim\limits_{x \to 0} f(x)$不存在，所以 $x=0$ 是函数 $f(x)$ 的间断点.

例 7　函数 $f(x)=\sin\dfrac{1}{x}$ 在 $x=0$ 处没有定义，且$\lim\limits_{x \to 0^+} f(x)$，$\lim\limits_{x \to 0^-} f(x)$振荡不存在，则称 $x=0$ 是**振荡间断点**.

另外，若$\lim\limits_{x \to x_0} f(x)=\infty$，则称点 x_0 为函数 $f(x)$ 的**无穷间断点**.

例 8　函数 $f(x)=\dfrac{1}{(x-1)^2}$ 在 $x=1$ 处没有定义，且$\lim\limits_{x \to 1}\dfrac{1}{(x-1)^2}=\infty$，所以 $x=1$ 为函数 $f(x)$ 的无穷间断点.

定义 15（间断点的分类）　设点 x_0 为函数 $f(x)$ 的一个间断点，如果当 $x \to x_0$ 时，函数 $f(x)$ 的左、右极限都存在，则称点 x_0 为 $f(x)$ 的**第一类间断点**；不是第一类间断点的任何间断点，称为**第二类间断点**.

对第一类间断点还有：

（1）如果$\lim\limits_{x \to x_0^+} f(x)$与$\lim\limits_{x \to x_0^-} f(x)$均存在，但不相等，则称点 x_0 为函数 $f(x)$ 的**跳跃间断点**；

（2）如果$\lim\limits_{x \to x_0} f(x)$存在，但$\lim\limits_{x \to x_0} f(x) \neq f(x_0)$，则称点 x_0 为函数 $f(x)$ 的**可去间断点**.

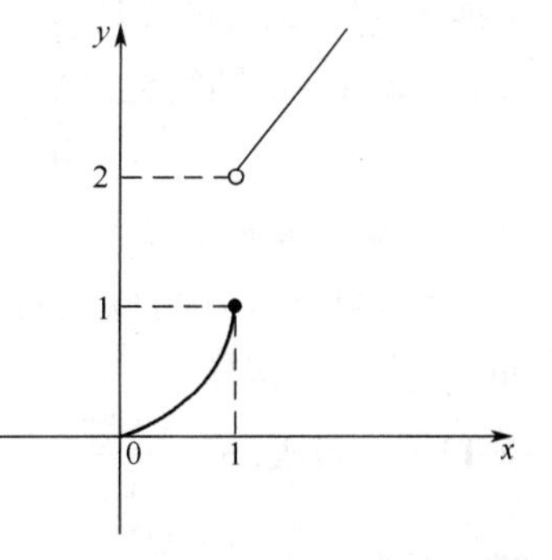

图 2-6

例 9　设 $f(x)=\begin{cases}x^2 & 0 \leqslant x \leqslant 1\\x+1 & x>1\end{cases}$，讨论 $f(x)$ 在 $x=1$ 处的连续性.

解　因为 $f(1)=1$，且$\lim\limits_{x \to 1^-} f(x)=\lim\limits_{x \to 1^-} x^2=1$，

$$\lim_{x \to 1^+} f(x)=\lim_{x \to 1^+}(x+1)=2,$$

所以$\lim\limits_{x\to1}f(x)$不存在. 故$x=1$是$f(x)$的第一类间断点，且为跳跃间断点(见图2-6).

例10 设$f(x)=\begin{cases}x^3 & x\neq0\\ 1 & x=0\end{cases}$，讨论函数$f(x)$在$x=0$处的连续性.

解 因为$f(0)=1$，且$\lim\limits_{x\to0}f(x)=\lim\limits_{x\to0}x^3=0$，但$\lim\limits_{x\to0}f(x)\neq f(0)$，所以$x=0$是$f(x)$的第一类间断点，且为可去间断点(见图2-7).

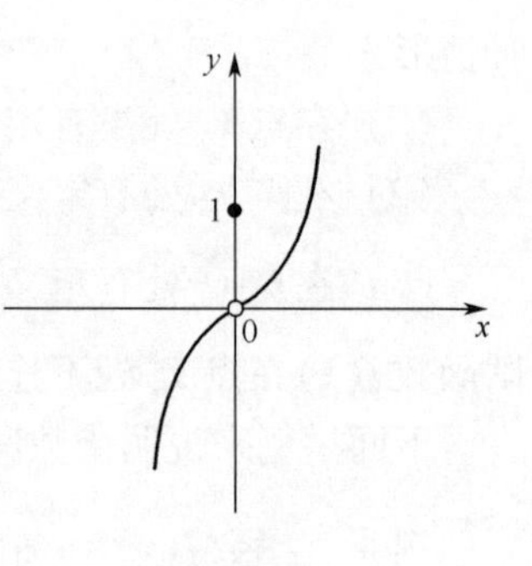

图2-7

2.5.3 初等函数的连续性

1. 连续函数的概念

定义16(连续函数) 如果函数$f(x)$在区间(a,b)内每一点都是连续的，就称函数$f(x)$在区间(a,b)内连续；若函数$f(x)$在区间(a,b)内连续，且在$x=a$处右连续(即$\lim\limits_{x\to a^+}f(x)=f(a)$)，在$x=b$处左连续(即$\lim\limits_{x\to b^-}f(x)=f(b)$)，则称函数$f(x)$在区间$[a,b]$上连续. 此时，也称函数$f(x)$是闭区间$[a,b]$上的连续函数.

连续函数的图形是一条连绵不断的曲线.

2. 连续函数的基本性质

由函数在某点连续的定义和极限的四则运算法则，可得下列定理.

定理3(连续函数的四则运算) 设$f(x)$，$g(x)$均在点x_0处连续，则

(1) $f(x)\pm g(x)$在点x_0处连续；

(2) $f(x)g(x)$在点x_0处连续；

(3) 若$g(x_0)\neq0$，则$\dfrac{f(x)}{g(x)}$在点x_0处连续.

例11 因为$\tan x=\dfrac{\sin x}{\cos x}$，$\cot x=\dfrac{\cos x}{\sin x}$，而$\cos x$与$\sin x$都在区间$(-\infty,+\infty)$内连续，故由定理3知，$\tan x$和$\cot x$在它们的定义域内是连续的.

3. 复合函数的连续性

定理4(复合函数的连续性) 设函数$y=f(u)$在$u=u_0$处连续，函数$u=\varphi(x)$在$x=x_0$处连续，且$u_0=\varphi(x_0)$，则复合函数$y=f[\varphi(x)]$在$x=x_0$处连续. 即有

$$\lim_{x\to x_0}f[\varphi(x)]=f(u_0)=f[\lim_{x\to x_0}\varphi(x)]$$

这就是说，连续性可以保证极限符号与函数符号的交换. 定理4的条件中“函数$u=\varphi(x)$在$x=x_0$处连续”可以减弱为“函数$u=\varphi(x)$在$x\to x_0$时极限存在”，函数符号f与极限符号lim可以交换次序.

例12 求极限$\lim\limits_{x\to0}\dfrac{\ln(1+x)}{x}$.

解 因为函数$\dfrac{\ln(1+x)}{x}=\ln(1+x)^{\frac{1}{x}}$是由$y=\ln u$，$u=(1+x)^{\frac{1}{x}}$复合而成的，而$\lim\limits_{x\to0}(1+x)^{\frac{1}{x}}=\mathrm{e}$，且$\ln u$在$u=\mathrm{e}$处连续，故

$$\lim_{x\to0}\frac{\ln(1+x)}{x}=\lim_{x\to0}\ln(1+x)^{\frac{1}{x}}=\ln[\lim_{x\to0}(1+x)^{\frac{1}{x}}]=\ln\mathrm{e}=1$$

4. 初等函数的连续性

这里不加证明地指出如下重要事实：一切初等函数在其定义区间内都是连续的.

因此，求初等函数的连续区间就是求函数的定义域. 关于分段函数的连续性，除按上述结论考虑每一段函数的连续外，还必须讨论函数在分界点处的连续性.

若$f(x)$在点x_0处连续，则

$$\lim_{x\to x_0}f(x)=f(x_0)$$

即求连续函数的极限，可归结为计算函数值.

例13　求极限$\lim\limits_{x\to\frac{\pi}{2}}\ln\sin x$.

解　因为$\ln\sin x$为初等函数，且$x=\dfrac{\pi}{2}$为其定义区间内一点，所以它在$x=\dfrac{\pi}{2}$处连续，故有

$$\lim_{x\to\frac{\pi}{2}}\ln\sin x=\ln\sin\frac{\pi}{2}=\ln 1=0$$

2.5.4　闭区间上连续函数的性质

定理5(最值定理)　若函数$f(x)$在闭区间$[a,b]$上连续，则在闭区间$[a,b]$上至少存在两点x_1，x_2，使对$[a,b]$上一切的x，都有$f(x_1)\leqslant f(x)\leqslant f(x_2)$. 其中，$f(x_1)$和$f(x_2)$分别称为函数$f(x)$在$[a,b]$上的最小值和最大值.

推论　若函数$f(x)$在闭区间$[a,b]$上连续，则函数$f(x)$在闭区间$[a,b]$上必有界.

注意：(1) 若把定理5及推论中的闭区间改为开区间，定理结论不一定成立.

(2) 若函数$f(x)$在闭区间内有间断点，定理的结论也不一定成立.

例14　函数$y=\dfrac{1}{x}$是开区间$(0,1)$内的连续函数，但它在$(0,1)$内既不能取得最大值，也不能取得最小值.

例15　函数$f(x)=\begin{cases}x+1 & -1\leqslant x\leqslant 0\\ 0 & x=0\\ x-1 & 0<x\leqslant 1\end{cases}$在闭区间$[-1,1]$上有间断点$x=0$，它取不到最大值和最小值.

定理6(介值定理)　若函数$f(x)$在闭区间$[a,b]$上连续，且$f(a)\neq f(b)$，则对于$f(a)$与$f(b)$之间的任意数k，在(a,b)内至少存在一点ξ，使得$f(\xi)=k$.

定理6表明，如果函数$f(x)$在闭区间$[a,b]$上连续，则它必定能够取得$f(a)$与$f(b)$之间的任意值k.

推论(零点定理)　若函数$f(x)$在闭区间$[a,b]$上连续，且$f(a)f(b)<0$，即$f(a)$与$f(b)$异号，则在(a,b)内至少存在一点ξ，使得$f(\xi)=0$，即方程$f(x)=0$在(a,b)内至少有一个根ξ，ξ又称为函数$y=f(x)$的零点.

它的几何意义是：如果$f(a)$与$f(b)$异号，则连续曲线$y=f(x)$与x轴至少有一个交点.

例16　证明方程$x^5-3x=1$至少有一个根介于1和2之间.

证　设$f(x)=x^5-3x-1$，$f(x)$在$(-\infty,+\infty)$内连续，因而在区间$[1,2]$上连续，且$f(1)=-3<0$，$f(2)=25>0$，由零点定理知，在$(1,2)$内至少存在一点ξ，使得$f(\xi)=0$，这表明方程$x^5-3x=1$至少有一个根介于1和2之间.

例17　证明方程$\sin x-x+1=0$在0与π之间有实根.

证 设 $f(x)=\sin x-x+1$，因为 $f(x)$ 在 $(-\infty,+\infty)$ 内连续，所以 $f(x)$ 在 $[0,\pi]$ 上也连续，而 $f(0)=1>0$，$f(\pi)=-\pi+1<0$，所以，由零点定理知，至少有一个 $\xi\in(0,\pi)$，使得 $f(\xi)=0$，即方程 $\sin x-x+1=0$ 在 0 与 π 之间至少有一个实根.

习题 2.5

一、填空题

1. 若函数 $y=f(x)$ 在点 x_0 处连续，则 $\lim\limits_{x\to x_0}f(x)=$________.

2. 设函数 $f(x)=\begin{cases}e^x+1 & x<0\\ 2a & x\geqslant 0\end{cases}$ 在 $x=0$ 处连续，则 $a=$________.

3. 函数 $f(x)=\dfrac{1}{\ln(x-2)}$ 的连续区间是________.

4. 函数 $f(x)=\sqrt{x^2-5x+4}$ 的连续区间是________.

5. 若 $\lim\limits_{x\to x_0}f(x)=A\neq f(x_0)$，则点 x_0 叫作函数 $f(x)$ 的________间断点.

6. $x=1$ 是函数 $f(x)=\begin{cases}x^2 & 0\leqslant x\leqslant 1\\ x-1 & x>1\end{cases}$ 的________间断点.

7. $x=1$ 是函数 $y=\dfrac{\sqrt[3]{x}-1}{x-1}$ 的________间断点.

8. 设函数 $f(x)=\begin{cases}(1-x)^{\frac{1}{x}} & x\neq 0\\ k & x=0\end{cases}$ 在 $x=0$ 处连续，则常数 $k=$________.

9. $x=0$ 是符号函数 $y=\operatorname{sgn}x=\begin{cases}1 & x>0\\ 0 & x=0\\ -1 & x<0\end{cases}$ 的________间断点.

10. 函数 $f(x)=\begin{cases}x-1 & 0<x\leqslant 1\\ 2-x & 1<x\leqslant 3\end{cases}$ 在 $x=1$ 处不连续，是因为________.

11. $x=0$ 是函数 $f(x)=\dfrac{x^2-1}{x(x-1)}$ 的________间断点；$x=1$ 是函数的________间断点.

12. $x=0$ 是函数 $f(x)=\dfrac{\sin x}{2x}$ 的________间断点.

13. 设 $\lim\limits_{x\to\infty}\varphi(x)=a$（$a$ 为常数），则 $\lim\limits_{x\to\infty}e^{\varphi(x)}=$________.

14. 函数 $f(x)$ 在 x_0 处连续是函数 $f(x)$ 在 x_0 处极限存在的________条件.

二、解答题

1. 求下列函数是否有间断点，如有求出其类型.

（1）$y=\dfrac{1}{x-2}$；（2）$y=\dfrac{x^2-1}{x^2-3x+2}$；

（3）$y=\begin{cases}x^2+2 & x<0\\ 2e^x & 0\leqslant x<1\\ 4 & x\geqslant 1\end{cases}$；（4）$y=\begin{cases}3+x^2 & x\leqslant 0\\ \dfrac{\sin 3x}{x} & x>0\end{cases}$.

2. 设函数 $f(x)=\begin{cases}x & x\leqslant 1\\ 6x-5 & x>1\end{cases}$，试讨论函数在 $x=1$ 处的连续性，并求出函数的连续区间.

3. 设函数 $f(x)=\begin{cases}e^x & x<0\\ 2a+x & x\geqslant 0\end{cases}$，问 a 为何值时，函数 $f(x)$ 在 $x=0$ 处连续？

4. 设函数 $f(x)=\begin{cases}x+2 & x\leqslant 0\\ x^2+a & 0<x<1\\ bx & x\geqslant 1\end{cases}$ 在 $(-\infty,+\infty)$ 上连续，求常数 a，b 的值.

5. 设函数 $f(x)=\begin{cases}\dfrac{\sin x}{x} & x\neq 0\\ \dfrac{1}{2} & x=0\end{cases}$，

（1）问 $f(x)$ 在 $x=0$ 处是否连续？若不连续，指出间断点类型；

（2）令 $g(x)=\begin{cases}f(x) & x\neq 0\\ 1 & x=0\end{cases}$，求 $g(x)$ 的连续区间；

（3）$f(x)$ 与 $g(x)$ 的区别与联系.

本章小结

一、基本知识

1. 基本概念

数列、数列的极限、函数的极限、左极限、右极限、无穷小、无穷大、函数在一点处连续、连续函数、间断点、第一类间断点（可去间断点和跳跃间断点）及第二类间断点.

2. 基本公式

（1）两个重要极限：

① $\lim\limits_{\square\to 0}\dfrac{\sin\square}{\square}=1$，$\lim\limits_{f(x)\to 0}\dfrac{\sin f(x)}{f(x)}=1$（$\square$代表同一变量）；

② $\lim\limits_{\square\to\infty}\left(1+\dfrac{1}{\square}\right)^{\square}=e$，$\lim\limits_{\square\to 0}(1+\square)^{\frac{1}{\square}}=e$ 或 $\lim\limits_{f(x)\to\infty}\left(1+\dfrac{1}{f(x)}\right)^{f(x)}=e$（$\square$代表同一变量）.

（2）极限存在的充要条件：

$$\lim_{x\to x_0}f(x)=A\Leftrightarrow\lim_{x\to x_0^+}f(x)=\lim_{x\to x_0^-}f(x)=A$$

（3）函数在一点处连续的充要条件：

$$\lim_{x\to x_0}f(x)=f(x_0)\Leftrightarrow\lim_{x\to x_0^+}f(x)=\lim_{x\to x_0^-}f(x)=f(x_0)$$

（4）函数在一点处连续时，函数符号和极限符号可以互换，即

$$\lim_{x\to x_0}f[\varphi(x)]=f(u_0)=f[\lim_{x\to x_0}\varphi(x)]$$

3. 基本定理、性质和法则

极限存在的充要条件，双边夹准则，极限的唯一性、有界性和保号性，极限的四则运算法则，极限与无穷小的关系，无穷小的运算性质，无穷小与无穷大的关系，初等函数的连续

性，闭区间上连续函数的性质.

4. 基本方法与基本运算

(1) 关于极限运算

极限运算是学生需要掌握的基本能力. 掌握从“归类”到“方法”的正确思路，对极限问题的顺利求解是很有帮助的. 求函数极限的方法基本可以归纳为以下十种：①代入法求极限；②约分法求极限(因式分解法)；③通分法求极限；④“抓大头”法求极限；⑤根式有理化法求极限；⑥用两个重要极限公式求极限；⑦利用无穷小性质求极限；⑧利用连续函数(函数符号与极限符号可交换次序)的特殊性求极限；⑨利用极限存在充要条件求极限(主要解决分段函数的极限问题)；⑩用洛必达法则求极限(后面讲到).

(2) 关于函数的连续

用函数在一点处连续定义来判断分段函数在分界点处的连续性.

(3) 关于函数的间断点

函数的间断点可分为两类：①左、右极限都存在的间断点为第一类间断点. 其中，左、右极限存在且相等，但不等于该点的函数值，或函数在该点没有定义，这类间断点为可去间断点；左、右极限存在但不相等，这类间断点为跳跃间断点. ②左、右极限至少有一个不存在的间断点为第二类间断点.

二、要点解析

问题 1　如果$\lim\limits_{x\to x_0}f(x)=A$存在，那么函数$f(x)$在点$x_0$处是否一定有定义?

解析　$\lim\limits_{x\to x_0}f(x)=A$存在与函数$f(x)$在点$x_0$处是否有定义无关. 例如，$\lim\limits_{x\to 0}\frac{\sin x}{x}=1$，而在$x=0$处，函数没定义.

问题 2　若$\lim\limits_{x\to x_0}[g(x)f(x)]=A$存在，那么$\lim\limits_{x\to x_0}g(x)$和$\lim\limits_{x\to x_0}f(x)$是否一定存在? 是否一定有$\lim\limits_{x\to x_0}[g(x)f(x)]=\lim\limits_{x\to x_0}g(x)\lim\limits_{x\to x_0}f(x)$?

解析　$\lim\limits_{x\to x_0}[g(x)f(x)]=A$存在，并不能保证$\lim\limits_{x\to x_0}g(x)$与$\lim\limits_{x\to x_0}f(x)$均存在. 例如，$\lim\limits_{x\to 0}\left(x^2\ \frac{1}{x}\right)=\lim\limits_{x\to 0}x=0$，而$\lim\limits_{x\to 0}\frac{1}{x}$不存在. 只有在$\lim\limits_{x\to x_0}g(x)$与$\lim\limits_{x\to x_0}f(x)$均存在的条件下，才有$\lim\limits_{x\to x_0}[g(x)f(x)]=\lim\limits_{x\to x_0}g(x)\lim\limits_{x\to x_0}f(x)$.

问题 3　函数$f(x)$在点x_0处有定义、函数在点x_0处极限存在、函数在点x_0处连续三者有何区别和联系?

解析　(1) 函数$f(x)$在点x_0处有定义与函数在点x_0处极限存在两者是无关条件；

(2) 函数$f(x)$在点x_0处极限存在是函数在点x_0处连续的必要条件；

(3) 函数$f(x)$在点x_0处有定义也是函数在点x_0处连续的必要条件.

例 1　求下列极限：

(1) $\lim\limits_{x\to\frac{\pi}{4}}[x^2+\sin^2x-(\cos x)^{2\tan x}]$；　　(2) $\lim\limits_{x\to\infty}\left(\frac{2x+3}{2x+1}\right)^{x+1}$；

(3) $\lim\limits_{x\to+\infty}\sin(\sqrt{x+2}-\sqrt{x})$；　　(4) $\lim\limits_{x\to\infty}\dfrac{x-1}{x^2\sin\frac{1}{x}}$.

解　(1) 由于函数 $f(x)=x^2+\sin^2 x-(\cos x)^{2\tan x}$ 为初等函数，又因为 $x=\dfrac{\pi}{4}$ 为其定义区间内一点，所以函数在 $x=\dfrac{\pi}{4}$ 处连续，因此有

$$\lim_{x\to\frac{\pi}{4}}[x^2+\sin^2 x-(\cos x)^{2\tan x}]=\left(\frac{\pi}{4}\right)^2+\left(\sin\frac{\pi}{4}\right)^2-\left(\cos\frac{\pi}{4}\right)^{2\tan\frac{\pi}{4}}=\frac{\pi^2}{16}+\left(\frac{\sqrt{2}}{2}\right)^2-\left(\frac{\sqrt{2}}{2}\right)^2=\frac{\pi^2}{16}$$

(2) $$\lim_{x\to\infty}\left(\frac{2x+3}{2x+1}\right)^{x+1}=\lim_{x\to\infty}\left(\frac{2x+1+2}{2x+1}\right)^{x+1}$$

$$=\lim_{x\to\infty}\left(1+\frac{2}{2x+1}\right)^{x+1}\quad\left(这是“1^\infty”型,设法将其化为\lim_{\square\to\infty}\left(1+\frac{1}{\square}\right)^{\square}型\right)$$

$$=\lim_{x\to\infty}\left(1+\frac{1}{x+\frac{1}{2}}\right)^{x+\frac{1}{2}+\frac{1}{2}}=\lim_{x\to\infty}\left(1+\frac{1}{x+\frac{1}{2}}\right)^{x+\frac{1}{2}}\lim_{x\to\infty}\left(1+\frac{1}{x+\frac{1}{2}}\right)^{\frac{1}{2}}$$

$$=\lim_{x+\frac{1}{2}\to\infty}\left(1+\frac{1}{x+\frac{1}{2}}\right)^{x+\frac{1}{2}}\left[\lim_{x\to\infty}\left(1+\frac{1}{x+\frac{1}{2}}\right)\right]^{\frac{1}{2}}=\mathrm{e}\cdot 1^{\frac{1}{2}}=\mathrm{e}$$

(3) $$\lim_{x\to+\infty}\sin(\sqrt{x+2}-\sqrt{x})$$

$$=\sin\lim_{x\to+\infty}(\sqrt{x+2}-\sqrt{x})\quad(函数符号与极限符号交换次序)$$

$$=\sin\lim_{x\to+\infty}\frac{(\sqrt{x+2}-\sqrt{x})(\sqrt{x+2}+\sqrt{x})}{\sqrt{x+2}+\sqrt{x}}\quad(分子有理化)$$

$$=\sin\lim_{x\to+\infty}\frac{2}{\sqrt{x+2}+\sqrt{x}}=\sin 0=0$$

(4) $$\lim_{x\to\infty}\frac{x-1}{x^2\sin\frac{1}{x}}=\lim_{x\to\infty}\frac{\frac{x-1}{x}}{\frac{\sin\frac{1}{x}}{\frac{1}{x}}}\quad(适当变形)$$

$$=\frac{\lim\limits_{x\to\infty}\frac{x-1}{x}}{\lim\limits_{x\to\infty}\frac{\sin\frac{1}{x}}{\frac{1}{x}}}=\frac{\lim\limits_{x\to\infty}\left(1-\frac{1}{x}\right)}{\lim\limits_{\frac{1}{x}\to 0}\frac{\sin\frac{1}{x}}{\frac{1}{x}}}=1\ \left(利用重要极限\lim_{\square\to 0}\frac{\sin\square}{\square}=1\right)$$

例 2　设 $f(x)=\begin{cases}x^2\sin\dfrac{1}{x} & x>0\\ a+x^2 & x<0\end{cases}$，问 a 为何值时，$\lim\limits_{x\to 0}f(x)$ 存在，并求此极限值.

解　由于分段函数在分界点两边的解析式不同，所以一般先求它的左、右极限.

$$\lim_{x\to0^+}f(x)=\lim_{x\to0^+}x^2\sin\frac{1}{x}=0,\quad \lim_{x\to0^-}f(x)=\lim_{x\to0^-}(a+x^2)=a$$

为使$\lim\limits_{x\to0}f(x)$存在，必须使$\lim\limits_{x\to0^+}f(x)=\lim\limits_{x\to0^-}f(x)$，即$a=0$. 因此，当$a=0$时，$\lim\limits_{x\to0}f(x)$存在且$\lim\limits_{x\to0}f(x)=0$.

例 3　考察下列一组形式相近的极限，归纳比较后加以总结，对解决问题很有帮助.

（1）$\lim\limits_{x\to0}\dfrac{\sin x}{x}$;　（2）$\lim\limits_{x\to\infty}\dfrac{\sin x}{x}$;　（3）$\lim\limits_{x\to0}x\sin\dfrac{1}{x}$;　（4）$\lim\limits_{x\to\infty}x\sin\dfrac{1}{x}$;

（5）$\lim\limits_{x\to\infty}\dfrac{x-\sin x}{x+\sin x}$;　（6）$\lim\limits_{x\to0}\dfrac{x-\sin x}{x+\sin x}$;　（7）$\lim\limits_{x\to0}x^2\dfrac{\sin\frac{1}{x}}{\sin x}$.

解　（1）利用重要极限公式，$\lim\limits_{x\to0}\dfrac{\sin x}{x}=1$.

（2）利用无穷小的性质，$\lim\limits_{x\to\infty}\dfrac{\sin x}{x}=\lim\limits_{x\to\infty}\dfrac{1}{x}\cdot\sin x=0$.

（3）利用无穷小的性质，$\lim\limits_{x\to0}x\sin\dfrac{1}{x}=0$.

（4）利用重要极限公式，$\lim\limits_{x\to\infty}x\sin\dfrac{1}{x}=\lim\limits_{x\to\infty}\dfrac{\sin\frac{1}{x}}{\frac{1}{x}}=1$.

（5）利用无穷小的性质，$\lim\limits_{x\to\infty}\dfrac{x-\sin x}{x+\sin x}=\lim\limits_{x\to\infty}\dfrac{1-\frac{1}{x}\cdot\sin x}{1+\frac{1}{x}\cdot\sin x}=1$.

（6）利用重要极限公式，$\lim\limits_{x\to0}\dfrac{x-\sin x}{x+\sin x}=\lim\limits_{x\to0}\dfrac{1-\frac{\sin x}{x}}{1+\frac{\sin x}{x}}=0$.

（7）利用无穷小的性质和重要极限公式，$\lim\limits_{x\to0}x^2\dfrac{\sin\frac{1}{x}}{\sin x}=\lim\limits_{x\to0}\dfrac{x\sin\frac{1}{x}}{\frac{\sin x}{x}}=0$.

复习题二

1. 设函数$f(x)=\begin{cases}x^2 & x<0\\ x+1 & x\geqslant0\end{cases}$,

（1）画出$f(x)$的图形；　（2）求$\lim\limits_{x\to0^-}f(x)$及$\lim\limits_{x\to0^+}f(x)$；

（3）讨论当$x\to0$时$f(x)$的极限.

2. 设 $f(x)=\begin{cases}3x & -1<x<1\\ 8 & x=1\\ 3x^2 & 1<x<4\end{cases}$，求 $\lim\limits_{x\to 0}f(x)$，$\lim\limits_{x\to 1}f(x)$，$\lim\limits_{x\to 2}f(x)$.

3. 求下列极限：

(1) $\lim\limits_{x\to 0}x^2\sin\dfrac{1}{x^2}$；　(2) $\lim\limits_{x\to\infty}\dfrac{2}{x}\arctan x$；　(3) $\lim\limits_{x\to\infty}\dfrac{\sin x+\cos x}{x^2}$.

4. 求下列极限：

(1) $\lim\limits_{x\to\infty}\dfrac{x^3+x^2}{x^3-3x^2+4}$；　(2) $\lim\limits_{n\to\infty}\dfrac{2^{n+1}+3^{n+1}}{2^n+3^n}$（$n$ 为自然数）；

(3) $\lim\limits_{x\to\infty}\dfrac{x^2-3x+2}{x^2-4x+3}$；　(4) $\lim\limits_{n\to\infty}\left[1+\dfrac{(-1)^n}{n}\right]$；

(5) $\lim\limits_{x\to+\infty}(\sqrt{x+5}-\sqrt{x})$；　(6) $\lim\limits_{x\to\infty}\dfrac{x-\sin x}{x+\sin x}$.

5. 求下列极限：

(1) $\lim\limits_{x\to\infty}x\tan\dfrac{1}{x}$；　(2) $\lim\limits_{x\to 0}\dfrac{\tan x-\sin x}{x^3}$；

(3) $\lim\limits_{x\to 0}\dfrac{\sin x}{6x}$；　(4) $\lim\limits_{x\to\infty}\left(1+\dfrac{2}{x}\right)^x$；

(5) $\lim\limits_{x\to\infty}\left(\dfrac{2x-1}{2x+1}\right)^x$；　(6) $\lim\limits_{x\to\infty}\left(1-\dfrac{2}{x}\right)^{-x}$；

(7) $\lim\limits_{x\to\infty}\dfrac{x-2}{x^2\sin\dfrac{1}{x}}$；　(8) $\lim\limits_{x\to 0}\dfrac{\sqrt{1+x+x^2}-1}{\sin x}$.

6. 试证：当 $x\to 1$ 时，$1-x$ 与 $1-\sqrt{x}$ 均为无穷小，并对这两个无穷小进行比较.

7. 设函数 $y=\begin{cases}e^x & x<0\\ 1 & x=0\\ x & x>0\end{cases}$，讨论函数在点 $x=0$ 处的连续性，若间断，则指出间断点的类型.

8. 已知 a，b 为常数，$\lim\limits_{x\to\infty}\dfrac{ax^2+bx+5}{x+2}=5$，求 a，b 的值.

9. 求函数 $f(x)=\dfrac{1}{\sqrt{x^2-4}}$ 的连续区间.

10. 设函数 $f(x)=\dfrac{|x|-x}{x}$，求 $\lim\limits_{x\to 0^+}f(x)$，$\lim\limits_{x\to 0^-}f(x)$，并问 $\lim\limits_{x\to 0}f(x)$ 是否存在？

11. 求 $\lim\limits_{x\to 0}\dfrac{e^x-1}{x}$（提示：作变量转换 $t=e^x-1$）.

12. 设 $f(x)=\begin{cases}1+e^x & x<0\\ 2a & x\geqslant 0\end{cases}$，常数 a 为何值时，函数 $f(x)$ 在 $(-\infty,+\infty)$ 内连续？

13. 已知$\lim\limits_{x\to\infty}\left(\dfrac{x+c}{x-c}\right)^{x}=4$，求常数$c$的值.

【阅读资料】

中国古代最伟大的数学家——刘徽

刘徽(大约生于公元250年)，三国后期魏国人，淄川(今山东邹平)人. 他是中国古代最杰出的数学家之一，也是中国古典数学理论的奠基者之一，在世界数学史上也占有重要的地位. 他发明了“割圆术”，著作《九章算术注》和《海岛算经》是我国最宝贵的数学遗产.

这位伟大的数学家在数学上的主要贡献有：

1. 刘徽的数学著作留传后世的很少，他的主要著作之一是**《九章算术注》**10卷，成书于公元263年.《九章算术》约成书于东汉之初，书中提出了246个问题，按照“问题——解法——原理”的程序，一个问题接一个问题地进行教学，问题学完，即掌握了数学基本知识.《九章算术》中246个问题的解法比较原始，缺乏必要的证明，刘徽在《九章算术注》中对此均作了补充证明，充分显示了他在多方面的创造性贡献. 刘徽为《九章算术》作注时年仅30岁左右. 有了他的注释，《九章算术》才得以成为一部完美的中国古代数学教科书. 以《九章算术》为代表的中国古代传统数学，与欧几里得《几何原本》为代表的西方数学，代表着两种迥然不同的体系.《九章算术》着重应用和计算，其成果往往以算法形式表达；《几何原本》着重概念与推理，其成果以定理形式表达. 两部数学名著东西辉映、大相径庭，而刘徽和欧几里得也成了古代东西方两大数学体系的代表人物.

刘徽对《九章算术》作注后，他提出的“问题中心，从例中学”的教学模式对此后的中外教育有很大影响. 秦九韶发展了这一模式，他在《数书九章》中提出81个问题，研究这些问题后，便可获得相当高深的数学知识. 牛顿在《光学》中提出31个问题，对物理学的发展影响很大. 希尔伯特在1900年提出23个数学问题，对20世纪数学发展产生了深刻影响. 至今，一些发达国家在培养高层次人才时，常常采用这种教育模式.

2. 刘徽在几何方面，提出了“**割圆术**”，并得到了圆面积的精确公式，在此过程中又准确地求出了圆周率π的结果，并给出了计算过程. 根据他提出的方法，大约两百年后，祖冲之父子突破性地把圆周率计算到了小数点后的第七位. 刘徽在割圆术中提出的“割之弥细，所失弥少，割之又割以至于不可割，则与圆合体而无所失矣”，可视为中国古代极限思想的佳作.

3. 刘徽的另一部著作是《海岛算经》1卷，这是一部运用几何和三角知识测量“可望而不可即”目标的高、远、深、广的数学测量学著作. 他在《海岛算经》这部书中，精心选编了9个测量问题，这些题目的创造性、复杂性和代表性，都在后来为西方所瞩目，也标志着中国古代数学家在测量技术及理论方面所达到的高度. 中外学者对《海岛算经》的成就给予了很高的评价.《海岛算经》的英译者和研究者，美国数学家弗兰克·斯威特兹说：“直到文艺复兴时期，西方测量学才勉强达到《海岛算经》水准. 中国在数学测量学的成就，超越西方约一千年.”

刘徽的一生是为数学刻苦探求的一生. 他虽然地位不高，但人格高尚. 他不是沽名钓誉的庸人，而是学而不厌的伟人，给我们中华民族留下了宝贵的财富. 刘徽思维敏捷、方法灵活，既提倡推理又主张直观，是中国最早明确主张用逻辑推理的方式来论证数学命题的人. 刘徽治学态度严肃，为后世树立了楷模. 后人把刘徽的数学成就集中起来，认为他为我国古代数学在世界上取得了十个领先：

1）最早提出了分数除法法则；

2）最早给出最小公倍数的严格定义；

3）最早应用小数；

4）最早提出非平方数开方的近似值公式；

5）最早提出负数的定义及加法法则；

6）最早把比例和三数法则结合起来；

7）最早提出一次方程的定义及其完整解法；

8）最早创造出割圆术，计算出圆周率即“徽率”；

9）最早用无穷分割法证明了圆锥体的体积公式；

10）最早创造“重差术”，解决了可望而不可即目标的测量问题.

因此，他的工作对中国古代数学发展产生了深远影响，为我国古代数学的发展做出了重要贡献，并且在世界数学史上也确立了崇高的历史地位. 当代数学史学家李迪说：“刘徽是中国历史上最伟大的数学家.”

第3章　导数与微分

导数是高等数学的一个重要概念. 导数与微分统称为微分学，在自然科学和社会科学的很多领域中有着广泛的应用.

在自然科学的许多领域中，人们都非常关心函数相对于自变量的变化速度，如物体运动的速度、电流、化学反应速度以及生物繁殖率等，所有这些数量上的关系都可归结为函数的变化率，即导数. 而微分则与导数密切相关，它指明当自变量发生微小变化时，函数值大体上变化多少.

【基本要求】

1. 理解导数的概念及其几何意义，会用定义求函数在一点处的导数. 了解函数可导性与连续性的关系. 会求曲线在一点处的切线方程和法线方程.
2. 掌握导数的四则运算法则，熟练掌握导数的基本公式，掌握复合函数的求导方法.
3. 了解隐函数的求导法与对数求导法.
4. 了解高阶导数的概念，会求函数的二阶导数及简单函数的高阶导数.
5. 理解微分的概念，掌握微分的法则，理解可导与可微的关系.
6. 会求函数的微分，会用微分进行近似计算.

3.1　导数的概念

本节先通过两个实例引出函数导数的定义，进而给出一些实际问题的变化率模型. 最后，利用定义分别求出常函数、幂函数、正弦函数、余弦函数及对数函数的导数.

3.1.1　变化率问题举例

为了说明微分学的基本概念——导数，先来讨论两个来源于实际工作中的最典型实例：瞬时速度与切线.

1. 变速直线运动的瞬时速度

对于匀速运动的物体来说，有速度公式

$$v=\frac{s}{t}$$

然而在实际问题中，运动往往是非匀速的. 因此，上述公式只是表示物体走完一段路程的平均速度，而没有反映出任一时刻物体运动的快慢. 要想精确地刻画出物体运动中的这种变化，就需要进一步讨论物体在运动过程中任一时刻的速度，即所谓瞬时速度.

设一物体做变速直线运动，以它的运动直线为数轴，则在物体运动的过程中，对于每一时刻 t，物体的相应位置可以用数轴上的一个坐标 s 表示，即 s 与 t 之间存在函数关系：$s=s(t)$，习惯上把这个函数叫作位置函数. 现在来考察该物体在 t_0 时刻的瞬时速度.

设在 t_0 时刻物体的位置为 $s(t_0)$，当自变量 t 获得增量 Δt 时，物体的位置函数 s 相应地有增量(见图 3-1)

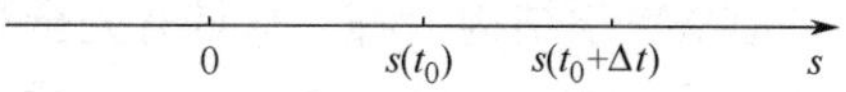

$$\Delta s=s(t_0+\Delta t)-s(t_0)$$

0　$s(t_0)$　$s(t_0+\Delta t)$　s

图 3-1

于是比值

$$\frac{\Delta s}{\Delta t}=\frac{s(t_0+\Delta t)-s(t_0)}{\Delta t}$$

就是物体在 t_0 到 $t_0+\Delta t$ 这段时间内的平均速度，记作 $\bar{v}$，即

$$\bar{v}=\frac{\Delta s}{\Delta t}=\frac{s(t_0+\Delta t)-s(t_0)}{\Delta t}$$

由于变速运动的速度通常是连续变化的，所以从整体来看，尽管运动是变速的，但从局部来看，在一段很短的时间间隔 Δt 内，速度变化不大，可以近似地看作是匀速的，因此当 $|\Delta t|$ 很小时，$\bar{v}$ 可以作为物体在 t_0 时刻的瞬时速度的近似值.

很明显，$|\Delta t|$ 越小，$\bar{v}$ 就越接近物体在 t_0 时刻的瞬时速度，当 $|\Delta t|$ 无限小时，$\bar{v}$ 就无限接近于物体在 t_0 时刻的瞬时速度，即

$$v(t_0)=\lim_{\Delta t\to 0}\bar{v}=\lim_{\Delta t\to 0}\frac{\Delta s}{\Delta t}=\lim_{\Delta t\to 0}\frac{s(t_0+\Delta t)-s(t_0)}{\Delta t}$$

2. 平面曲线的切线斜率

在平面几何里，圆的切线被定义为“与圆只有一个交点的直线”. 对于一般曲线来说，如果以这种方式来定义便不能成立. 例如，曲线 $y=x^2$ 在任一点处，都可有数条直线与曲线 $y=x^2$ 只有一个交点，但切线只有一条. 因此，需要给平面曲线在一点处的切线下一个合适的定义.

下面给出一般曲线的切线定义. 在曲线 L 上点 M 附近(见图 3-2)，再取一点 M_1，作割线 MM_1，当动点由 M_1 沿曲线 L 移动趋向于点 M 时，割线 MM_1 的极限位置 MT 就定义为曲线 L 在点 M 处的切线.

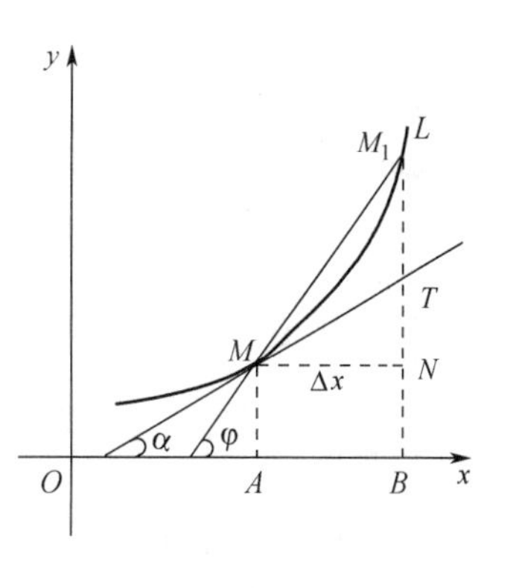

图 3-2

设函数 $y=f(x)$ 的图形为曲线 L(见图 3-2)，$M(x_0,f(x_0))$ 和 $M_1(x_0+\Delta x,f(x_0+\Delta x))$ 为曲线 L 上的两点，它们到 x 轴的垂足分别为 A 和 B，作 MN 垂直 BM_1 于 N，则

$$MN=\Delta x,\ NM_1=\Delta y=f(x_0+\Delta x)-f(x_0)$$

而 $\dfrac{\Delta y}{\Delta x}=\dfrac{f(x_0+\Delta x)-f(x_0)}{\Delta x}$ 便是割线 MM_1 的斜率 $\tan\varphi$. 当 $\Delta x\to 0$ 时，M_1 沿曲线 L 趋于 M，从而得到切线的斜率

$$\tan\alpha=\lim_{\Delta x\to 0}\tan\varphi=\lim_{\Delta x\to 0}\frac{\Delta y}{\Delta x}=\lim_{\Delta x\to 0}\frac{f(x_0+\Delta x)-f(x_0)}{\Delta x}$$

由此可见，当 $\Delta x\to 0$ 时，曲线 $y=f(x)$ 在点 M 处的纵坐标的增量 Δy 与横坐标的增量 Δx 之比的极限，即为曲线在点 M 处的切线斜率.

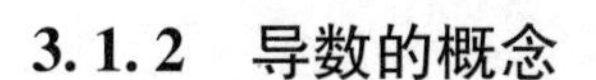

3.1.2　导数的概念

上面研究了变速直线运动的速度和平面曲线的切线斜率，虽然它们的具体意义各不相

同，但从数学结构上看，却具有完全相同的形式. 在自然科学和工程技术领域内，还有许多其他的量，如电流等都具有这种形式. 为此，我们把这种形式的极限定义为函数的导数.

1. 导数的定义

定义 1　设函数 $y=f(x)$ 在点 x_0 的某一邻域内有定义，当自变量 x 在 x_0 处有增量 $\Delta x(\Delta x\neq 0$, $x_0+\Delta x$ 仍在该邻域内)时，相应地函数有增量 $\Delta y=f(x_0+\Delta x)-f(x_0)$，如果当 $\Delta x\to 0$ 时，极限

$$\lim_{\Delta x\to 0}\frac{\Delta y}{\Delta x}=\lim_{\Delta x\to 0}\frac{f(x_0+\Delta x)-f(x_0)}{\Delta x}$$

存在，那么这个极限值称为函数 $y=f(x)$ 在点 x_0 的**导数**，并称函数 $y=f(x)$ 在点 x_0 处可导，记作 $f'(x_0)$，也可记为

$$y'\big|_{x=x_0},\ \left.\frac{\mathrm{d}f(x)}{\mathrm{d}x}\right|_{x=x_0}\ 或\ \left.\frac{\mathrm{d}y}{\mathrm{d}x}\right|_{x=x_0}$$

即

$$f'(x_0)=\lim_{\Delta x\to 0}\frac{\Delta y}{\Delta x}=\lim_{\Delta x\to 0}\frac{f(x_0+\Delta x)-f(x_0)}{\Delta x}$$

如果极限不存在，则称函数 $y=f(x)$ 在点 x_0 处不可导.

如果固定 x_0，令 $x_0+\Delta x=x$，则当 $\Delta x\to 0$ 时，有 $x\to x_0$，故函数在点 x_0 处的导数 $f'(x_0)$ 也可表示为

$$f'(x_0)=\lim_{\Delta x\to 0}\frac{f(x_0+\Delta x)-f(x_0)}{\Delta x}=\lim_{x\to x_0}\frac{f(x)-f(x_0)}{x-x_0}$$

若令 $\Delta x=h$，则函数在点 x_0 处的导数 $f'(x_0)$ 还可表示为

$$f'(x_0)=\lim_{h\to 0}\frac{f(x_0+h)-f(x_0)}{h}$$

例 1　求函数 $y=x^2+3$ 在 $x=3$ 处的导数.

解　当 x 由 $x=3$ 变到 $3+\Delta x$ 时，函数的增量为

$$\Delta y=(3+\Delta x)^2+3-9-3=6\Delta x+(\Delta x)^2$$

计算比值

$$\frac{\Delta y}{\Delta x}=6+\Delta x$$

取极限

$$f'(3)=\lim_{\Delta x\to 0}\frac{\Delta y}{\Delta x}=6$$

2. 导数的几何意义

由前面的讨论可知，函数 $y=f(x)$ 在点 x_0 处的导数等于函数所表示的曲线 L 在相应点 (x_0,y_0) 处的切线斜率，这就是导数的几何意义，即 $k=f'(x_0)$.

有了曲线在点 (x_0,y_0) 处的切线斜率，就可以很容易地写出曲线在该点处的切线方程。事实上，若 $f'(x_0)$ 存在，则曲线 L 上点 $M(x_0,y_0)$ 处的切线方程就是

$$y-y_0=f'(x_0)(x-x_0)$$

曲线 L 上点 $M(x_0,y_0)$ 处的法线方程就是

$$y-y_0=-\frac{1}{f'(x_0)}(x-x_0)$$

例 2　求抛物线 $y=x^3$ 在点 $(1,1)$ 处的切线方程和法线方程.

解　因为 $y'=(x^3)'=3x^2$，由导数的几何意义可知，曲线 $y=x^3$ 在点 $(1,1)$ 处的切线斜率为 $k=y'|_{x=1}=3x^2|_{x=1}=3$，所以，所求的切线方程为

$$y-1=3(x-1) \quad 即 \quad y=3x-2$$

法线方程为

$$y-1=-\frac{1}{3}(x-1) \quad 即 \quad y=-\frac{1}{3}x+\frac{4}{3}$$

3. 左导数和右导数

在定义 1 的条件下，

(1) 如果 $\lim\limits_{\Delta x\to 0^-}\dfrac{\Delta y}{\Delta x}=\lim\limits_{\Delta x\to 0^-}\dfrac{f(x_0+\Delta x)-f(x_0)}{\Delta x}$ 存在，则称此极限值为函数 $f(x)$ 在点 x_0 处的**左导数**，记为 $f'_-(x_0)$，即

$$f'_-(x_0)=\lim_{\Delta x\to 0^-}\frac{\Delta y}{\Delta x}=\lim_{\Delta x\to 0^-}\frac{f(x_0+\Delta x)-f(x_0)}{\Delta x}$$

(2) 如果 $\lim\limits_{\Delta x\to 0^+}\dfrac{\Delta y}{\Delta x}=\lim\limits_{\Delta x\to 0^+}\dfrac{f(x_0+\Delta x)-f(x_0)}{\Delta x}$ 存在，则称此极限值为函数 $f(x)$ 在点 x_0 处的**右导数**，记为 $f'_+(x_0)$，即

$$f'_+(x_0)=\lim_{\Delta x\to 0^+}\frac{\Delta y}{\Delta x}=\lim_{\Delta x\to 0^+}\frac{f(x_0+\Delta x)-f(x_0)}{\Delta x}$$

根据第 2 章 2.1 节的极限存在的充要条件和导数的定义有：

定理 1　函数 $y=f(x)$ 在点 x_0 处可导的充分必要条件是函数 $y=f(x)$ 在点 x_0 处的左、右导数存在且相等，即

$$导数 f'(x_0) 存在 \Leftrightarrow f'_-(x_0)=f'_+(x_0)$$

例 3　讨论函数 $y=|x|=\begin{cases} x & x\geqslant 0 \\ -x & x<0 \end{cases}$ 在 $x=0$ 处的可导性.

解　因为 $\Delta y=f(0+\Delta x)-f(0)=|\Delta x|$，所以在 $x=0$ 处的右导数是

$$f'_+(0)=\lim_{\Delta x\to 0^+}\frac{\Delta y}{\Delta x}=\lim_{\Delta x\to 0^+}\frac{|\Delta x|}{\Delta x}=\lim_{\Delta x\to 0^+}\frac{\Delta x}{\Delta x}=1$$

而在 $x=0$ 处的左导数是

$$f'_-(0)=\lim_{\Delta x\to 0^-}\frac{\Delta y}{\Delta x}=\lim_{\Delta x\to 0^-}\frac{|\Delta x|}{\Delta x}=\lim_{\Delta x\to 0^-}\frac{-\Delta x}{\Delta x}=-1$$

因为 $f'_-(x_0)\neq f'_+(x_0)$，所以此函数在 $x=0$ 处不可导.

例 4　讨论函数 $f(x)=\begin{cases} x\sin\dfrac{1}{x} & x\neq 0 \\ 0 & x=0 \end{cases}$ 在 $x=0$ 处的连续性与可导性.

解　因为 $\lim\limits_{x\to 0}f(x)=\lim\limits_{x\to 0}x\sin\dfrac{1}{x}=0=f(0)$，所以 $f(x)$ 在 $x=0$ 处连续；但极限 $\lim\limits_{x\to 0}\dfrac{f(x)-f(0)}{x-0}=\lim\limits_{x\to 0}\sin\dfrac{1}{x}$ 不存在，所以 $f(x)$ 在 $x=0$ 处不可导.

4. 导函数

如果函数 $y=f(x)$ 在区间 (a,b) 内每一点都可导，则称函数 $y=f(x)$ 在区间 (a,b) 内可导. 这

时，对于区间(a,b)中的每一个x，都有一个确定的导数值$f'(x)$与之对应，因此$f'(x)$也是x的一个函数，此函数称为函数$y=f(x)$在区间(a,b)内的**导函数**，简称**导数**，记作

$$f'(x),\ y',\ \frac{dy}{dx} \text{ 或 } \frac{df(x)}{dx}$$

显然，函数$y=f(x)$在点x_0处的导数$f'(x_0)$，就是导函数$f'(x)$在$x=x_0$处的函数值，即

$$f'(x_0)=f'(x)\big|_{x=x_0}$$

例 5 求函数$f(x)=x^2$在任意点x处的导数$f'(x)$及$f'(2)$，$f'(0)$，$f'(-1)$.

解 先用导数定义求函数在任意点x处的导数$f'(x)$. 在点x处给自变量一个增量Δx，

（1）求函数增量

$$\Delta y=f(x+\Delta x)-f(x)=(x+\Delta x)^2-x^2=2x\Delta x+(\Delta x)^2$$

（2）计算比值

$$\frac{\Delta y}{\Delta x}=2x+\Delta x$$

（3）取极限

$$\lim_{\Delta x\to 0}\frac{\Delta y}{\Delta x}=\lim_{\Delta x\to 0}(2x+\Delta x)=2x$$

即

$$f'(x)=(x^2)'=2x$$

所以

$$f'(2)=4,\ f'(0)=0,\ f'(-1)=-2$$

更一般地，对于幂函数x^μ的导数，有如下公式

$$(x^\mu)'=\mu x^{\mu-1}$$

其中，μ为任意实数.

例 6 求函数$y=x^9$的导数.

解 因为$y=x^9$，所以

$$\frac{dy}{dx}=(x^9)'=9x^{9-1}=9x^8$$

例 7 设$y=\sqrt{x^3}$，求$\frac{dy}{dx}$.

解 因为$y=\sqrt{x^3}=x^{\frac{3}{2}}$，所以

$$\frac{dy}{dx}=(x^{\frac{3}{2}})'=\frac{3}{2}x^{\frac{3}{2}-1}=\frac{3}{2}x^{\frac{1}{2}}$$

3.1.3 可导与连续

直观上讲，一个函数如果可导，它显然是连续的，于是有以下定理.

定理 2 如果函数在点x_0处可导，则函数在点x_0处一定连续.

证 函数$y=f(x)$在点x_0处可导，则

$$\lim_{\Delta x\to 0}\frac{\Delta y}{\Delta x}=f'(x_0)$$

根据函数的极限与无穷小的关系，由上式可得

$$\frac{\Delta y}{\Delta x}=f'(x_0)+\alpha\ \left(\lim_{\Delta x\to 0}\alpha=0\right)$$

$$\Delta y=f'(x_0)\Delta x+\alpha\Delta x$$
$$\lim_{\Delta x\to 0}\Delta y=0$$

此表明函数在点 x_0 处一定连续.

注意：(1) 函数 $y=f(x)$ 在点 x_0 处连续，但在点 x_0 处不一定可导. 例如，函数 $y=|x|$ 在 $x=0$ 处连续，但在该点处不可导(此点称为曲线的“尖点”). 可见，函数连续是可导的必要条件而不是充分条件.

(2) 若函数 $y=f(x)$ 在点 x_0 处不连续，则在点 x_0 处一定不可导.

从几何角度上看，函数 $y=f(x)$ 在点 x_0 处连续，表示函数在点 $(x_0,f(x_0))$ 附近的图形左右可以“连”起来，曲线不断开，而函数 $y=f(x)$ 在点 x_0 处可导，则表示曲线 $y=f(x)$ 在点 $(x_0,f(x_0))$ 处必有切线，因而具有某种“光滑性”.

3.1.4　求导举例

由导数定义可知，求函数 $y=f(x)$ 的导数 y' 可以分为以下三个步骤：

(1) 求增量：$\Delta y=f(x+\Delta x)-f(x)$；

(2) 算比值：$\dfrac{\Delta y}{\Delta x}=\dfrac{f(x+\Delta x)-f(x)}{\Delta x}$；

(3) 取极限：$y'=\lim\limits_{\Delta x\to 0}\dfrac{\Delta y}{\Delta x}$.

下面，根据三个步骤来求一些基本初等函数的导数.

例 8　求函数 $y=C$ (C 为常数)的导数.

解　(1) 求增量：因为 $y=C$，即不论 x 取什么值，y 的值总等于 C，所以 $\Delta y=0$；

(2) 算比值：$\dfrac{\Delta y}{\Delta x}=0$；

(3) 取极限：$y'=\lim\limits_{\Delta x\to 0}\dfrac{\Delta y}{\Delta x}=\lim\limits_{\Delta x\to 0}0=0$.

这就是说，常函数的导数等于零，即

$$(C)'=0$$

例 9　求函数 $y=\sin x$ 的导数.

解　(1) 求增量：

$$\Delta y=f(x+\Delta x)-f(x)=\sin(x+\Delta x)-\sin(x)$$

应用三角学中的和差化积公式有

$$\begin{aligned}\Delta y&=2\cos\frac{(x+\Delta x)+x}{2}\sin\frac{(x+\Delta x)-x}{2}\\&=2\cos\left(x+\frac{\Delta x}{2}\right)\sin\frac{\Delta x}{2}\end{aligned}$$

(2) 算比值：
$$\frac{\Delta y}{\Delta x}=\frac{2\cos\left(x+\dfrac{\Delta x}{2}\right)\sin\dfrac{\Delta x}{2}}{\Delta x}=\cos\left(x+\frac{\Delta x}{2}\right)\frac{\sin\dfrac{\Delta x}{2}}{\dfrac{\Delta x}{2}}$$

(3) 取极限：

$$y'=\lim_{\Delta x\to 0}\frac{\Delta y}{\Delta x}=\lim_{\Delta x\to 0}\cos\left(x+\frac{\Delta x}{2}\right)\frac{\sin\frac{\Delta x}{2}}{\frac{\Delta x}{2}}$$

$$=\lim_{\Delta x\to 0}\cos\left(x+\frac{\Delta x}{2}\right)\lim_{\Delta x\to 0}\frac{\sin\frac{\Delta x}{2}}{\frac{\Delta x}{2}}$$

由 $\cos x$ 的连续性及重要极限$\lim\limits_{x\to 0}\frac{\sin x}{x}=1$ 有，$y'=\cos x$，即

$$(\sin x)'=\cos x$$

用类似的方法，可以求得余弦函数 $y=\cos x$ 的导数为

$$(\cos x)'=-\sin x$$

例 10 求函数$f(x)=\log_a x\ (a>0,a\neq 1,x>0)$的导数.

解 (1) 求增量：

$$\Delta y=\log_a(x+\Delta x)-\log_a x=\log_a\frac{x+\Delta x}{x}$$

$$=\log_a\left(1+\frac{\Delta x}{x}\right)$$

(2) 算比值：

$$\frac{\Delta y}{\Delta x}=\frac{\log_a\left(1+\frac{\Delta x}{x}\right)}{\Delta x}=\frac{1}{x}\log_a\left(1+\frac{\Delta x}{x}\right)^{\frac{x}{\Delta x}}$$

(3) 取极限：

$$\frac{dy}{dx}=\lim_{\Delta x\to 0}\frac{\Delta y}{\Delta x}=\lim_{\Delta x\to 0}\frac{1}{x}\log_a\left(1+\frac{\Delta x}{x}\right)^{\frac{x}{\Delta x}}$$

由对数函数的连续性及重要极限$\lim\limits_{x\to 0}(1+x)^{\frac{1}{x}}=e$，得

$$y'=\frac{1}{x}\log_a e=\frac{1}{x\ln a}$$

即

$$(\log_a x)'=\frac{1}{x\ln a}$$

特别地，当 $a=e$ 时，得自然对数的导数

$$(\ln x)'=\frac{1}{x}$$

此公式在求导运算中经常用到，应熟记.

习题 3.1

一、填空题

1. 设 $y=\ln\sqrt{5}$，则 $y'=$________.

2. 已知$f'(3)=6$，则$\lim\limits_{h\to 0}\frac{f(3-h)-f(3)}{2h}=$________.

3. 设$f'(x)=1$，则$\lim\limits_{x\to 1}\frac{f(x)-f(1)}{x^2-1}=$________.

4. 若$f(x)$为可导的奇函数，且$f'(x_0)=5$，则$f'(-x_0)=$________.

5. 已知曲线$y=f(x)$上点$(3,f(3))$处的切线倾斜角为$\frac{2\pi}{3}$，则$f'(3)=$________.

二、选择题

1. 设$y=f(x)$在点x_0的附近有定义，且$\lim\limits_{\Delta x\to 0}\frac{f(x_0-2\Delta x)-f(x_0)}{\Delta x}=-1$，则$f'(x_0)=$(　　).

A. -2；　B. $-\frac{1}{2}$；　C. $\frac{1}{2}$；　D. 2.

2. 设函数$f(x)=x^2$，则$\lim\limits_{x\to 2}\frac{f(x)-f(2)}{x-2}=$(　　).

A. $2x$；　B. 2；　C. 1；　D. 4.

3. 设$f(0)=0$，且$f'(0)$存在，则$\lim\limits_{x\to 0}\frac{f(2x)}{x}=$(　　).

A. $f'(x)$；　B. $2f'(0)$；　C. $f(0)$；　D. $\frac{1}{2}f'(0)$.

4. 下列函数在$x=1$处连续且可导的是(　　).

A. $y=\frac{1}{x-1}$；　B. $y=|x-1|$；　C. $y=\ln(x^2-1)$；　D. $y=(x-1)^2$.

5. 函数$y=x^{\frac{1}{3}}$在$x=0$处(　　).

A. 既连续又可导；B. 连续但不可导；　C. 不连续但可导；　D. 既不连续又不可导.

6. 设函数$f(x)$在点x_0处不连续，则下列结论正确的是(　　).

A. $f'(x_0)$必存在；　B. $f'(x_0)$必不存在；

C. $\lim\limits_{x\to x_0}f(x)$必存在；　D. $\lim\limits_{x\to x_0}f(x)$必不存在.

三、解答题

1. 利用幂函数的求导公式$(x^\mu)'=\mu x^{\mu-1}$分别求出下列函数的导数及导数值：

(1) $(x^{11})'\big|_{x=\sqrt{2}}$；　(2) $(x^{\frac{9}{8}})'$；　(3) $(x\sqrt[3]{x})'\big|_{x=0}$.

2. 若曲线$y=x^3$在点(x_0,y_0)处切线斜率等于3，则求点(x_0,y_0)的坐标及曲线在该点处的切线方程和法线方程.

3. 设函数$f(x)=\cos x$，求$f'\left(\frac{\pi}{3}\right)$及$f'\left(-\frac{5\pi}{4}\right)$.

4. 讨论函数$y=f(x)=\begin{cases}x^{\frac{4}{3}}\sin\frac{1}{x} & x<0\\ 0 & x\geqslant 0\end{cases}$在$x=0$处的连续性和可导性.

5. 试确定常数a与b的值，使函数$y=f(x)=\begin{cases}ax+b & x>1\\ x^2 & x\leqslant 1\end{cases}$在$x=1$处可导.

3.2　求导法则和求导公式

在 3.1 节里，给出了根据定义求函数的导数的方法. 但是如果对每一个函数，都直接用定义求导数，那将是很麻烦的，有时甚至是很困难的. 本节中，将依次介绍导数的四则运算法则、复合函数的求导法则、反函数的求导法则、初等函数的求导公式与求导法则汇总，最后研究两种特殊的求导方法. 这样就能比较方便地求出常见的函数——初等函数的导数.

3.2.1　函数的和、差、积、商的求导法则

设函数 $u=u(x)$ 与 $v=v(x)$ 在点 x 处可导，则函数 $u(x)\pm v(x)$，$u(x)v(x)$，$\dfrac{u(x)}{v(x)}$ $(v(x)\neq 0)$ 也在点 x 处可导，且有以下法则：

法则 1　$[u(x)\pm v(x)]'=u'(x)\pm v'(x)$

法则 2　$[u(x)v(x)]'=u'(x)v(x)+u(x)v'(x)$

推论 1　$[Cu(x)]'=Cu'(x)$（C 为任意常数）

推论 2　$[u(x)v(x)w(x)]'=u'(x)v(x)w(x)+u(x)v'(x)w(x)+u(x)v(x)w'(x)$

法则 3　$\left(\dfrac{u(x)}{v(x)}\right)'=\dfrac{u'(x)v(x)-u(x)v'(x)}{v^2(x)}$ $(v(x)\neq 0)$

特别地，当 $u(x)=C$（C 为常数）时，有 $\left[\dfrac{C}{v(x)}\right]'=-\dfrac{Cv'(x)}{v^2(x)}$.

下面给出法则 2 的证明，法则 1 和法则 3 的证明从略.

证　令 $y=u(x)v(x)$

（1）求函数 y 的增量：给 x 以增量 Δx，相应地函数 $u(x)$ 与 $v(x)$ 各有增量 Δu 与 Δv，从而 y 有增量：

$$\begin{aligned}\Delta y&=u(x+\Delta x)v(x+\Delta x)-u(x)v(x)\\&=[u(x+\Delta x)v(x+\Delta x)-u(x)v(x+\Delta x)]+[u(x)v(x+\Delta x)-u(x)v(x)]\\&=[u(x+\Delta x)-u(x)]v(x+\Delta x)+u(x)[v(x+\Delta x)-v(x)]\\&=\Delta u v(x+\Delta x)+u(x)\Delta v\end{aligned}$$

（2）算比值：
$$\frac{\Delta y}{\Delta x}=\frac{\Delta u}{\Delta x}v(x+\Delta x)+u(x)\frac{\Delta v}{\Delta x}$$

（3）取极限：由于 $u(x)$ 与 $v(x)$ 均在 x 处可导，所以

$$\lim_{\Delta x\to 0}\frac{\Delta u}{\Delta x}=u'(x),\quad \lim_{\Delta x\to 0}\frac{\Delta v}{\Delta x}=v'(x)$$

又因为函数 $v(x)$ 在点 x 处可导，所以 $v(x)$ 在点 x 处必连续，因此，

$$\lim_{\Delta x\to 0}v(x+\Delta x)=v(x)$$

从而根据和与积的极限运算法则有

$$\begin{aligned}\lim_{\Delta x\to 0}\frac{\Delta y}{\Delta x}&=\lim_{\Delta x\to 0}\frac{\Delta u}{\Delta x}\lim_{\Delta x\to 0}v(x+\Delta x)+u(x)\lim_{\Delta x\to 0}\frac{\Delta v}{\Delta x}\\&=u'(x)v(x)+u(x)v'(x)\end{aligned}$$

这就是说，$y=u(x)v(x)$也在x处可导，且有

$$[u(x)v(x)]'=u'(x)v(x)+u(x)v'(x)$$

例1　设$f(x)=3x^4-\log_2 x+5\cos x-1$，求$f'(x)$.

解　根据法则1，得

$$f'(x)=(3x^4-\log_2 x+5\cos x-1)'=(3x^4)'-(\log_2 x)'+(5\cos x)'-(1)'$$

$$=12x^3-\frac{1}{x\ln 2}-5\sin x$$

例2　求函数$y=x^5\sin x$的导数.

解　根据法则2，得

$$y'=(x^5\sin x)'=(x^5)'\sin x+x^5(\sin x)'=5x^4\sin x+x^5\cos x$$

例3　求$y=\tan x$的导数.

解　根据法则3，得

$$y'=(\tan x)'=\left(\frac{\sin x}{\cos x}\right)'=\frac{(\sin x)'\cos x-\sin x(\cos x)'}{\cos^2 x}$$

$$=\frac{\sin^2 x+\cos^2 x}{\cos^2 x}=\frac{1}{\cos^2 x}=\sec^2 x$$

即

$$(\tan x)'=\frac{1}{\cos^2 x}=\sec^2 x$$

用类似的方法可得

$$(\cot x)'=-\frac{1}{\sin^2 x}=-\csc^2 x$$

例4　设$y=\sec x$，求y'.

解　根据法则3，得

$$y'=(\sec x)'=\left(\frac{1}{\cos x}\right)'=-\frac{(\cos x)'}{\cos^2 x}=\frac{\sin x}{\cos^2 x}=\sec x\tan x$$

即

$$(\sec x)'=\sec x\tan x$$

用类似的方法可求得

$$(\csc x)'=-\csc x\cot x.$$

3.2.2　复合函数的求导法则

前面已经应用导数的四则运算法则和一些基本初等函数的导数公式求出了一些比较复杂的初等函数的导数，下面介绍复合函数的求导法则.

关于复合函数的求导法则，有下面的定理.

定理3　如果函数$u=\varphi(x)$在点x处可导，而函数$y=f(u)$在对应的点u处可导，那么复合函数$y=f[\varphi(x)]$也在点x处可导，且有

$$\{f[\varphi(x)]\}'=f'(u)\varphi'(x)\ \text{或}\ \frac{dy}{dx}=\frac{dy}{du}\frac{du}{dx}$$

证　当自变量x的改变量为Δx时，对应的函数$u=\varphi(x)$与$y=f(u)$的改变量分别为Δu和Δy.

当 $\Delta u\neq 0$ 时，则有

$$\frac{\Delta y}{\Delta x}=\frac{\Delta y}{\Delta u}\frac{\Delta u}{\Delta x}$$

由于函数 $y=f(u)$ 在点 u 处可导，即 $\lim\limits_{\Delta u\to 0}\frac{\Delta y}{\Delta u}=f'(u)$ 存在，又由于函数 $u=\varphi(x)$ 在点 x 处可导，即 $\lim\limits_{\Delta x\to 0}\frac{\Delta u}{\Delta x}=\varphi'(x)$ 存在，而 $u=\varphi(x)$ 在点 x 处必连续，因此当 $\Delta x\to 0$ 时，有 $\Delta u\to 0$. 则

$$\lim_{\Delta x\to 0}\frac{\Delta y}{\Delta x}=\lim_{\Delta x\to 0}\frac{\Delta y}{\Delta u}\frac{\Delta u}{\Delta x}=\lim_{\Delta u\to 0}\frac{\Delta y}{\Delta u}\lim_{\Delta x\to 0}\frac{\Delta u}{\Delta x}=f'(u)\varphi'(x)$$

即
$$\{f[\varphi(x)]\}'=f'(u)\varphi'(x)$$

也可记为
$$y'|_x=f'_u\varphi'_x \text{或} \frac{\mathrm{d}y}{\mathrm{d}x}=\frac{\mathrm{d}y}{\mathrm{d}u}\frac{\mathrm{d}u}{\mathrm{d}x}$$

上式说明，复合函数的导数等于复合函数对中间变量的导数乘以中间变量对自变量的导数. 在求复合函数 $y=f[\varphi(x)]$ 对 x 的导数时，可先求出 $y=f(u)$ 对 u 的导数和 $u=\varphi(x)$ 对 x 的导数，然后相乘即可.

显然，以上法则也可用于多次复合的情形.

例如，设 $y=f(u)$，$u=\varphi(v)$，$v=\psi(x)$ 都可导，则

$$\{f[\varphi(\psi(x))]\}'=f'(u)\varphi'(v)\psi'(x)$$

或记为
$$\frac{\mathrm{d}y}{\mathrm{d}x}=\frac{\mathrm{d}y}{\mathrm{d}u}\frac{\mathrm{d}u}{\mathrm{d}v}\frac{\mathrm{d}v}{\mathrm{d}x}$$

例 5　求函数 $y=(1+3x^2)^{30}$ 的导数.

解　函数 $y=(1+3x^2)^{30}$ 可以看作由函数 $y=u^{30}$ 与 $u=1+3x^2$ 复合而成. 由复合函数求导法则得

$$y'=(u^{30})'(1+3x^2)'=30u^{29}\cdot 6x=180xu^{29}=180x(1+3x^2)^{29}$$

例 6　求函数 $y=\sin x^2$ 的导数.

解　函数 $y=\sin x^2$ 可以看作由函数 $y=\sin u$ 与 $u=x^2$ 复合而成，由复合函数求导法则得

$$y'=(\sin u)'(x^2)'=\cos u\cdot 2x=2x\cos x^2$$

例 7　求函数 $y=\sqrt{a^2-x^2}$ 的导数.

解　此函数可看作由函数 $y=\sqrt{u}$ 与 $u=a^2-x^2$ 复合而成，由复合函数求导法则得

$$y'=(\sqrt{u})'(a^2-x^2)'$$
$$=\frac{1}{2\sqrt{u}}(-2x)=-\frac{x}{\sqrt{a^2-x^2}}$$

对于复合函数的分解比较熟悉后，就不必再写出中间变量，而可以采用下列例题的方式来计算.

例 8　求函数 $y=\mathrm{e}^{x^3}$ 的导数.

解　此函数可看作由函数 $y=\mathrm{e}^u$ 与 $u=x^3$ 复合而成，由复合函数求导法则得

$$y'=(\mathrm{e}^u)'(x^3)'=\mathrm{e}^u\cdot 3x^2=3x^2\mathrm{e}^{x^3}$$

例 9　求函数 $y=\ln\tan 2x$ 的导数.

解
$$y'=(\ln\tan 2x)'=\frac{1}{\tan 2x}(\tan 2x)'$$

$$=\frac{1}{\tan 2x}\frac{1}{\cos^2 2x}(2x)'$$
$$=\frac{1}{\sin 2x}\frac{1}{\cos 2x}\cdot 2$$
$$=\frac{4}{\sin 4x}$$

3.2.3　反函数的求导法则

前面已经求出一些最基本初等函数的导数公式，下面主要解决反三角函数的求导问题. 为此，先利用复合函数的求导法则来推导一般的反函数的求导法则.

定理 4　如果单调连续函数 $x=\varphi(y)$ 在点 y 处可导，而且 $\varphi'(y)\neq 0$，那么它的反函数 $y=f(x)$ 在对应的点 x 处可导，且有

$$f'(x)=\frac{1}{\varphi'(y)}\quad 或\quad \frac{\mathrm{d}y}{\mathrm{d}x}=\frac{1}{\frac{\mathrm{d}x}{\mathrm{d}y}}$$

证　由于 $x=\varphi(y)$ 单调连续，所以它的反函数 $y=f(x)$ 也单调连续. 给 x 以增量 $\Delta x\neq 0$，从 $y=f(x)$ 的单调性可知 $\Delta y=f(x+\Delta x)-f(x)\neq 0$，因而有 $\frac{\Delta y}{\Delta x}=\frac{1}{\frac{\Delta x}{\Delta y}}$. 根据 $y=f(x)$ 的连续性，当 $\Delta x\to 0$ 时，必有 $\Delta y\to 0$，而 $x=\varphi(y)$ 可导，于是有 $\lim\limits_{\Delta y\to 0}\frac{\Delta x}{\Delta y}=\varphi'(y)\neq 0$，所以

$$\lim_{\Delta x\to 0}\frac{\Delta y}{\Delta x}=\lim_{\Delta x\to 0}\frac{1}{\frac{\Delta x}{\Delta y}}=\frac{1}{\lim\limits_{\Delta y\to 0}\frac{\Delta x}{\Delta y}}=\frac{1}{\varphi'(y)}$$

这就是说，$y=f(x)$ 在点 x 处可导，且有

$$f'(x)=\frac{1}{\varphi'(y)}$$

作为此定理的应用,下面来导出几个函数的导数公式.

例 10　求 $y=a^x(a>0,a\neq 1)$ 的导数.

解　因为 $y=a^x$ 是 $x=\log_a y$ 的反函数，且 $x=\log_a y$ 在 $(0,+\infty)$ 内单调、可导，而且

$$\frac{\mathrm{d}x}{\mathrm{d}y}=\frac{1}{y\ln a}\neq 0$$

所以

$$y'=\frac{1}{\frac{\mathrm{d}x}{\mathrm{d}y}}=y\ln a=a^x\ln a$$

即

$$(a^x)'=a^x\ln a$$

特别地，有

$$(\mathrm{e}^x)'=\mathrm{e}^x$$

例 11　求 $y=x^\mu$（μ 为实数）的导数.

解　因为 $y=x^\mu=\mathrm{e}^{\mu\ln x}$ 可以看作由指数函数 e^u 与对数函数 $u=\mu\ln x$ 复合而成. 由复合函数求导法则有

$$y'=(e^u)'(\mu\ln x)'=e^u\mu\frac{1}{x}=e^{\mu\ln x}\mu\frac{1}{x}=x^\mu\mu\frac{1}{x}=\mu x^{\mu-1}$$

即
$$(x^\mu)'=\mu x^{\mu-1}$$

例 12 求 $y=\arcsin x$ 的导数.

解 因为 $y=\arcsin x$ 是 $x=\sin y$ 的反函数，而 $x=\sin y$ 在区间 $\left(-\frac{\pi}{2},\frac{\pi}{2}\right)$ 内单调、可导，且 $\frac{dx}{dy}=\cos y>0$，所以

$$y'=\frac{dy}{dx}=\frac{1}{\frac{dx}{dy}}=\frac{1}{\cos y}=\frac{1}{\sqrt{1-\sin^2 y}}=\frac{1}{\sqrt{1-x^2}}$$

即
$$(\arcsin x)'=\frac{1}{\sqrt{1-x^2}}$$

类似地，有
$$(\arccos x)'=-\frac{1}{\sqrt{1-x^2}}$$

例 13 求 $y=\arctan x$ 的导数.

解 因为 $y=\arctan x$ 是 $x=\tan y$ 的反函数，而 $x=\tan y$ 在区间 $\left(-\frac{\pi}{2},\frac{\pi}{2}\right)$ 内单调、可导，且 $\frac{dx}{dy}=\sec^2 y\neq 0$，所以

$$y'=\frac{dy}{dx}=\frac{1}{\frac{dx}{dy}}=\frac{1}{\sec^2 y}=\frac{1}{1+\tan^2 y}=\frac{1}{1+x^2}$$

即
$$(\arctan x)'=\frac{1}{1+x^2}$$

类似地，有
$$(\operatorname{arccot} x)'=-\frac{1}{1+x^2}$$

3.2.4 初等函数的求导公式与求导法则汇总

前面已经求出了所有基本初等函数的导数，建立了函数的和、差、积、商的求导法则和复合函数的求导法则以及反函数的求导法则，这样就解决了初等函数的求导问题. 为了便于查阅，在所涉及的函数均可导的前提下，将上面已学过的求导公式和求导法则全部列出.

1. 基本初等函数的导数公式(16 个)

$(C)'=0$（C 为常数）　　$(x^\mu)'=\mu x^{\mu-1}$（μ 为实数）

$(\log_a x)'=\frac{1}{x\ln a}$　　$(\ln x)'=\frac{1}{x}$

$(a^x)'=a^x\ln a$　　$(e^x)'=e^x$

$(\sin x)'=\cos x$　　$(\cos x)'=-\sin x$

$(\tan x)'=\frac{1}{\cos^2 x}=\sec^2 x$　　$(\cot x)'=-\frac{1}{\sin^2 x}=-\csc^2 x$

$(\sec x)'=\sec x\tan x$　　　$(\csc x)'=-\csc x\cot x$

$(\arcsin x)'=\dfrac{1}{\sqrt{1-x^2}}$　　　$(\arccos x)'=-\dfrac{1}{\sqrt{1-x^2}}$

$(\arctan x)'=\dfrac{1}{1+x^2}$　　　$(\text{arccot}x)'=-\dfrac{1}{1+x^2}$

常用的还有 3 个：$x'=1$，$(\sqrt{x})'=\dfrac{1}{2\sqrt{x}}$，$\left(\dfrac{1}{x}\right)'=-\dfrac{1}{x^2}$

2. 函数的和、差、积、商的求导法则

法则 1　$[u(x)\pm v(x)]'=u'(x)\pm v'(x)$

法则 2　$[u(x)v(x)]'=u'(x)v(x)+u(x)v'(x)$

特别地，有$[Cu(x)]'=Cu'(x)$（C 为任意常数）

法则 3　$\left[\dfrac{u(x)}{v(x)}\right]'=\dfrac{u'(x)v(x)-u(x)v'(x)}{v^2(x)}$ $(v(x)\neq 0)$

特别地，有$\left[\dfrac{C}{v(x)}\right]'=-\dfrac{Cv'(x)}{v^2(x)}$（$C$ 为常数）

3. 复合函数的求导法则

设 $y=f(u)$，而 $u=\varphi(x)$，则复合函数 $y=f[\varphi(x)]$的导数为

$$\{f[\varphi(x)]\}'=f'(u)\varphi'(x) \text{ 或 } \frac{dy}{dx}=\frac{dy}{du}\frac{du}{dx}$$

4. 反函数的求导法则

设 $y=f(x)$是 $x=\varphi(y)$的反函数，则

$$f'(x)=\frac{1}{\varphi'(y)}\quad(\varphi'(y)\neq 0)$$

3.2.5　两个求导方法

1. 隐函数求导法

前面所遇到的函数都是 $y=f(x)$的形式，就是因变量 y 可由含自变量 x 的数学式子直接表示出来的函数，这样的函数称为**显函数**，如 $y=\sin x$，$y=\ln(1+\sqrt{1+x^2})$等. 但是有些函数表达方式却不是这样，例如，方程 $xy-e^x+e^y=0$ 也表示一个函数，因为当自变量 x 在$(-\infty,+\infty)$内取值时，变量 y 有确定的值与之对应. 一般地，如果变量 x，y 之间的函数关系是由某一个方程 $F(x,y)=0$ 所确定，那么这种函数就叫作由方程所确定的**隐函数**.

把一个隐函数化成显函数，叫作隐函数的显化. 例如，由方程 $x+y^3-10=0$ 解出 $y=\sqrt[3]{10-x}$，就把隐函数化成了显函数. 但有的隐函数不易显化甚至不可能显化. 例如，由方程 $e^y-xy=0$ 所确定的隐函数就不能用显式表示出来.

由方程 $F(x,y)=0$ 所确定的是 y 关于 x 的隐函数，求 y 关于 x 的导数的步骤为：

（1）将方程 $F(x,y)=0$ 两端关于 x 求导，其中 y 视为 x 的函数；

（2）解上式关于 y'的方程，得出 y'的表达式，在表达式中允许保留 y.

从上面隐函数求导的步骤可以看出，隐函数的求导法则实质上是复合函数求导应用，下

面举例说明这种方法.

例 14 求由方程 $xe^y-y+1=0$ 所确定的隐函数的导数$\frac{dy}{dx}$.

解 方程两边对 x 求导，注意方程中的 y 是 x 的函数，由复合函数求导法得

$$e^y+xe^y y'-y'=0$$

所以 $y'=\frac{dy}{dx}=\frac{e^y}{1-xe^y}$.

例 15 求由方程 $xy-e^x+e^y=0$ 所确定的隐函数的导数$\frac{dy}{dx}$.

解 把方程 $xy-e^x+e^y=0$ 的两端对 x 求导，注意 y 是 x 的函数，得

$$y+xy'-e^x+e^y y'=0$$

由上式解出 y'，便得隐函数的导数为

$$y'=\frac{dy}{dx}=\frac{e^x-y}{x+e^y}\ (x+e^y\neq 0)$$

例 16 求曲线 $3y^2=x^3+x+2$ 在点$(2,2)$处的切线方程.

解 方程两边对 x 求导，可得

$$6yy'=3x^2+1$$

于是得

$$y'=\frac{3x^2+1}{6y}\ (y\neq 0)$$

所以$y'|_{(2,2)}=\frac{13}{12}$，因而所求切线方程为

$$y-2=\frac{13}{12}(x-2)\quad 即\quad 13x-12y-2=0$$

2. 对数求导法

根据隐函数求导法，还可以得到一个简化求导运算的方法. 它适合于由几个因子通过乘、除、乘方、开方所构成的比较复杂的函数(包括幂指函数)的求导，这个方法是先取对数，化乘、除、乘方、开方为乘积与和，然后利用隐函数求导法求导，因此这种方法又称为对数求导法.

例 17 设 $y=(x+1)\sqrt[3]{(3x+1)^2(x+2)}$，求 y'.

解 先在等式两边取绝对值，再取对数，得

$$\ln|y|=\ln|x+1|+\frac{2}{3}\ln|3x+1|+\frac{1}{3}\ln|x+2|$$

两边对 x 求导，得

$$\frac{1}{y}y'=\frac{1}{x+1}+\frac{2}{3}\frac{3}{3x+1}+\frac{1}{3}\frac{1}{x+2}$$

所以

$$y'=(x+1)\sqrt[3]{(3x+1)^2(x+2)}\left[\frac{1}{x+1}+\frac{2}{3x+1}+\frac{1}{3(x+2)}\right]$$

以后解题时，为了方便起见，取绝对值可以略去.

例18　求 $y=x^{\sin x}\quad(x>0)$ 的导数.

解　对于 $y=x^{\sin x}\quad(x>0)$ 两边取对数，得

$$\ln y=\sin x\ln x$$

两边求导，得

$$\frac{y'}{y}=\cos x\ln x+\frac{\sin x}{x}$$

所以

$$y'=y\left(\cos x\ln x+\frac{\sin x}{x}\right)=x^{\sin x}\left(\cos x\ln x+\frac{\sin x}{x}\right)$$

3.2.6　高阶导数

定义2　一般地，函数 $y=f(x)$ 的导数 $y'=f'(x)$ 仍然是 x 的函数，若 $f'(x)$ 的导数存在，则称该导数为 $f(x)$ 的**二阶导数**，记为 y'' 或 $f''(x)$ 或 $\frac{d^2y}{dx^2}$ 或 $\frac{d^2f}{dx^2}$.

即　$y''=(y')'$，$f''(x)=[f'(x)]'$，$\frac{d^2y}{dx^2}=\frac{d}{dx}\left(\frac{dy}{dx}\right)$.

若 $y''=f''(x)$ 的导数存在，则称该导数为 $y=f(x)$ 的**三阶导数**，记为 y''' 或 $f'''(x)$.

一般地，如果 $y=f(x)$ 的 $(n-1)$ 阶导数 $f^{(n-1)}(x)$ 的导数存在，则称 $(n-1)$ 阶导数的导数为 $f(x)$ 的 n 阶导数，记为 $y^{(n)}$，$f^{(n)}(x)$ 或 $\frac{d^ny}{dx^n}$.

二阶或二阶以上的导数统称为**高阶导数**.

求高阶导数并不需要更新的方法，只要逐阶求导，直到所要求的阶数即可，所以仍可用前面学过的求导方法来计算高阶导数.

例19　求函数 $y=x^3+2x^2+x$ 的二阶及三阶导数.

解　因为 $y=x^3+2x^2+x$，所以

$$y'=3x^2+4x+1$$
$$y''=6x+4$$
$$y'''=6$$

例20　求 n 次多项式 $y=a_0x^n+a_1x^{n-1}+\cdots+a_n$ 的各阶导数.

解
$$y'=na_0x^{n-1}+(n-1)a_1x^{n-2}+\cdots+a_{n-1}$$
$$y''=n(n-1)a_0x^{n-2}+(n-1)(n-2)a_1x^{n-3}+\cdots+a_{n-2}$$

可见每经过一次求导运算，多项式的次数就降低一次，继续求导得

$$y^{(n)}=n!a_0$$

这是一个常数，因而 $y^{(n+1)}=y^{(n+2)}=\cdots=0$.

这就是说，n 次多项式的一切高于 n 阶的导数都是零.

例21　求指数函数 $y=e^{ax}$ 的 n 阶导数.

解　$y=e^{ax}$，$y'=ae^{ax}$，$y''=a^2e^{ax}$，$y'''=a^3e^{ax}$，依此类推，可得 $y^{(n)}=a^ne^{ax}$，

即
$$(e^{ax})^{(n)}=a^ne^{ax}$$

特别地 $$(e^x)^{(n)}=e^x$$

习题 3.2

一、选择题

1. 下列函数在点 $x=0$ 处可导的是(　　).

A. $y=|x|$; B. $y=x^3$; C. $y=2\sqrt{x}$; D. $y=\begin{cases}x & x\leqslant 0\\ x^2 & x>0\end{cases}$.

2. 设 $f(x)=x(x-1)(x-2)\cdots(x-99)(x-100)$，则 $f'(0)=$(　　).

A. 100; B. 100!; C. −100!; D. 0.

3. 已知 $y=x^9$，则 $y^{(10)}=$(　　).

A. $9x^8$; B. $10x^9$; C. 0 D. 9.

4. 设 $f(x)=x^n$(n 为自然数)，则 $f^{(n+1)}(x)=$(　　).

A. $n!$; B. 0; C. $(n+1)!$; D. ∞.

5. 设 $f(x)=\cos 2x$，则 $f'(0)=$(　　).

A. −2; B. −1; C. 0; D. 2.

6. 设 $f(x)=e^{2x}+5$，则 $f'(x)=$(　　).

A. e^{2x}; B. $2e^{2x}$; C. $2e^{2x}+5$; D. $2e^x+5$.

7. 设 $f(x)=\sin(ax^2)$，则 $f'(a)=$(　　).

A. $\cos(ax^2)$; B. $2a^2\cos a^3$; C. $a^2\cos ax^2$; D. $a^2\cos a^3$.

8. 下列求导过程错误的是(　　).

A. $(x^{n-1})'=(n-1)x^{n-2}$; B. $(\log_a x)'=\dfrac{1}{x}\log_a e$;

C. $(a^x)'=a^x\ln a$; D. $(x^x)'=x^x\ln x$.

二、判断题

1. 若函数在点 x_0 处可导，则 $[f(x_0)]'=f'(x_0)$. (　　)

2. 若函数 $y=f(x)$ 在点 x_0 处可导，则 $|f(x)|$ 在点 x_0 处一定可导. (　　)

3. 初等函数在其定义域内一定可导. (　　)

4. 若 $y=f(x)$ 在开区间 $(a,-a)$ 内可导且为奇(或偶)函数，则在该区间内，$f'(x)$ 为偶(或奇)函数. (　　)

5. 若函数 $y=f(x)$ 与 $y=g(x)$ 均可导且 $f'(x)=g'(x)$，则 $f(x)=g(x)$. (　　)

三、填空题

1. 设函数 $y=\cos(e^{-2x})$，则 $y'=$________.

2. 设函数 $f\left(\dfrac{1}{x}\right)=x$，则 $f'(x)=$________.

3. 设函数 $y=x\sin x$，则 $f''\left(\dfrac{\pi}{2}\right)=$________.

4. 设函数 $y=x^4\ln x$，则 $f''(1)=$________.

四、解答题

1. 用导数的四则运算法则求下列函数的导数:

（1）$y=3x^8+3e^x+\ln x+1$；　（2）$y=\dfrac{x^5+\sqrt{x}+1}{x^3}$；

（3）$y=2^x+x^5-3\log_2 x+\sqrt[3]{\pi}$；　（4）$f(x)=x\cos x$；

（5）$y=\dfrac{e^x}{\cos x}$；　（6）$y=\dfrac{\ln x}{\sin x}$；

（7）$y=(\sqrt{x}+1)\left(1-\dfrac{1}{\sqrt{x}}\right)$；　（8）$y=x\arctan x$；

（9）$y=x^2\cot x+2\csc x$；　（10）$y=x^2\tan x+\arcsin x$.

2. 在曲线 $y=\dfrac{1}{4}x^4-\dfrac{1}{3}x^3$ 上求一点 M，使该曲线在点 M 处的切线平行于 x 轴.

3. 求下列函数的导数：

（1）$y=(2x-1)^{100}$；　（2）$y=e^{2x^2+x}$；

（3）$y=\sin(3x+\pi)$；　（4）$y=\cos^2 x$；

（5）$y=e^{2x}\sin x$；　（6）$y=\ln(1+x^2)$；

（7）$y=\tan 2x$；　（8）$y=\cot 3x$.

4. 求下列函数的二阶导数：

（1）$y=5x^2+4x+1$；　（2）$y=\sin(3x+1)$.

5. 设 $y=x^x$，求$\dfrac{dy}{dx}$.

6. 设 $y^{(n-2)}=a^x+x^a+a^a$（其中 $a>0,a\neq 1$），求 $y^{(n)}$.

7. 若 $y=x^y$，求 y'.

8. 若 $y=x^4+e^x$，求 $y^{(4)}$.

3.3　微分

本节首先通过实际问题引入微分的概念，进而探讨微分的运算及其应用.

3.3.1　微分的概念

前面学习的导数是讨论由自变量 x 的变化引起函数 y 变化的快慢程度，即讨论当 $\Delta x\to 0$ 时，比值$\dfrac{\Delta y}{\Delta x}$的极限. 在实际问题中，常常要解决这样的问题：当函数 $y=f(x)$ 的自变量取得微小改变量 Δx 时，求相应函数的改变量 Δy. 而由于函数式比较复杂，因此计算 Δy 的精确值是比较繁杂的过程，有时很难进行，那么是否有一种简便且实用的方法来计算 Δy 的近似值呢？下面就来讨论这个问题.

先讨论一个具体的例子：

如图 3-3 所示，一块正方形金属薄片，由于温度的变化，当边长由 x_0 增加到 $x_0+\Delta x$ 时，其面积增加多少？

设此薄片边长为 x_0，面积为 A，则 $A=x_0^2$. 面积的增加部分为：

$$\Delta A=(x_0+\Delta x^2)-x_0^2=2x_0\Delta x+(\Delta x)^2$$

从图上很容易看出，这个 ΔA 分成两部分：第一部分 $2x_0\Delta x$ 是 Δx 的线性函数，即图形中带有斜线的两个矩形面积之和；第二部分 $(\Delta x)^2$ 是当 $\Delta x\to 0$ 时比 Δx 高阶的无穷小量，即图中带有交叉线的小正方形的面积. 显然，$2x_0\Delta x$ 是面积增量的主要部分，而 $(\Delta x)^2$ 是次要部分. 当 $|\Delta x|$ 很小时，例如 $x_0=1$，$\Delta x=0.01$ 时，则 $2x_0\Delta x=0.02$，而另一部分 $\Delta x^2=0.0001$，Δx^2 部分比 $2x_0\Delta x$ 要小得多，甚至可忽略不计，因而可用 $2x_0\Delta x$ 作为 ΔA 的近似值，即 $\Delta A\approx 2x_0\Delta x$，线性主要部分 $2x_0\Delta x$ 称为 $A=x^2$ 的微分. 对于一般的函数，有下面的定义.

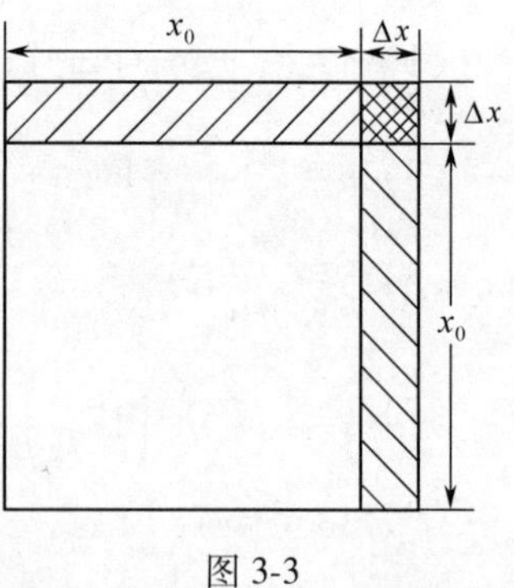

图 3-3

定义 3　设函数 $y=f(x)$ 在点 x_0 的某邻域 $N(x_0,\delta)$ 内有定义，如果函数 $f(x)$ 在点 x_0 处的增量 $\Delta y=f(x_0+\Delta x)-f(x_0)$ 可以表示为 $\Delta y=A\Delta x+o(\Delta x)$，其中 A 与 Δx 无关，$o(\Delta x)$ 是比 Δx 高阶的无穷小量，则称 $A\Delta x$ 为函数 $y=f(x)$ 在点 x_0 处的微分，记作 $\mathrm{d}y\big|_{x=x_0}$ 或 $\mathrm{d}f(x)\big|_{x=x_0}$，即

$$\mathrm{d}y\big|_{x=x_0}=A\Delta x$$

上式中的 A 是什么？它与函数 $y=f(x)$ 以及 x_0 有什么关系？下面来讨论这个问题.

3.3.2　可导与可微的关系

定理 5　函数 $y=f(x)$ 在点 x_0 处可微的充分必要条件是 $y=f(x)$ 在点 x_0 处可导，且 $A=f'(x_0)$.

证　必要性：因为函数 $y=f(x)$ 在点 x_0 处可微，则按微分的定义有

$$\Delta y=A\Delta x+o(\Delta x)$$

将上式两端同除以 Δx 得

$$\frac{\Delta y}{\Delta x}=A+\frac{o(\Delta x)}{\Delta x}$$

对上式在 $\Delta x\to 0$ 时取极限得

$$\lim_{\Delta x\to 0}\frac{\Delta y}{\Delta x}=\lim_{\Delta x\to 0}\left(A+\frac{o(\Delta x)}{\Delta x}\right)=A$$

即

$$A=f'(x_0)$$

这说明，若函数在点 x_0 处可微，则在点 x_0 处也一定可导，且 $f'(x_0)=A$.

充分性：若函数 $y=f(x)$ 在点 x_0 处可导，即 $\lim\limits_{\Delta x\to 0}\dfrac{\Delta y}{\Delta x}=f'(x_0)$ 存在，根据极限与无穷小的关系，上式可写成 $\dfrac{\Delta y}{\Delta x}=f'(x_0)+\alpha$，其中 α 是当 $\Delta x\to 0$ 时的无穷小量，从而 $\Delta y=f'(x_0)\Delta x+\alpha\Delta x$，这里 $f'(x)$ 是不依赖于 Δx 的常数，$\alpha\Delta x$ 是当 $\Delta x\to 0$ 时比 Δx 更高阶的无穷小量，从而根据微分的定义，$f(x)$ 在点 x_0 处可微，且 $\mathrm{d}y=f'(x_0)\Delta x$.

考察函数 $y=x$，很容易得出在任一点都有

$$\mathrm{d}y=\mathrm{d}x=x'\Delta x=1\cdot\Delta x=\Delta x$$

这样函数 $y=f(x)$ 在点 x_0 的微分又可以写作 $\mathrm{d}y\big|_{x=x_0}=f'(x_0)\mathrm{d}x$.

定理 5 表明，一元函数的可微与可导是等价的，而且对于可微函数 $y=f(x)$ 在任一点都有

$$\mathrm{d}y=f'(x)\mathrm{d}x$$

将上式两边同除以 dx，有

$$\frac{dy}{dx}=f'(x)$$

由此可见，导数等于函数的微分与自变量的微分之商，即 $f'(x)=\frac{dy}{dx}$. 正因为这样，导数 $\frac{dy}{dx}$ 也称为“微商”.

应当注意，微分与导数虽然有着密切的联系，但它们是有区别的：导数是函数在一点处的变化率，而微分是函数在一点处由自变量增量所引起的函数自变量的主要部分；导数的值只与 x 有关，而微分的值与 x 和 Δx 都有关.

例1　求函数 $y=x^2$ 在 $x=1$，$\Delta x=0.1$ 时的改变量及微分.

解　$\Delta y=(x+\Delta x)^2-x^2=1.1^2-1^2=0.21$.

在点 $x=1$ 处，$y'|_{x=1}=2x|_{x=1}=2$，所以

$$dy=y'|_{x=1}\Delta x=2\times0.1=0.2$$

3.3.3　微分的几何意义

为了对微分有比较直观的了解，下面来说明微分的几何意义. 设函数 $y=f(x)$ 的图形如图3-4所示，MP 是曲线上点 $M(x_0,y_0)$ 处的切线，设 MP 的倾角为 α，当自变量 x 有改变量 Δx 时，得到曲线上另一点 $N(x_0+\Delta x,y_0+\Delta y)$，

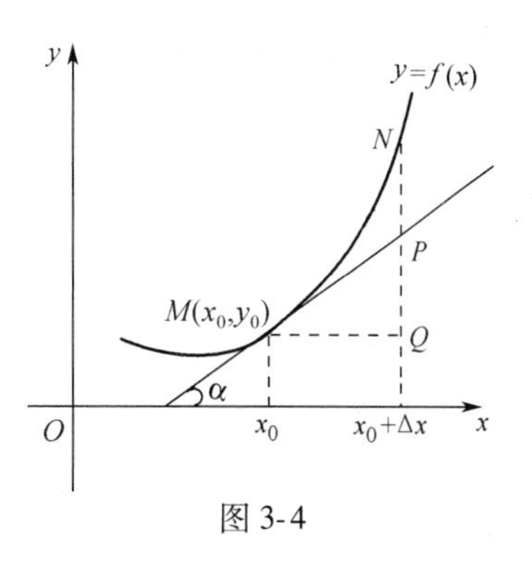

图3-4

从图3-4可见，$MQ=\Delta x$，$QN=\Delta y$，而 $QP=MQ\tan\alpha=f'(x_0)\Delta x$，即 $QP=dy$.

由此可知，微分 $dy=f'(x_0)\Delta x$ 是当 x 有改变量 Δx 时，曲线 $y=f(x)$ 在点 (x_0,y_0) 处的切线的纵坐标的改变量. 用 dy 近似代替 Δy 就是用点 $M(x_0,y_0)$ 处的切线纵坐标的改变量 QP 来近似代替曲线 $y=f(x)$ 的纵坐标的改变量 QN，并且有 $|\Delta y-dy|=PN$.

3.3.4　微分的运算法则

因为函数 $y=f(x)$ 的微分等于导数 $f'(x)$ 乘以 dx，所以根据导数公式和导数运算法则，就能得到相应的微分公式和微分运算法则.

1. 微分基本公式(16个)

$d(C)=0$ (C 为常数)　　$d(x^\mu)=\mu x^{\mu-1}dx$

$d(\log_a x)=\frac{1}{x\ln a}dx$　　$d(\ln x)=\frac{1}{x}dx$

$d(a^x)=a^x\ln a dx$　　$d(e^x)=e^x dx$

$d(\sin x)=\cos x dx$　　$d(\cos x)=-\sin x dx$

$d(\tan x)=\sec^2 x dx$　　$d(\cot x)=-\csc^2 x dx$

$d(\sec x)=\sec x\tan x dx$　　$d(\csc x)=-\csc x\cot x dx$

$d(\arcsin x)=\frac{1}{\sqrt{1-x^2}}dx$　　　　$d(\arccos x)=-\frac{1}{\sqrt{1-x^2}}dx$

$d(\arctan x)=\frac{1}{1+x^2}dx$　　　　$d(\text{arccot}x)=-\frac{1}{1+x^2}dx$

2. 函数的和、差、积、商的微分运算法则

法则 1　$d[u(x)\pm v(x)]=du(x)\pm dv(x)$

法则 2　$d[u(x)v(x)]=v(x)du(x)+u(x)dv(x)$

特别地，有 $d[Cu(x)]=Cdu(x)$（C 为常数）

法则 3　$d\left[\frac{u(x)}{v(x)}\right]=\frac{v(x)du(x)-u(x)dv(x)}{v^2(x)}$ $(v(x)\neq 0)$

特别地，有 $d\left[\frac{C}{v(x)}\right]=\frac{Cdv(x)}{v^2(x)}$（$C$ 为常数）

3. 复合函数的微分法则

设函数 $y=f(u)$，根据微分的定义，当 u 是自变量时，函数 $f=f(u)$ 的微分是

$$dy=f'(u)d(u)$$

如果 u 不是自变量，而是 x 的可导函数 $u=\varphi(x)$，则复合函数 $y=f[\varphi(x)]$ 的导数为

$$y'=f'(u)\varphi'(x)$$

于是复合函数 $y=f[\varphi(x)]$ 的微分为

$$dy=f'(u)\varphi'(x)dx$$

由于 $\varphi'(x)dx=du$，所以

$$dy=f'(u)du$$

由此可见，无论 u 是自变量还是函数(中间变量)，函数 $y=f(u)$ 的微分总保持同一形式 $dy=f'(u)du$. 这一性质称为一阶微分形式不变性. 有时，利用一阶微分形式不变性求复合函数的微分比较方便.

例 2　求下列函数在指定点处的微分.

(1) $y=\ln x$，$x_0=e$；　　　　(2) $y=\sin x$，$x_0=\frac{\pi}{3}$.

解　(1) 因为 $dy=(\ln x)'dx=\frac{1}{x}dx$，所以 $dy|_{x_0=e}=\frac{1}{e}dx$.

(2) 因为 $dy=(\sin x)'dx=\cos x dx$，所以 $dy|_{x_0=\frac{\pi}{3}}=\cos\frac{\pi}{3}dx=\frac{1}{2}dx$.

例 3　设 $y=\cos\sqrt{x}$，求 dy.

解法 1　用公式 $dy=f'(x)dx$，得

$$dy=(\cos\sqrt{x})'dx=-\frac{1}{2\sqrt{x}}\sin\sqrt{x}\,dx$$

解法 2　用一阶微分形式不变性，得

$$dy=d(\cos\sqrt{x})=-\sin\sqrt{x}\,d\sqrt{x}$$

$$=-\sin\sqrt{x}\cdot\frac{1}{2\sqrt{x}}dx=-\frac{1}{2\sqrt{x}}\sin\sqrt{x}\,dx$$

例4　求方程 $x^2+2xy-y^2=a^2$ 确定的隐函数 $y=f(x)$ 的微分 dy 及导数$\frac{dy}{dx}$.

解　对方程两边求微分，得

$$2xdx+2(ydx+xdy)-2ydy=0$$

即

$$(x+y)dx=(y-x)dy$$

所以

$$dy=\frac{y+x}{y-x}dx$$

$$\frac{dy}{dx}=\frac{y+x}{y-x}$$

3.3.5　微分在近似计算中的应用

在实际问题中，经常利用微分作近似计算. 前面说过，当函数 $y=f(x)$ 在点 x_0 处的导数 $f'(x_0)\neq 0$，且当 $|\Delta x|$ 很小时，有近似公式

$$\Delta y=f(x_0+\Delta x)-f(x_0)\approx f'(x_0)\Delta x \quad ①$$

或

$$f(x_0+\Delta x)\approx f(x_0)+f'(x_0)\Delta x \quad ②$$

上式中令 $x_0+\Delta x=x$，则

$$f(x)\approx f(x_0)+f'(x_0)(x-x_0) \quad ③$$

特别地，当 $x_0=0$，$|x|$ 很小时，有

$$f(x)\approx f(0)+f'(0)x \quad ④$$

这里，式①可以用于求函数增量的近似值，而式②，③，④可用来求函数的近似值. 应用式④可以推得一些常用的近似公式，当 $|x|$ 很小时，不难证明下列结论：

（1）$\sqrt[n]{1+x}\approx 1+\frac{1}{n}x$　　（2）$e^x\approx 1+x$

（3）$\ln(1+x)\approx x$　　（4）$\sin x\approx x$（x 用弧度作单位）

（5）$\tan x\approx x$（x 用弧度作单位）

证　（1）设 $f(x)=\sqrt[n]{1+x}$，于是

$$f(0)=1,\ f'(0)=\frac{1}{n}(1+x)^{\frac{1}{n}-1}\Big|_{x=0}=\frac{1}{n}$$

代入式④得

$$\sqrt[n]{1+x}\approx 1+\frac{1}{n}x$$

（2）设 $f(x)=e^x$，于是

$$f(0)=1,\ f'(0)=(e^x)'|_{x=0}=1$$

代入式④得

$$e^x\approx 1+x$$

其他几个公式也用类似的方法证明.

例 5　计算 arctan1.03 的近似值.

解　设 $f(x)=\arctan x$，则 $f'(x)=(\arctan x)'=\dfrac{1}{1+x^2}$，由式②有

$$\arctan(x_0+\Delta x)\approx\arctan x_0+\frac{1}{1+x_0^2}\Delta x$$

取 $x=1$，$\Delta x=0.03$，得

$$\arctan 1.03=\arctan(1+0.03)\approx\arctan 1+\frac{1}{1+1^2}\times 0.03=\frac{\pi}{4}+\frac{0.03}{2}\approx 0.80$$

例 6　计算 $\sqrt[3]{65}$ 的近似值.

解　设 $f(x)=\sqrt[3]{x}$，取 $x_0=64$，$\Delta x=1$，由于

$$y'=(x^{\frac{1}{3}})'=\frac{1}{3}x^{-\frac{2}{3}}=\frac{1}{3}\frac{1}{\sqrt[3]{x^2}}$$

所以

$$\mathrm{d}y\Big|_{\substack{x_0=64\\ \Delta x=1}}=y'\Delta x\Big|_{\substack{x_0=64\\ \Delta x=1}}=\frac{1}{3}\times\frac{1}{16}=\frac{1}{48}$$

又由于 $f(x_0+\Delta x)-f(x_0)\approx\mathrm{d}y$，所以

$$f(x_0+\Delta x)\approx f(x_0)+\mathrm{d}y$$

即

$$f(65)\approx f(64)+\frac{1}{48}$$

亦即

$$\sqrt[3]{65}\approx\sqrt[3]{64}+\frac{1}{48}=4+\frac{1}{48}\approx 4.021$$

习题　3.3

一、填空题

1. 设 $y=\mathrm{e}^{\sin x}$，则 $\mathrm{d}y=$________.

2. d________$=\mathrm{e}^{2x}\mathrm{d}x$.

3. 设 $f(x)=\ln(1+x)$，则 $\mathrm{d}f(x)=$________.

4. d________$=\dfrac{\ln x}{x}\mathrm{d}x$.

5. 函数 $y=f(x)$ 在点 x_0 处可微的充分必要条件是函数 $y=f(x)$ 在点 x_0 处________.

6. 若函数 $y=f(x)$ 在点 x_0 处可导，则 $f(x_0+\Delta x)-f(x_0)\approx$________.

二、选择题

1. $y=|x-1|$在点 $x=1$ 处(　　).

A. 连续；　　B. 不连续；　　C. 可导；　　D. 可微.

2. 设函数 $y=\ln|x|$，则 $\mathrm{d}y=$(　　).

A. $\dfrac{1}{|x|}\mathrm{d}x$；　　B. $-\dfrac{1}{|x|}\mathrm{d}x$；　　C. $\dfrac{1}{x}\mathrm{d}x$；　　D. $-\dfrac{1}{x}\mathrm{d}x$.

3. 设 $f(x)=x^3$，则 $\mathrm{d}[f(\mathrm{e}^{-x})]=$(　　).

A. $\mathrm{e}^{3x}\mathrm{d}x$；　　B. $3\mathrm{e}^{3x}\mathrm{d}x$；　　C. $-3\mathrm{e}^{-3x}\mathrm{d}x$；　　D. $-\mathrm{e}^{3x}\mathrm{d}x$.

4. 若 $f(u)$ 可导，设 $y=f(\mathrm{e}^x)$，则 $\mathrm{d}y=$(　　).

A. $dy=f'(e^x)dx$；　　B. $dy=f'(e^x)dx$；

C. $dy=f(e^x)e^x dx$；　　D. $dy=f'(e^x)e^x dx$.

三、解答题

1. 求下列函数的微分：

（1）$y=x^2+\sin x$；　（2）$y=3^{\ln 2x}$；　（3）$y=xe^x$；　（4）$y=(3x-1)^{100}$.

2. 设函数$f(x)=\ln(x+1)$，求$df(x)\Big|_{\substack{x_0=2\\ \Delta x=0.01}}$.

3. 求$\sqrt[3]{1.02}$的近似值.

3.4　导数在经济分析中的应用

3.4.1　边际的概念

在经济问题中，常常会用到变化率的概念，而变化率又可分为平均变化率和瞬时变化率. 平均变化率就是函数增量与自变量增量之比，如常用的年产量的平均变化率、成本的平均变化率、利润的平均变化率等；瞬时变化率就是函数对自变量的导数，即当自变量增量趋于零时平均变化率的极限. 如果函数$y=f(x)$在点x_0处可导，则其平均变化率$\frac{\Delta y}{\Delta x}$在点$x_0$处的瞬时变化率为

$$\lim_{\Delta x\to 0}\frac{f(x_0+\Delta x)-f(x_0)}{\Delta x}=f'(x_0)$$

此式表示y关于x在“边际上”x_0处的变化率，即x从$x=x_0$起作微小变化时，y关于x的变化率. 设在$x=x_0$处，从x_0改变一个单位时y的增量Δy的精确值为$\Delta y\Big|_{\substack{x=x_0\\ \Delta x=1}}$，当$x$改变的“单位”很小时，则由微分的应用知道，$\Delta y$的近似值为

$$\Delta y\Big|_{\substack{x=x_0\\ \Delta x=1}}\approx dy=f'(x)dx\Big|_{\substack{x=x_0\\ \Delta x=1}}=f'(x_0)$$

于是，有如下定义：

定义4　设函数$y=f(x)$在点x处可导，则称导数$f'(x)$为函数$y=f(x)$的**边际函数**. $f'(x)$在点x_0处的值$f'(x_0)$称为**边际函数值**.

其经济意义是：当$x=x_0$时，x改变1个单位（增加或减少），y改变（增加或减少）$f'(x_0)$个单位.

例1　设函数$y=2x^2$，试求y在$x=5$时的边际函数值.

解　因为$y'=4x$，所以$y'|_{x=5}=20$.

该值表明：当$x=5$时，x改变1个单位，y改变20个单位.

3.4.2　边际成本

总成本C对产量Q的变化率$C'(Q)$称为边际成本函数.

其经济意义是：在产量Q个单位的基础上再增加（或减少）1个单位产品，将增加$C'(Q)$个单位的成本.

例 2 设某产品的成本函数为

$$C(Q)=100+10Q-\frac{1}{100}Q^2$$

求产量 $Q=100$ 时的边际成本，并解释其经济意义.

解 因为 $C'(Q)=10-\frac{1}{50}Q$，于是得 $C'(100)=8$.

其经济意义是：在产量 $Q=100$ 个单位的基础上再生产 1 个单位产品，成本需增加 8 个单位.

3.4.3 边际收益

总收益 R 对产量 Q 的变化率 $R'(Q)$ 称为边际收益函数.

其经济意义是：产量在 Q 个单位的基础上再增加(或减少) 1 个单位产品，将增加(或减少) $R'(Q)$ 个单位的收益.

例 3 设某产品的价格 p 与销售量 Q 的关系为 $p=10-\frac{Q}{5}$，求销售量 $Q=20$ 时的边际收益.

解 因为

$$R(Q)=Q\cdot p(Q)=Q\left(10-\frac{Q}{5}\right)=10Q-\frac{1}{5}Q^2$$

所以，$R'(Q)=10-\frac{2}{5}Q$，于是得

$$R'(20)=10-\frac{2}{5}\times 20=2$$

其经济意义是：在销售量 $Q=20$ 的基础上，再多销售 1 个单位产品，将增加收入 2 个单位的收益.

3.4.4 边际利润

总利润 L 对产量 Q 的变化率 $L'(Q)$ 称为边际利润函数.

其经济意义是：产量在 Q 个单位的基础上再增加(或减少) 1 个单位产品，将增加(或减少) $L'(Q)$ 个单位的利润.

例 4 已知某种产品的出厂价为 200 元，生产 Q 个单位产品的总成本函数为

$$C(Q)=500+50Q+\frac{1}{20}Q^2$$

求：(1) 总利润函数；(2) 边际利润；(3) 使边际利润为零的产量，并作相关分析.

解 当产量为 Q 个单位时，总收益函数为

$$R(Q)=pQ=200Q$$

(1) 总利润函数为

$$L(Q)=R(Q)-C(Q)=-\frac{1}{20}Q^2+150Q-500\ (Q\geqslant 0)$$

（2）边际利润为

$$L'(Q)=-\frac{1}{10}Q+150$$

（3）令 $L'(Q)=0$，即 $-\frac{1}{10}Q+150=0$，得 $Q=1500$. 因此，$Q=1500$ 是使企业经济效益最佳的生产量.

习题　3.4

一、填空题

1. 已知某产品的总成本函数为 $C(Q)=0.01Q^2+10Q+1000$，则边际成本为________.

2. 已知某产品的总成本函数为 $C(Q)=100+\frac{Q^2}{4}$，则产量 $Q=10$ 时的边际成本为________.

3. 已知某产品的需求函数和总成本函数分别为 $Q=800-20p$，$C(Q)=5000+20Q$，则边际利润函数为________.

二、解答题

1. 已知某产品的成本函数为 $C(Q)=1000+\frac{Q^2}{10}$，求当 $Q=120$ 时的总成本、平均成本及边际成本；当产量 Q 为多少时平均成本最小，并求出最小平均成本.

2. 设工厂生产某种产品，固定成本为 10000 元，每多生产 1 个单位产品时，成本增加 100 元，该产品的需求函数为 $Q=500-2p$，求该工厂生产这种产品的利润函数及当产量 $Q=50$ 时的边际利润.

3. 设生产 Q 单位某种产品的总收益函数 $R(Q)=200Q-0.1Q^2$，求生产 $Q=50$ 个单位产品时的总收益、平均收益及边际收益.

本 章 小 结

一、基本知识

1. 基本概念

函数在一点处的导数、左导数、右导数、导函数、高阶导数、微分.

2. 基本公式和基本法则

基本初等函数的求导公式，求导法则，复合函数求导法则，反函数求导法则，微分公式，微分法则，复合函数微分法则，微分近似计算公式.

3. 基本方法

利用导数定义求导数(三个步骤)，利用导数公式与求导法则求导数，利用复合函数求导法则求导数，隐函数求导法，对数求导法，利用微分运算法则求微分.

二、要点解析

问题 1　为什么说复合函数求导法是函数求导的核心？复合函数求导法的关键是什么？

解析　复合函数求导法是函数求导的核心的原因在于：利用复合函数求导法既可解决复

合函数的求导问题，又是隐函数求导法、对数求导法、参数方程求导法等的基础.

复合函数求导法的关键是：将一个比较复杂的函数分解成几个比较简单的函数的复合形式. 在分解过程中的关键是正确地设置中间变量，就是由表及里一步步地设置中间变量，使分解后的函数成为基本初等函数或易于求导的简单函数，最后逐一求导.

例 1　设 $y=\ln\sin^2\frac{1}{x}$，求 y'.

解　令 $y=\ln u$，$u=v^2$，$v=\sin\omega$，$\omega=\frac{1}{x}$，由复合函数求导法则有

$$y'=y'_u u'_v v'_\omega \omega'_x=(\ln u)'_u\ (v^2)'_v(\sin\omega)'_\omega\left(\frac{1}{x}\right)'_x$$

$$=\frac{1}{u}\cdot 2v\cdot\cos\omega\cdot\left(-\frac{1}{x^2}\right)=\frac{1}{\sin^2\frac{1}{x}}\cdot 2\sin\frac{1}{x}\cdot\cos\frac{1}{x}\cdot\left(-\frac{1}{x^2}\right)=-\frac{2}{x^2}\cot\frac{1}{x}$$

如果不写中间变量，可简写成

$$y'_x=\left(\ln\sin^2\frac{1}{x}\right)'_x=\frac{1}{\sin^2\frac{1}{x}}\left(\sin^2\frac{1}{x}\right)'_x=\frac{1}{\sin^2\frac{1}{x}}\cdot 2\sin\frac{1}{x}\cdot\left(\sin\frac{1}{x}\right)'_x$$

$$=\frac{1}{\sin^2\frac{1}{x}}\cdot 2\sin\frac{1}{x}\cdot\cos\frac{1}{x}\cdot\left(-\frac{1}{x^2}\right)=-\frac{2}{x^2}\cot\frac{1}{x}$$

在相当熟练之后，可进一步简写成

$$y'_x=\frac{1}{\sin^2\frac{1}{x}}\cdot 2\sin\frac{1}{x}\cdot\cos\frac{1}{x}\cdot\left(-\frac{1}{x^2}\right)=-\frac{2}{x^2}\cot\frac{1}{x}$$

问题 2　微分概念在实际应用中有何实际意义？微分与导数有何区别？

解析　微分概念的产生是由于解决实际问题的需要. 计算函数的增量是科学技术和工程中经常遇到的问题，有时由于函数比较复杂，计算增量困难，因此希望有一个比较简单的方法. 对可导函数有一个近似计算方法，那就是用微分 $\mathrm{d}y$ 去近似代替 Δy，由函数微分定义可知 $\mathrm{d}y=f'(x)\,\mathrm{d}x(\mathrm{d}x=\Delta x)$是函数增量 $\Delta y=f'(x)\Delta x+o(\Delta x)$的线性主要部分.

它有两个性质：

（1）$\mathrm{d}y$ 是 Δx 的线性函数；

（2）Δy 与 $\mathrm{d}y$ 之差是比 Δx 高阶的无穷小(当 $\Delta x\to 0$ 时).

正是由于性质(1)，才使得计算 Δy 的近似值 $\mathrm{d}y$ 比较方便；同时由于性质(2)，当$|\Delta x|$很小时，近似程度也是较好的. 因此，一些科学工作者、工程师以及在实际工作中必须同函数的增量 Δy 或导数$\frac{\mathrm{d}y}{\mathrm{d}x}$打交道的人，在自己所要求的精确范围内，往往用微分 $\mathrm{d}y$ 近似代替增量 Δy，用差商$\frac{\Delta y}{\Delta x}$近似代替导数$\frac{\mathrm{d}y}{\mathrm{d}x}$.

微分与导数是两个不同的概念. 微分是由于函数的自变量发生变化而引起的函数变化量的近似值，而导数则是函数在一点处的变化率. 对于一个给定的函数来说，它的微分跟 x 与

Δx 都有关，而导数只与 x 有关. 因为微分具有形式不变性，所以提到微分可以不说明是关于哪个变量的微分，但提到导数必须说清是对哪个变量的导数.

三、例题精解

例2　若 $f(x)$ 在点 x_0 处可导，求 $\lim\limits_{h\to 0}\dfrac{f(x_0+\alpha h)-f(x_0-\beta h)}{h}$.

解　因为 $f(x)$ 在点 x_0 处可导，所以

$$\lim_{h\to 0}\frac{f(x_0+h)-f(x_0)}{h}=f'(x_0)$$

因此

$$\begin{aligned}&\lim_{h\to 0}\frac{f(x_0+\alpha h)-f(x_0-\beta h)}{h}\\&=\lim_{h\to 0}\left[\alpha\frac{f(x_0+\alpha h)-f(x_0)}{\alpha h}+\beta\frac{f(x_0-\beta h)-f(x_0)}{-\beta h}\right]\\&=\alpha f'(x_0)+\beta f'(x_0)=(\alpha+\beta)f'(x_0)\end{aligned}$$

例3　设 $f(x)=\begin{cases}e^x & x\leqslant 0\\ a+bx & x>0\end{cases}$，当 a，b 为何值时，$f(x)$ 在 $x=0$ 处连续且可导?

解　因为

$$\lim_{x\to 0^-}f(x)=\lim_{x\to 0^-}e^x=1,\quad \lim_{x\to 0^+}f(x)=\lim_{x\to 0^+}(a+bx)=a$$

所以要使 $f(x)$ 在 $x=0$ 处连续，须有

$$\lim_{x\to 0^-}f(x)=\lim_{x\to 0^+}f(x)=f(0)$$

由此解得 $a=1$，又

$$f_-'(0)=\lim_{x\to 0^-}\frac{f(x)-f(0)}{x}=\lim_{x\to 0^-}\frac{e^x-1}{x}=1$$

$$f_+'(0)=\lim_{x\to 0^+}\frac{f(x)-f(0)}{x}=\lim_{x\to 0^+}\frac{(1+bx)-1}{x}=b$$

为使 $f'(0)$ 存在，则 $b=1$. 故当 $a=b=1$ 时 $f(x)$ 在 $x=0$ 处连续且可导.

复习题三

1. 根据导数的定义求下列函数的导数.

(1) $f(x)=\sqrt{2x+1}$，计算 $f'(4)$；　　(2) $f(x)=\ln x$，求 $f'(x)$.

2. 如果 $f(x)$ 在点 x_0 处可导，求 $\lim\limits_{h\to 0}\dfrac{f(x_0-h)-f(x_0)}{h}$.

3. 求下列曲线在指定点的切线方程和法线方程.

(1) $y=\dfrac{1}{x^2}$ 在点 $(1,1)$；　　(2) $y=x^3$ 在点 $(2,8)$.

4. 证明函数 $f(x)=\begin{cases}\sqrt{x} & 0\leqslant x<1\\ 2x-1 & 1\leqslant x<+\infty\end{cases}$ 在 $x=1$ 处连续但不可导.

5. 函数$f(x)=\begin{cases}\dfrac{\sin 2x}{x} & x<0\\ a+x & x>0\end{cases}$在$x=0$处连续，求常数$a$的值.

6. 求下列各函数的导数.

(1) $y=2x^2-\dfrac{1}{x^3}+6x$；　　(2) $y=3\sqrt[3]{x^2}-x^3+\cos\dfrac{\pi}{3}$；

(3) $y=x^3\sin x$；　　(4) $y=\dfrac{1}{x+\cos x}$；

(5) $y=x\ln x$；　　(6) $y=\sin x\ln x$；

(7) $y=\dfrac{\sin x}{1+\cos x}$；　　(8) $y=\dfrac{x}{1+x^2}$；

(9) $y=(2+\sec x)\sin x$；　　(10) $y=\dfrac{2}{1+\ln x}$.

7. 求下列各函数在指定点处的导数值.

(1) $f(t)=\sin t\cos t$，求$f'\left(\dfrac{\pi}{2}\right)$；　　(2) $y=(1+x^3)(1-x^2)$，求$y'|_{x=1}$和$y'|_{x=2}$.

8. 曲线$y=x^2+x-2$上哪一点的切线与x轴平行？哪一点的切线与直线$y=4x-1$平行？

9. 设$f(x)=x^2+1$，求满足$f(x)=f'(x)$的x值.

10. 求下列函数的导数.

(1) $y=(x^3-x)^3$；　　(2) $y=\sqrt{2+\ln^2 x}$；　　(3) $y=\cot\dfrac{1}{x}$；

(4) $y=x^2\sin\dfrac{1}{x}$；　　(5) $y=\ln\dfrac{x}{1+x}$；　　(6) $y=\sin^2(3x)$；

(7) $y=(x+\sin x)^2$；　　(8) $y=\ln[\ln(\ln x)]$；　　(9) $y=\arctan(\ln x)$；

(10) $y=\arcsin(1-x)$.

11. 求下列函数的高阶导数.

(1) $y=(x^3+1)^2$，求y''；　　(2) $y=x\sin 2x$，求y'''.

12. 求下列方程所确定的隐函数的导数y'.

(1) $y^3+x^3-5xy=0$；　　(2) $\arctan\dfrac{y}{x}=2\ln\sqrt{x^2+y^2}$.

13. 用对数求导法求下列函数的导数.

(1) $y=\dfrac{(2x+3)(x+6)^3}{\sqrt{x+1}}$；　　(2) $y=x^{2x}(x>0)$.

14. 求下列函数的微分.

(1) $y=x^3+x$；　　(2) $y=xe^{-x}$；

(3) $y=\arctan\sqrt{x}$；　　(4) $e^{xy}-xy=0$.

15. 利用微分求近似值.

(1) arctan1.02；　　(2) $\sin 30°30'$；　　(3) ln1.01；　　(4) $\sqrt[3]{126}$.

16. 生产Q单位某产品的总成本函数为：$C(Q)=1200+\dfrac{Q^2}{200}$.

(1) 求生产400单位产品时的平均单位成本;

(2) 求生产400单位到500单位产品时总成本的平均变化率;

(3) 求生产400单位产品时的边际成本.

【阅读资料】

德国的伟大数学家——维尔斯特拉斯

维尔斯特拉斯(Karl Weierstrass, 1815—1897)生于德国威斯特法伦的小村落奥斯坦菲，曾入波恩大学学习商业和法律，但是他坚持自学数学. 1839年他在明斯特作中学教师，除了教数学、物理之外，还教德语、作文、地理，1845年之后还兼教体育. 白天有繁重的教学任务，他只好利用业余时间研究数学. 维尔斯特拉斯是将严格的论证引入分析学的一位大师. 他发现了一个处处不可导的函数(称为维尔斯特拉斯函数). 根据维尔斯特拉斯的学术成就，格尼斯堡大学授给他名誉博士学位. 由于库麦尔的推荐，1856年他成为柏林大学的助理教授，1864年成为正教授. 维尔斯特拉斯除了自己的研究工作外，还培养了大批著名数学家，为19世纪数学的发展做出了重要贡献.

连续与可导之间到底是什么关系，在很长一段时期内，人们(包括数学家在内)都不是很清楚，甚至认为是一回事. 因为从直观看，连续是一条连绵不断的曲线，怎么可能不存在切线呢? 后来证明了函数 $y=|x|$ 在 $x=0$ 处导数不存在，人们才知道连续不一定可导，但是又觉得导数只是在这些“尖端”的地方不存在，而一条连续曲线上这些尖端的点只是孤立的点，不会很密集. 直到19世纪末，维尔斯特拉斯发现了一个每一点都不可导的连续函数，才彻底解决了这个问题：即可导必连续，连续不一定可导，甚至可能处处连续而处处不可导.

在维尔斯特拉斯的原始论文中，这个函数被定义为

$$f(x)=\sum_{n=0}^{\infty} a^n \cos(b^n \pi x)$$

这里 $0<a<1$，b 是奇整数，且

$$ab>1+\frac{3}{2}\pi$$

这个构造过程，连同处处不可导的证明，都发表在维尔斯特拉斯的论文中.

上图是一个维尔斯特拉斯函数图，其区间在[-2,2]之间. 这个函数具有分形性质：任何局部的放大都与整体相似.

维尔斯特拉斯函数可能被描述为最早的分形，尽管这个数学名词直到很晚之后才被使用. 这个函数在每一个级别上都具有细节，因此放大每一个弯曲，都不能显示出图形越来越趋近于直线，不管在多么接近的两点之间，函数都不是单调的.

第 4 章　导数的应用

导数刻画了函数相对于自变量的变化快慢程度，在几何上就是用曲线切线的倾斜度——斜率来反映曲线上点的变化情况. 导数是研究函数的重要工具. 本章将利用函数的一、二阶导数进一步研究曲线的形态及导数在一些实际问题中的应用. 本章的主要内容包括微分中值定理、函数的单调性、函数的极值与最值、曲线的凹向与拐点、曲线的渐近线、用导数求极限——洛必达法则，其重点是用导数来研究函数.

【基本要求】

1. 了解罗尔定理和拉格朗日中值定理(知道定理的条件和结论).

2. 掌握用导数判定函数单调性的方法，会用导数求函数的单调区间.

3. 理解函数极值的概念，掌握用导数求函数极值与最值的方法. 会用导数解简单的极值应用问题.

4. 了解曲线凹凸性的概念，会用二阶导数判断函数的凹凸性，会求曲线的拐点.

5. 了解曲线渐近线的概念，会求曲线的渐近线.

6. 熟练掌握用洛必达法则求“$\dfrac{0}{0}$”或“$\dfrac{\infty}{\infty}$”型未定式的极限.

4.1　中值定理

拉格朗日中值定理是微分学的一个基本定理，在理论上和应用上都有很重要的价值. 它是利用导数研究函数在区间上整体性态的理论基础. 它建立了函数在一个区间上的改变量和函数在这个区间内某点处的导数之间的联系，从而使我们有可能用导数去研究函数在区间上的性态. 本节先介绍罗尔定理，然后导出它的一般形式——拉格朗日中值定理，最后推出判别函数单调性的定理.

4.1.1　罗尔定理

罗尔(Rolle,1652—1719)，法国数学家，主要数学成就在代数方面，专长于丢番图的研究.

定理 1　若函数 $y=f(x)$ 满足:

(1) 在闭区间 $[a,b]$ 上连续;

(2) 在开区间 (a,b) 内可导;

(3) $f(a)=f(b)$，即在两端点处的函数值相等，

则至少存在一点 $\xi\in(a,b)$，使得 $f'(\xi)=0$.

几何解释:

如图 4-1 所示，在连续光滑的曲线弧上，若端点函数值相等，则曲线弧上至少存在一点(端点除外)，在该点处的切线平行于 x 轴.

显然这些点在最高点或最低点(局部范围内)处取得，由此启发了我们的证明思路.

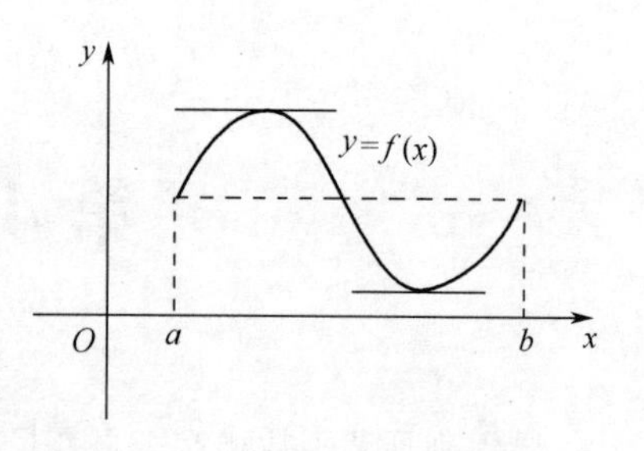

图 4-1

定理证明:

函数 $f(x)$ 在闭区间 $[a,b]$ 上连续，所以在闭区间 $[a,b]$ 上一定存在最大值 M 和最小值 m.

(1) 若 $m=M$，则函数 $f(x)$ 是区间上的常值函数，设 $f(x)=M$，$x\in[a,b]$，则在区间 (a,b) 内恒有 $f'(x)=0$，那么区间 (a,b) 内的每一点都可取作 ξ，定理成立.

(2) 若 $m\neq M$，则必有 $m<M$，因为 $f(a)=f(b)$，所以 M 和 m 中至少有一个不等于 $f(a)$，不妨设 $M\neq f(a)$，则在 (a,b) 内至少有一点 ξ，使得 $f(\xi)=M$. 因为 $f(\xi)=M$ 是最大值，所以无论 Δx 为正或负，总有

$$f(\xi+\Delta x)-f(\xi)\leqslant 0,\ \xi+\Delta x\in(a,b)$$

当 $\Delta x>0$ 时，有
$$\frac{f(\xi+\Delta x)-f(\xi)}{\Delta x}\leqslant 0$$

根据极限的保号性有

$$\lim_{\Delta x\to 0^+}\frac{f(\xi+\Delta x)-f(\xi)}{\Delta x}\leqslant 0$$

同理，当 $\Delta x<0$ 时，有
$$\frac{f(\xi+\Delta x)-f(\xi)}{\Delta x}\geqslant 0$$

根据极限的保号性有

$$\lim_{\Delta x\to 0^-}\frac{f(\xi+\Delta x)-f(\xi)}{\Delta x}\geqslant 0$$

又因为 $f'(\xi)$ 存在，于是有 $f'(\xi)=0$.

注意:(1) 罗尔定理中的三个条件是充分条件，缺一不可，否则定理结论不一定成立. 图 4-2 给出了相应的反例.

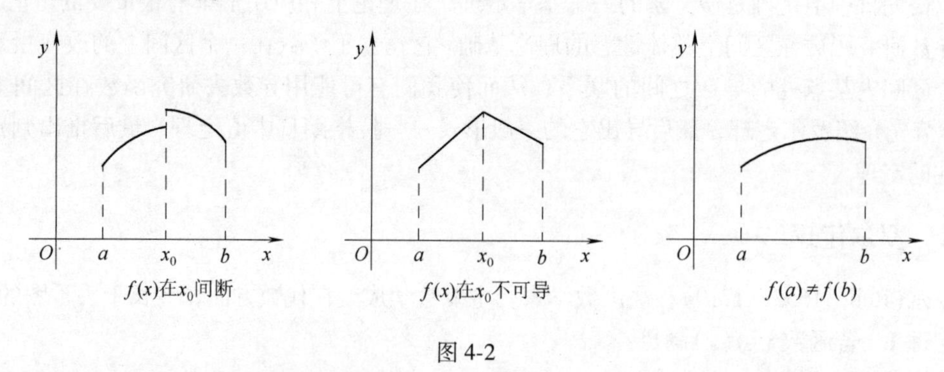

图 4-2

(2) 罗尔定理是定性的结果，它只肯定了至少存在一个 ξ，而不能肯定 ξ 的个数，也没有指出实际计算 ξ 的方法. 但对某些简单情形，可从方程 $f'(\xi)=0$ 中解出 ξ.

例 1　考察函数 $f(x)=x^2-2x-3$ 在区间 $[-1,3]$ 上是否满足罗尔定理条件，若满足，求出满足条件的 ξ 值.

解　因为 $f(x)$ 是多项式函数，所以在闭区间 $[-1,3]$ 上连续，在开区间 $(-1,3)$ 上可导，即

$$f'(x)=2x-2$$

且$f(-1)=f(3)=0$，因此函数$f(x)$满足罗尔定理的三个条件. 若令$f'(x)=2x-2=0$，可得$\xi=1\in(-1,3)$.

例2　设函数$f(x)=(x+1)(x-2)(x-3)$，不求导数，判断方程$f'(x)=0$有几个实根，以及所在范围.

解　因为$f(x)$是多项式函数，所以在$(-\infty,+\infty)$上连续、可导，而且

$$f(-1)=f(2)=f(3)=0$$

故$f(x)$在区间$[-1,2]$，$[2,3]$上满足罗尔定理的条件；因此，在$(-1,2)$内至少存在一点ξ_1，使得$f'(\xi_1)=0$，即ξ_1是$f'(x)=0$的一个根；在$(2,3)$内至少存在一点ξ_2，使$f'(\xi_2)=0$，即ξ_2是$f'(x)=0$的一个根.

又由于$f'(x)$是二次多项式，所以只能有两个实根，分别在开区间$(-1,2)$，$(2,3)$内.

罗尔定理的第三个条件"$f(a)=f(b)$"过于特殊，不易被一般的函数所满足，这使得罗尔定理的适用范围较窄. 下面的定理删去了这个条件，而结论也有相应的改变.

4.1.2　拉格朗日定理

定理2　如果函数$f(x)$满足下列条件：

（1）在闭区间$[a,b]$上连续；

（2）在开区间(a,b)内可导，

则在(a,b)内至少有一点ξ，使得

$$f'(\xi)=\frac{f(b)-f(a)}{b-a} \tag{1}$$

几何解释：

从图4-3可以看出，弦AB的斜率为

$$k_{AB}=\frac{f(b)-f(a)}{b-a} \tag{2}$$

由式(1)和式(2)知，该定理的几何意义是：在连续光滑的曲线弧上至少存在一点$C(\xi,f(\xi))$，在点C处的切线平行于弦AB.

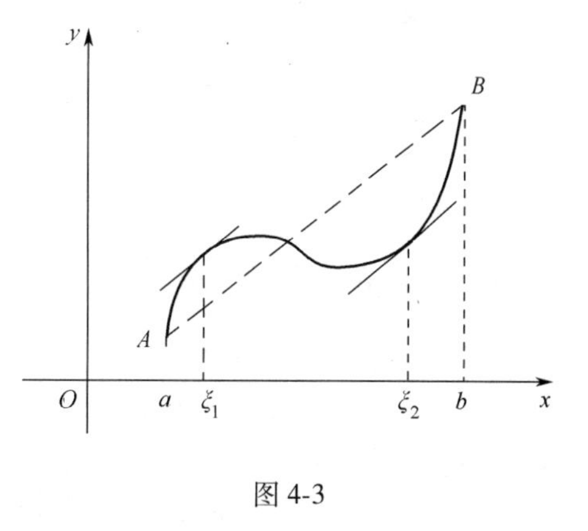

图4-3

定理证明：

其指导思想是作辅助函数

$$\varphi(x)=f(x)-f(a)-\frac{f(b)-f(a)}{b-a}(x-a)$$

然后应用罗尔定理证明，这里从略.

例3　设函数$f(x)=x^3-6x^2+11x-6$，验证$f(x)$在区间$[0,3]$上满足拉格朗日定理的条件，并求定理结论中的ξ值.

解　函数$f(x)$显然在区间$[0,3]$上连续，在$(0,3)$内可导，所以$f(x)$满足拉格朗日定理的条件.

$$f'(x)=3x^2-12x+11$$

而 $$\frac{f(b)-f(a)}{b-a}=\frac{f(3)-f(0)}{3-0}=2$$

由 $$f'(\xi)=\frac{f(b)-f(a)}{b-a}$$

得 $$3\xi^2-12\xi+11=2$$

即 $$\xi^2-4\xi+3=0$$

解得 $\xi_1=1$，$\xi_2=3$(ξ_2 在区间端点外，舍去)，所以存在 $\xi_1=1\in(0,3)$，使得

$$\frac{f(3)-f(0)}{3-0}=f'(1)\text{成立.}$$

4.1.3 两个重要推论

推论 1 如果函数 $f(x)$ 在区间 (a,b) 内满足 $f'(x)\equiv 0$，则在 (a,b) 内 $f(x)=C$（C 为常数).

证 设 x_1，x_2 是区间 (a,b) 内的任意两点，且 $x_1<x_2$，于是在区间 $[x_1,x_2]$ 上函数 $f(x)$ 满足拉格朗日中值定理的条件，故存在 $\xi\in(x_1,x_2)$，使得

$$f'(\xi)=\frac{f(x_2)-f(x_1)}{x_2-x_1},\ \xi\in(x_1,x_2)$$

由于 $f'(\xi)=0$，所以 $f(x_2)-f(x_1)=0$，即

$$f(x_2)=f(x_1)$$

因为 x_1，x_2 是 (a,b) 内的任意两点，于是上式表明 $f(x)$ 在 (a,b) 内的任意两点的值总是相等的，即 $f(x)$ 在 (a,b) 内是一个常数. 证毕.

推论 2 若对 (a,b) 内任意 x，均有 $f'(x)=g'(x)$，则在 (a,b) 内函数 $f(x)$ 与 $g(x)$ 之间只相差一个常数，即 $f(x)=g(x)+C$（C 为常数).

证 令 $F(x)=f(x)-g(x)$，因为 $F'(x)=f'(x)-g'(x)$，而 $f'(x)=g'(x)$，所以 $F'(x)=0$. 由推论 1 知，$F(x)$ 在 (a,b) 内恒为一个常数 C，即 $f(x)-g(x)=C$，$x\in(a,b)$. 证毕.

显然，若在拉格朗日定理中加上条件 $f(a)=f(b)$，便成为罗尔定理，故拉格朗日定理是罗尔定理的推广，而罗尔定理是拉格朗日定理的特殊情况.

4.1.4 函数的单调性

在第 1 章曾定义了函数的单调性，单调函数在高等数学中占有重要的地位. 下面着重讨论函数的单调性与其导函数之间的关系，从而提供一种判断函数单调性的方法.

定理 3 设函数 $f(x)$ 在 $[a,b]$ 上连续，在 (a,b) 内可导，则有

(1) 若在开区间 (a,b) 内 $f'(x)>0$，则函数 $f(x)$ 在闭区间 $[a,b]$ 上单调增加，用符号"↗"表示(见图 4-4a)；

(2) 若在开区间 (a,b) 内 $f'(x)<0$，则函数 $f(x)$ 在闭区间 $[a,b]$ 上单调减少，用符号"↘"表示(见图 4-4b).

证 设 x_1，x_2 是 $[a,b]$ 上的任意两点，且 $x_1<x_2$，由拉格朗日中值定理，存在 $\xi\in(x_1,x_2)$，使

$$f'(\xi)=\frac{f(x_2)-f(x_1)}{x_2-x_1},\ \xi\in(x_1,x_2)$$

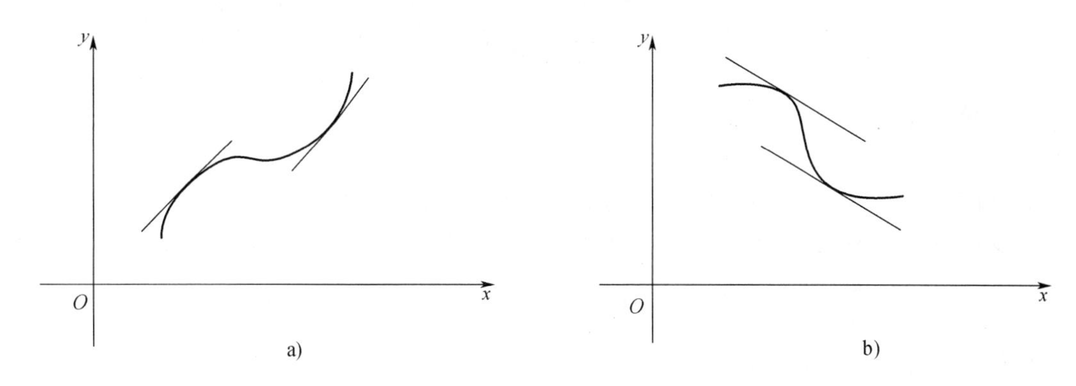

图 4-4

因为 $f'(x)>0$，必有 $f'(\xi)>0$，又 $x_2-x_1>0$，于是有 $f(x_2)-f(x_1)>0$，即 $f(x_1)<f(x_2)$. 由于 x_1，$x_2(x_1<x_2)$ 是 (a,b) 上任意两点，所以函数 $f(x)$ 在 $[a,b]$ 上单调增加.

同理可证，如果 $f'(x)<0$，则函数 $f(x)$ 在 (a,b) 上单调减少. 证毕 .

有时，函数在其整个定义域上并不具有单调性，但在其各个部分区间上却具有单调性. 例如，函数 $f(x)=x^2$ 在区间 $(-\infty,0)$ 上单调减少，在区间 $(0,+\infty)$ 上单调增加，而在 $(-\infty,+\infty)$ 上却不具有单调性.

使 $f'(x)=0$ 的点叫作**驻点**.

要确定可导函数的单调区间，首先要求出驻点，然后用这些驻点将 $f(x)$ 的定义域分成若干个子区间，再在每个子区间上用定理 3 判断函数的单调性. 一般地，当 $f'(x)$ 在某区间内的个别点处为零，而在其余各点处都为正(或负)时，那么 $f(x)$ 在该区间上仍旧是单调增加(或单调减少)的. 例如，函数 $f(x)=x^3$，其导数 $f'(x)=3x^2$，且 $f'(0)=3x^2\big|_{x=0}=0$，而在 $(-\infty,+\infty)$ 上除 $x=0$ 外，处处有 $f'(x)>0$，所以函数 $f(x)=x^3$ 在 $(-\infty,+\infty)$ 内是单调增加的.

例 4　讨论函数 $f(x)=3x^2-x^3$ 的单调性.

解　因为 $f'(x)=6x-3x^2=3x(2-x)$，令 $f'(x)=0$，得驻点 $x_1=0$，$x_2=2$，用它们将 $f(x)$ 的定义区间 $(-\infty,+\infty)$ 分成三个区间 $(-\infty,0)$，$(0,2)$，$(2,+\infty)$. 列表讨论如下：

x	$(-\infty,0)$	0	$(0,2)$	2	$(2,+\infty)$
$f'(x)$	−		+		−
$f(x)$	↘		↗		↘

由上表和函数单调性判别定理 3 可知：该函数在区间 $(-\infty,0)$ 和 $(2,+\infty)$ 上单调减少，在区间 $(0,2)$ 上单调增加.

小结　求函数单调性的步骤如下：

(1) 求函数定义域 D；

(2) 求函数导数 $f'(x)$；

(3) 求驻点 x_0；

(4) 用驻点把定义域 D 划分成若干个区间；

(5) 列表讨论函数单调性.

习题　4.1

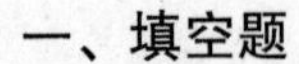

一、填空题

1. 函数 $f(x)=\sin 2x$ 在区间 $[0,\pi]$ 上满足罗尔定理条件的 $\xi=$________.

2. 函数 $y=\ln(x+1)$ 在区间 $[0,1]$ 上满足拉格朗日中值定理条件的 $\xi=$________.

3. 函数 $y=x^3-3x$ 在区间________上单调减少，在区间________上单调增加.

4. 函数 $f(x)=\dfrac{1}{3}x^3-x$ 在区间 $(0,2)$ 内的驻点为 $x=$________.

5. $f'(x)$ 的图形如图 4-5 所示，则函数 $f(x)$ 本身的单调增加区间为________，单调减少区间为________.

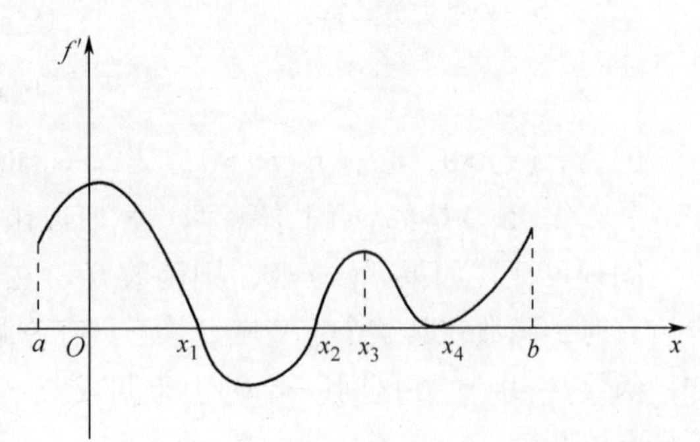

图 4-5

二、判断题

1. 函数 $f(x)=\ln x$ 在区间 $[1,\mathrm{e}]$ 内满足拉格朗日定理的条件.　(　　)

2. 若函数 $f(x)$ 在区间 (a,b) 内单调增加，且在 (a,b) 内可导，则必有 $f'(x)>0$.　(　　)

3. 函数 $y=\arctan x-x$ 在其定义域内是单调减少的.　(　　)

4. 若函数 $f(x)$ 和 $g(x)$ 在区间 (a,b) 内可导，且 $f(x)>g(x)$，则在 (a,b) 内必有 $f'(x)>g'(x)$ 成立.　(　　)

三、选择题

1. 设函数 $y=f(x)$ 在 $[a,b]$ 上连续，在 (a,b) 内可导，且 $f(a)=f(b)$，则曲线 $y=f(x)$ 在 (a,b) 内平行于 x 轴的切线(　　).

A. 仅有一条；　B. 至少有一条；　C. 不一定存在；　D. 不存在.

2. 函数 $f(x)=x^3$，$x\in[-1,2]$，满足拉格朗日中值定理的 $\xi=$(　　).

A. 1；　B. -1；　C. ±1；　D. 0.

3. 设函数 $y=f(x)$ 在点 x_0 处可导，且 $f'(x_0)<0$，则曲线在点 $(x_0,f(x_0))$ 处的切线倾斜角为(　　).

A. 0°；　B. 90°；　C. 锐角；　D. 钝角.

4. 函数 $y=x+\dfrac{4}{x}$ 的单调减少区间是(　　).

A. $(-\infty,-2)\cup(2,+\infty)$；　B. $(-2,2)$；

C. $(-\infty,0)\cup(0,+\infty)$；　D. $(-2,0)\cup(0,2)$.

5. 函数 $y=\ln(1+x^2)$ 的单调增加区间是(　　).

A. $(-5,5)$；　B. $(-\infty,0)$；　C. $(0,+\infty)$；　D. $(-\infty,+\infty)$.

6. 设函数 $f(x)$ 在 $[0,1]$ 上连续，在 $(0,1)$ 内可导，且 $f'(x)>0$，则(　　).

A. $f(0)<0$；　B. $f(1)>0$；　C. $f(1)>f(0)$；　D. $f(1)<f(0)$.

7. 下列函数中在 $[1,\mathrm{e}]$ 上满足拉格朗日定理条件的是(　　).

A. $y=\ln\ln x$；　B. $y=\ln x$；　C. $y=\dfrac{1}{\ln x}$；　D. $y=\ln(2-x)$.

8. 下列函数在指定区间$(-\infty,+\infty)$内单调增加的是(　　).

A. $\sin x$;　　B. e^x;　　C. x^2;　　D. $3-x$.

四、解答题

1. 下列函数在给定的区间上是否满足拉格朗日定理条件？如满足条件，求出相应的ξ值.

(1) $f(x)=x^2-2x$, $x\in[1,4]$;　　(2) $f(x)=e^{x^2}-1$, $x\in[-1,1]$;

(3) $f(x)=\sin x$, $x\in[-\pi,\pi]$.

2. 试在抛物线$y=x^2$的两端点$A(1,1)$，$B(3,9)$之间的弧线上求一点，使过该点的切线平行于弦AB.

3. 求函数$f(x)=\dfrac{1}{3}x^3-x^2+x+2$的单调区间.

4. 讨论函数$f(x)=e^{-x^3}$的单调性.

4.2　函数的极值与最值

本节研究函数的极小值与极大值，最小值与最大值的求法. 首先介绍可导函数取得极值的必要条件，以及函数取得极值的两个充分条件. 然后，介绍实际问题中最大值与最小值的求法.

4.2.1　函数的极值

定义1　设函数$f(x)$在点x_0的某邻域$N(x_0,\delta)$内有定义，且对此邻域内任一点x ($x\neq x_0$)均有$f(x)\leqslant f(x_0)$，则称$f(x_0)$是函数$f(x)$在该邻域内的一个**极大值**；同样，如果在此邻域内任一点x ($x\neq x_0$)，均有$f(x)\geqslant f(x_0)$，则称$f(x_0)$是函数$f(x)$在该邻域内的一个**极小值**. 函数的极大值与极小值统称为函数的**极值**；使函数取得极值的点x_0称为极值点.

注意：(1) 函数在一个区间上可能有几个极大值和几个极小值. 如图4-6所示，$f(x_1)$，$f(x_3)$均是$f(x)$的极大值；$f(x_2)$，$f(x_4)$均是$f(x)$的极小值.

(2) 函数的极值是局域性的概念，是就点x_0附近的一个局部范围来说的，而就整个区间而言，一个局部的极大值可能比另一个局部的极小值要小，图4-5中的极大值$f(x_1)$就比极小值$f(x_4)$还小.

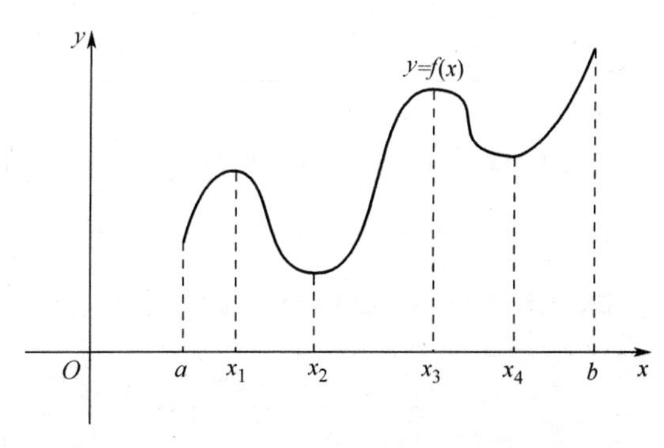

图4-6

从图4-6还可以看出，可导函数在取得极值处的切线是水平的，即在极值点x_0处，必有$f'(x_0)=0$，于是不加证明地给出下面的定理.

定理4(极值存在的必要条件)　设函数$f(x)$在点x_0处可导，且在点x_0取得极值，那么，$f'(x_0)=0$.

证明从略.

前面已经介绍过使$f'(x_0)=0$的点x_0叫作函数$f(x)$的**驻点**. 定理4则表明：可导函数$f(x)$的极值点必是$f(x)$的驻点. 反过来，驻点却不一定是$f(x)$的极值点. 例如，$x=0$是函数$f(x)=x^3$的驻点，但却不是其极值点.

对于一个连续函数，它的极值点还可能是使导数不存在的点，这种点被称为**尖点**. 例如，$f(x)=|x|$，虽然$f'(0)$不存在，但$x=0$是它的极小值点.

总之，连续函数$f(x)$的可能极值点只能是其驻点或尖点，为了判断可能的极值点是否为极值点，有如下定理.

定理5(极值存在的第一充分条件)　设函数$f(x)$在点x_0处连续，在点x_0的某一去心邻域$N(\hat{x}_0,\delta)$内可导. 当x由小增大经过x_0时，如果

(1) $f'(x)$的符号由正变负，那么x_0是极大值点；

(2) $f'(x)$的符号由负变正，那么x_0是极小值点；

(3) $f'(x)$不变号，那么x_0不是极值点.

证　(1) 由假设知，当$x<x_0$时，$f'(x)>0$，因此函数$f(x)$在点x_0的左侧附近单调增加；当$x>x_0$时，$f'(x)<0$，因此函数$f(x)$在点x_0的右侧附近单调减少. 即当$x<x_0$时，$f(x)\leqslant f(x_0)$；当$x>x_0$时，$f(x)\leqslant f(x_0)$，因此点x_0是$f(x)$的极大值点，$f(x_0)$是$f(x)$的极大值.

类似可以证明(2).

(3) 由假设，当x $(x\neq x_0)$在点x_0的某个邻域内取值时，$f'(x)>0$(或$f'(x)<0$)，所以$f(x)$在这个邻域内是单调增加(减少)的，因此x_0不是极值点. 证毕.

例1　求函数$f(x)=x^3-6x^2+9x$的极值.

解　因为$f(x)=x^3-6x^2+9x$的定义域为$(-\infty,+\infty)$，且

$$f'(x)=3x^2-12x+9=3(x-1)(x-3)$$

令$f'(x)=0$，得驻点$x_1=1$，$x_2=3$，则驻点将定义域划分为三个区间$(-\infty,1)$，$(1,3)$和$(3,+\infty)$. $f'(x)$在各区间的符号列表如下：

	$(-\infty,1)$	1	$(1,3)$	3	$(3,+\infty)$
$f'(x)$	+		−		+
$f(x)$	↗	极大值	↘	极小值	↗

故由定理5知，$f(1)=4$为函数$f(x)$的极大值；$f(3)=0$为函数$f(x)$的极小值.

例2　求函数$f(x)=2-(x-9)^{\frac{2}{3}}$的极值.

解　函数$f(x)=2-(x-9)^{\frac{2}{3}}$的定义域为$(-\infty,+\infty)$，且在$(-\infty,+\infty)$上连续，由于

$$f'(x)=-\frac{2}{3}(x-9)^{-\frac{1}{3}}=\frac{-2}{3(x-9)^{\frac{1}{3}}}\quad(x\neq 9)$$

所以当$x=9$时，$f'(x)$不存在，即$x=9$是函数$f(x)$的可能极值点. 用$x=9$将定义域为$(-\infty,+\infty)$划分为两个区间$(-\infty,9)$和$(9,+\infty)$. $f'(x)$在各区间的符号列表如下：

	$(-\infty,9)$	9	$(9,+\infty)$
$f'(x)$	+		−
$f(x)$	↗	极大值	↘

故由定理5知，$f(9)=2$为函数$f(x)$的极大值.

定理6(极值存在的第二充分条件) 设函数$f(x)$在点x_0处具有二阶导数，且$f'(x_0)=0$，$f''(x_0)\neq 0$，如果

(1) $f''(x_0)<0$，则$f(x)$在点x_0取得极大值；

(2) $f''(x_0)>0$，则$f(x)$在点x_0取得极小值；

(3) $f''(x_0)=0$，则用此方法不能判定.

证 (1) 因为$f''(x_0)=\lim\limits_{x\to x_0}\dfrac{f'(x)-f'(x_0)}{x-x_0}=\lim\limits_{x\to x_0}\dfrac{f'(x)}{x-x_0}<0$，根据极限的保号性，在点$x_0$的某邻域内有$\dfrac{f'(x)}{x-x_0}<0$. 因此，当$x<x_0$时，有$f'(x)>0$成立；当$x>x_0$时，有$f'(x)<0$成立. 所以当$x$由小变大经过$x_0$时，$f'(x)$由正变负，由定理5知$f(x)$在点$x_0$取极大值.

类似地可证明(2). 证毕.

例3 求函数$f(x)=(x-3)^2(x-2)$的极值.

解 此函数的定义域为$(-\infty,+\infty)$，且

$$f'(x)=(x-3)(3x-7),\ f''(x)=6x-16=2(3x-8)$$

令$f'(x)=0$，得驻点$x_1=\dfrac{7}{3}$，$x_2=3$；又因为$f''\left(\dfrac{7}{3}\right)=-2<0$，$f''(3)=2>0$，因此，由定理6知，$f\left(\dfrac{7}{3}\right)=\dfrac{4}{27}$为极大值，$f(3)=0$为极小值.

4.2.2 函数的最值

在工农业生产及实际生活中，经常会遇到如何才能使"用料最省""产值最高""性能最好""耗时最少"等问题，在许多情况下这类问题可归结为数学中求一个函数的最大值、最小值的问题.

在第1章中已经知道：闭区间$[a,b]$上的连续函数$f(x)$一定存在着最大值和最小值. 显然，函数在闭区间$[a,b]$上的最大值和最小值只能在区间(a,b)内的极值点和区间端点处取得. 因此，可直接求出函数的一切可能的极值点(包括驻点和尖点)处的函数值和端点处的函数值$f(a)$和$f(b)$，然后再比较这些函数值的大小，即可得出函数的最大值和最小值.

例4 求函数$f(x)=x^3-3x$在$[0,2]$上的最大值和最小值.

解 因为$f(x)=x^3-3x$在闭区间$[0,2]$上连续，所以函数在该区间上存在着最大值和最小值.

又因为$f'(x)=3x^2-3=3(x^2-1)$，令$f'(x)=0$，得驻点$x_1=-1$($-1\notin[0,2]$，故略去)，$x_2=1$，由于

$$f(1)=-2,\ f(0)=0,\ f(2)=2$$

比较各函数值可得函数$f(x)$的最大值为$f(2)=2$，最小值为$f(1)=-2$.

对于实际问题，往往根据问题的性质就可判定函数 $f(x)$ 在定义区间的内部确有最大值或最小值．理论上可以证明：若由实际问题可以断定 $f(x)$ 在其定义区间内部（不是端点处）存在着最大值（或最小值），且 $f'(x)=0$ 在定义区间内只的一个根 x_0（即 $f(x)$ 在定义区间内部有唯一驻点），那么，可断定 $f(x)$ 在点 x_0 取得相应的最大值（或最小值）.

例 5　如图 4-7 所示，有一块宽为 $2a$ 的长方形铁皮，将宽的两个边缘向上折起，做成一个开口水槽，其横截面为矩形，求高为多少时水槽的流量最大？

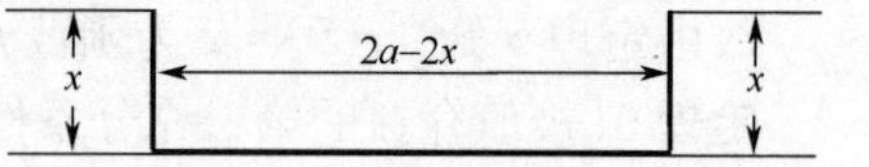

图 4-7

解　设两边各折起 x，则横截面积为

$$S(x)=x(2a-2x)=2ax-2x^2 \quad (0<x<a)$$

这样，问题归结为：当 x 为何值时，$S(x)$ 取最大值.

由于 $S'(x)=2a-4x$，所以，令 $S'(x)=0$，得 $S(x)$ 的唯一驻点 $x=\dfrac{a}{2}$.

又因为铁皮两边折的过大或过小，其横截面积都会变小，因此，该实际问题存在着最大横截面积. 所以，$S(x)$ 的最大值在 $x=\dfrac{a}{2}$ 处取得，即当 $x=\dfrac{a}{2}$ 时，水槽的流量最大.

例 6　如图 4-8 所示，设工厂 C 到长为 100km 的铁路线 AB 的垂直距离为 20km，垂足为 A，今要在 AB 线上选定一点 D，在 CD 之间修筑一条公路，已知铁路与公路每 km 货运费之比为 3∶5. 问点 D 选在何处，才能使从 B 到 C 的运费最省？

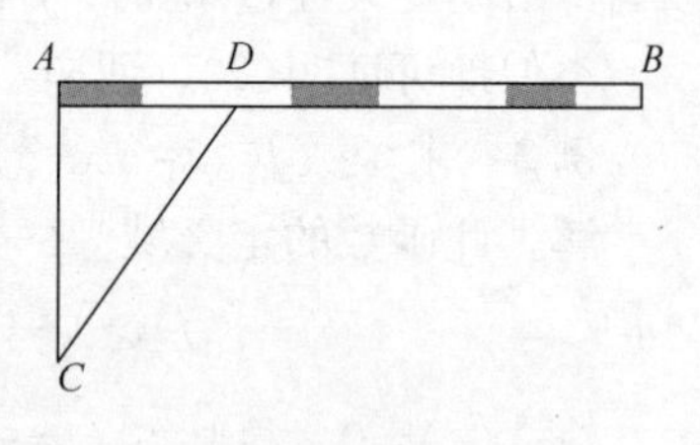

图 4-8

解　设 $AD=x(\text{km})$，则 $DB=100-x$，

$$CD=\sqrt{20^2+x^2}=\sqrt{400+x^2}$$

由于铁路每公里货物运费与公路每公里运费之比为 3∶5，因此，不妨设铁路上每公里运费为 $3k$，则公路上每公里运费为 $5k$，并设从点 B 到点 C 需要的总运费为 y，则

$$y=5k\sqrt{400+x^2}+3k(100-x) \quad (0\leqslant x\leqslant 100)$$

由此可见，x 过大或过小，总运费 y 均不会变小，故有一个合适的 x 使总运费 y 达到最小值. 又因为

$$y'=k\left(\frac{5x}{\sqrt{400+x^2}}-3\right)$$

令 $y'=0$，即 $\dfrac{5x}{\sqrt{400+x^2}}-3=0$，得 $x=15$ 为函数 y 在其定义域内的唯一驻点，故知 y 在 $x=15$ 处取得最小值，即点 D 应选在距 A 点 15km 处，运费最少.

例 7　已知某商品的成本函数为 $C(Q)=1000+\dfrac{Q^2}{10}$，求当 $Q=120$ 时的总成本、平均成本及边际成本；当产量 Q 为多少时平均成本最小，并求出最小平均成本.

解　总成本为

$$C(Q)=1000+\frac{Q^2}{10},\ C(120)=2440$$

平均成本为

$$\overline{C}(Q)=\frac{C(Q)}{Q}=\frac{1000}{Q}+\frac{Q}{10},\ \overline{C}(120)=20.33$$

边际成本为

$$C'(Q)=\frac{Q}{5},\ C'(120)=24$$

边际平均成本为

$$\overline{C}'(Q)=-\frac{1000}{Q^2}+\frac{1}{10}$$

令 $\overline{C}'(Q)=0$，得 $Q=100$，且 $\overline{C}''(Q)=\dfrac{2000}{Q^3}$，$\overline{C}''(100)>0$，故当 $Q=100$ 时平均成本最小，且最小平均成本为 $\overline{C}(100)=20$.

习题　4.2

一、填空题

1. 当 $x=4$ 时，$y=x^2+px+q$ 取得极值，则 $p=$________.
2. 函数 $y=-2x^2+ax+3$ 在点 $x=1$ 处取得极值，则 $a=$________.
3. 函数 $y=f(x)$ 的可能极值点有________点和________点.
4. 若函数 $f(x)$ 在 $[a,b]$ 内恒有 $f'(x)<0$，则 $f(x)$ 在 $[a,b]$ 内的最小值为________.
5. 已知 $f(x)=x^3+ax^2+bx$ 在点 $x=1$ 处取得极小值 0，则 $a=$________，$b=$________.
6. 函数 $y=\ln(1+x^2)$ 在区间 $[-1,2]$ 上的最大值是________，最小值是________.

二、判断题

1. 函数 $y=x+\sin x$ 在 $(-\infty,+\infty)$ 内无极值.　(　　)
2. 若可导函数在区间 (a,b) 内有唯一驻点，则该点必是极值点.　(　　)
3. 若点 x_0 是 $f(x)$ 的极值点，则一定有 $f'(x_0)=0$.　(　　)
4. 在区间 $[a,b]$ 上的单调函数，必在两个端点处取得最大值和最小值.　(　　)

三、选择题

1. 函数 $f(x)=\mathrm{e}^{x^3}$ 在 $[0,1]$ 上的最小值是(　　).

A. 0；　　B. 1；　　C. e；　　D. $\dfrac{1}{\mathrm{e}}$.

2. 函数 $f(x)=2x-\sin x$ 在区间 $[0,1]$ 上的最大值是(　　).

A. 0；　　B. 2；　　C. $\dfrac{\pi}{2}$；　　D. $2-\sin 1$.

3. 设函数 $y=f(x)$ 在点 x_0 处存在一、二阶导数，且 $f'(x_0)=0$，$f''(x_0)>0$，则 $f(x)$ 在点 x_0 处取(　　).

A. 极大值；　　B. 极小值；　　C. 最大值；　　D. 最小值.

4. 下列结论正确的是(　　).

A. 若点 x_0 是 $f(x)$ 的极值点且 $f'(x_0)$ 存在，则必有 $f'(x_0)=0$；

B. 若点 x_0 是 $f(x)$ 的极值点，则点 x_0 必是 $f(x)$ 的驻点；

C. 若$f'(x_0)=0$，则点x_0必是$f(x)$的极值点；

D. 函数$f(x)$在(a,b)内的极大值必大于极小值.

5. 若函数$f(x)$在点x_0处取得极值，则必有(　　).

A. $f'(x_0)=0$；　　B. $f''(x_0)\neq0$；

C. $f'(x_0)=0$且$f''(x_0)\neq0$；　　D. $f'(x_0)=0$或$f'(x_0)$不存在.

四、解答题

1. 求$f(x)=x^3-3x^2$在闭区间$[-2,2]$上的极大值与极小值、最大值和最小值.

2. 设函数$y=\frac{1}{3}x^3-\frac{5}{2}x^2+6x$，求函数的单调区间和极值.

3. 求函数$y=e^{(x-1)^2}$在$[0,1]$的最大值(提示:考虑函数的单调性).

4. 设工厂生产某种产品，每批生产Q单位产品的费用为$C(Q)=200+4Q$，得到的收益为$R(Q)=10Q-\frac{Q^2}{100}$，问每批生产多少单位产品时才能使利润最大，最大利润是多少?

5. 设某商品的需求函数为：$Q=8000-8p$，求收入最大时商品的需求量和商品的价格?

4.3 曲线的凹向与拐点

前面讨论了函数的单调性和极值，可以粗略地作出函数的图形. 但仅仅知道一条曲线的升降，是不能完全反映出它的形状特征的. 为了准确地描绘函数的图形，还应知道它的弯曲方向以及不同弯曲方向之间的分界点. 本节将专门研究曲线的凹向与拐点，然后，再介绍曲线的渐近线，最后介绍描绘函数图形的一般步骤.

4.3.1 曲线的凹向与其判别法

如图4-9a，b所示，函数$y=f(x)$和$y=g(x)$在$[a,b]$上都是单调递增的. 但曲线$y=f(x)$是向上凹的，曲线$y=g(x)$是向下凹的. 显然，随着x的变大，单增且向上凹曲线$y=f(x)$的增速越来越快；单增且向下凹曲线$y=g(x)$的增速越来越慢.

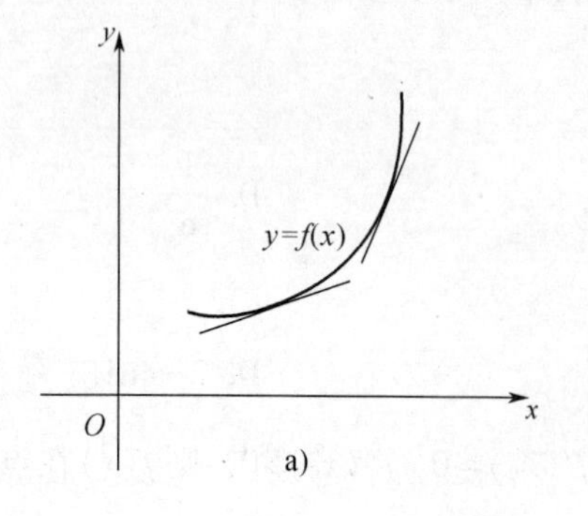

a)

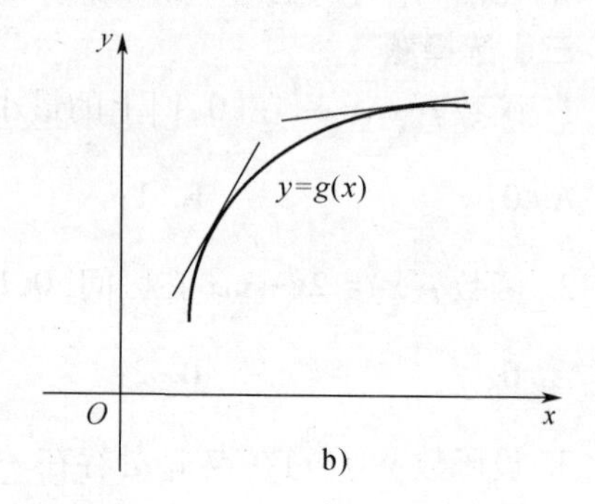

b)

图4-9

为了更确切地研究函数曲线的凹向，引入下面的定义.

定义2　若在区间(a,b)内曲线弧总位于其上任意一点处切线的上方，则称该曲线弧在(a,b)内是向上凹的(简称上凹,也称凹的)，用符号“∪”表示；若曲线弧总位于其上任一点处切线的下方，则称该曲线弧在(a,b)内是向下凹的(简称下凹,也称凸的)，用符号“∩”表示.

下面不加证明地给出利用函数的二阶导数判定曲线凹向的定理.

定理7　设函数$y=f(x)$在开区间(a,b)内具有二阶导数. 若

(1) 在(a,b)内$f''(x)>0$，则曲线$y=f(x)$在(a,b)内是向上凹的(或凹的)；

(2) 在(a,b)内$f''(x)<0$，则曲线$y=f(x)$在(a,b)内是向下凹的(或凸的).

若把定理7中的区间改为无穷区间，结论依然成立.

例1　判别曲线$y=\ln x$的凹向.

解　函数$y=\ln x$的定义域为$(0,+\infty)$，且

$$y'=\frac{1}{x},\ y''=-\frac{1}{x^2}$$

当$x>0$时，有$y''<0$，故曲线$y=\ln x$在$(0,+\infty)$内是向下凹的(或凸的).

4.3.2　曲线拐点及其求法

定义3　连续曲线$y=f(x)$凹与凸的分界点，称为曲线的**拐点**.

由于拐点是曲线凹向的分界点，所以拐点左右两侧近旁$f''(x)$必然异号，因此，曲线拐点的横坐标x_0，只可能是使$f''(x)=0$的点或使$f''(x)$不存在的点. 从而可得拐点的求法：设$y=f(x)$在(a,b)内连续，先求出$f''(x)$，找出在(a,b)内使$f''(x)=0$的点和使$f''(x)$不存在的点；用上述各点按照从小到大依次将(a,b)分成小区间，再在每个小区间上考察$f''(x)$的符号，若$f''(x)$在某点x_i两侧近旁异号，则$(x_i,f(x_i))$是曲线$y=f(x)$的拐点，否则不是.

例2　求曲线$y=x^4-2x^3$的凹向及拐点.

解　因为$y=x^4-2x^3$的定义域为$(-\infty,+\infty)$，且

$$y'=4x^3-6x^2,\ y''=12x^2-12x=12x(x-1)$$

令$y''=0$，得$x=0$，$x=1$. 用$x=0$，$x=1$将$(-\infty,+\infty)$分成三个小区间$(-\infty,0)$，$(0,1)$和$(1,+\infty)$. 列表讨论如下：

	$(-\infty,0)$	0	$(0,1)$	1	$(1,+\infty)$
y''	+		−		+
y	∪	拐点	∩	拐点	∪

根据定理7可知，在区间$(-\infty,0)$内，$y''>0$，曲线是凹的；在区间$(0,1)$内时，$y''<0$，曲线是凸的；在区间$(1,+\infty)$内，$y''>0$，曲线是凹的；点$(0,0)$和点$(2,0)$为曲线$y=x^4-2x^3$的拐点.

4.3.3　曲线的渐近线

定义4　若曲线C上的动点P沿着曲线趋向无穷远时，点P与直线L之间的距离趋于0，则称直线L为曲线C的渐近线.

并不是任何曲线都有渐近线. 下面分三种情况予以讨论.

1. 水平渐近线

当 $x\to\infty$ 时，$\frac{1}{x}\to 0$，则曲线 $y=\frac{1}{x}$ 以 x 轴(即 $y=0$)为水平渐近线，如图 1-9 所示. 一般地，有如下定义.

定义 5　设函数 $y=f(x)$，若 $\lim\limits_{x\to\infty}f(x)=C$ (C 为常数)，则称直线 $y=C$ 为曲线 $y=f(x)$ 的**水平渐近线**.

注意：定义 5 中的 $x\to\infty$ 有时仅当 $x\to+\infty$ 或 $x\to-\infty$ 时极限存在.

例如，因为 $\lim\limits_{x\to\infty}\left(1+\frac{1}{x^2}\right)=1$，所以 $y=1$ 为曲线 $y=1+\frac{1}{x^2}$ 的水平渐近线；因为 $\lim\limits_{x\to-\infty}2^x=0$，所以 $y=0$ 为曲线 $y=2^x$ 的水平渐近线；因为 $\lim\limits_{x\to+\infty}\arctan x=\frac{\pi}{2}$，所以 $y=\frac{\pi}{2}$ 为曲线 $y=\arctan x$ 的水平渐近线；因为 $\lim\limits_{x\to\infty}\frac{x^2-2x+5}{3x^2-x+1}=\frac{1}{3}$，所以 $y=\frac{1}{3}$ 为曲线 $y=\frac{x^2-2x+5}{3x^2-x+1}$ 的水平渐近线.

2. 铅直渐近线

当 $x\to 0$ 时，双曲线 $y=\frac{1}{x}\to\infty$ (y 轴)为曲线 $y=\frac{1}{x}$ 的铅直渐近线，如图 4-10 所示. 一般地，有如下定义.

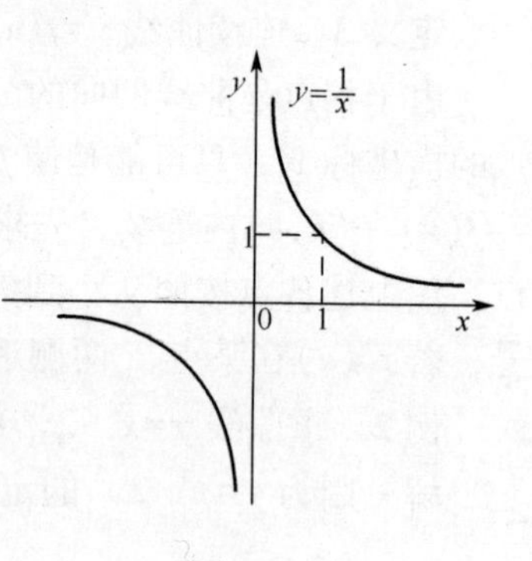

图 4-10

定义 6　设函数 $y=f(x)$，若 $\lim\limits_{x\to a}f(x)=\infty$ (a 为常数)，则称直线 $x=a$ 为曲线 $y=f(x)$ 的**铅直渐近线**.

定义 6 中的 $x\to a$ 有时仅当 $x\to a^-$ 或 $x\to a^+$ 时极限存在.

例如，因为 $\lim\limits_{x\to 0}\left(1+\frac{1}{x^2}\right)=+\infty$，所以 $x=0$(y 轴)为曲线 $y=1+\frac{1}{x^2}$ 的铅直渐近线；因为 $\lim\limits_{x\to\frac{\pi}{2}}\tan x=+\infty$，$\lim\limits_{x\to-\frac{\pi}{2}}\tan x=-\infty$，所以 $x=\pm\frac{\pi}{2}$ 就是函数 $y=\tan x$ 的铅直渐近线；因为 $y=\frac{x^3}{x^2+2x-3}=\frac{x^3}{(x+3)(x-1)}$，所以当 $x\to-3$ 和 $x\to 1$ 时，皆有 $y\to\infty$. 所以曲线 $y=\frac{x^3}{x^2+2x-3}$ 有两条铅直渐近线 $x=-3$ 和 $x=1$.

显然，若曲线 $y=f(x)$ 有铅直渐近线 $x=a$，则 $x=a$ 为函数 $y=f(x)$ 为无穷间断点，反之亦然.

3. 斜渐近线

如果直线 $y=kx+b$ (k,b 为常数,且 $k\neq 0$)是曲线 $y=f(x)$ 的斜渐近线，则应有

$$\lim_{x\to\infty}[f(x)-(kx+b)]=0 \tag{1}$$

若要由曲线 $y=f(x)$ 求斜渐近线，需要由上式确定两个参数 k 和 b. 现将上式除以 x，得

$$\lim_{x\to\infty}\left[\frac{f(x)}{x}-k-\frac{b}{x}\right]=0 \tag{2}$$

即

$$\lim_{x\to\infty}\frac{f(x)}{x}=k\ (k\neq 0) \tag{3}$$

这是斜率 k 的计算公式，再求常数 b. 由式(1)得

$$\lim_{x\to\infty}[f(x)-kx]=b \tag{4}$$

如果式(3)、式(4)极限存在，则算出后即得曲线 $y=f(x)$ 的斜渐近线方程为 $y=kx+b$. 于是有如下定理.

定理 8　若 $f(x)$ 满足

(1) $\lim\limits_{x\to\infty}\dfrac{f(x)}{x}=k$;

(2) $\lim\limits_{x\to\infty}[f(x)-kx]=b$,

则曲线 $y=f(x)$ 有斜渐近线 $y=kx+b$.

证略.

例 3　求曲线 $y=\dfrac{x^3}{x^2+2x-3}$ 的斜渐近线.

解　因为 $k=\lim\limits_{x\to\infty}\dfrac{f(x)}{x}=\lim\limits_{x\to\infty}\dfrac{x^3}{x(x^2+2x-3)}=1$

$$b=\lim_{x\to\infty}[f(x)-kx]=\lim_{x\to\infty}\left(\frac{x^3}{x^2+2x-3}-x\right)=\lim_{x\to\infty}\frac{-2x^2+3x}{x^2+2x-3}=-2$$

故得曲线的斜渐近线方程为 $y=x-2$.

4.3.4　作函数图形的一般步骤

在工程实践中经常用图形表示函数，画出了函数的图形，就能使人们直接看到函数的某些变化规律，无论是对于定性的分析还是定量的计算都大有益处.

中学里学过的描点作图法，对于简单的平面曲线(如直线、抛物线等)比较适用，但对于一般的平面曲线就不适用了，因为这种方法既不能保证所取的点是曲线上的关键点(最高点或最低点)，又无法通过取点判断曲线的增减性与凹凸性. 为了更准确、更全面地描绘平面曲线，必须确定反映曲线主要特征的点与线. 一般需考虑如下几个方面：

(1) 确定函数的定义域及值域；

(2) 考虑函数的周期性、奇偶性及有界性；

(3) 求使 $f'(x)=0$ 或不存在的点，以及使 $f''(x)=0$ 或不存在的点，确定函数的单增区间、单减区间、极值点、凹凸区间及拐点；

(4) 考察有无渐近线；

(5) 确定一些点的坐标，特别是一些特殊的点(如与坐标轴的交点、极值点、拐点等)，并用光滑的曲线连接这些点，便可做出函数的图形.

最后，根据上面几方面的讨论画出函数的图形.

例 4　描绘函数 $y=\dfrac{e^x}{1+x}$ 的图形.

解　函数 $y=f(x)=\dfrac{e^x}{1+x}$ 的定义域为 $x\neq-1$ 的全体实数，且当 $x<-1$ 时，有 $f(x)<0$，即图像在 x 轴的下方；当 $x>-1$ 时，有 $f(x)>0$，即图形在 x 轴的上方.

由于 $\lim\limits_{x\to-1}f(x)=\infty$，所以 $x=-1$ 为曲线 $y=f(x)$ 的铅直渐近线. 又因为 $\lim\limits_{x\to-\infty}\dfrac{e^x}{1+x}=0$，所以 y

$=0$ 为该曲线的水平渐近线.

因为 $y'=\frac{xe^{x}}{(1+x)^{2}}$，$y''=\frac{e^{x}(x^{2}+1)}{(1+x)^{3}}$，令 $y'=0$，得 $x=0$. 又当 $x=-1$ 时，y' 和 y'' 均不存在，用 $x=0$ 和 $x=-1$ 将定义区间分开，并列表讨论如下：

x	$(-\infty,-1)$	$(-1,0)$	0	$(0,+\infty)$
y'	$-$	$-$		$+$
y''	$-$	$+$		$+$
y	↘∩	↘∪	有极小值 1	↗∪

根据如上讨论，画出图形，如图 4-11 所示.

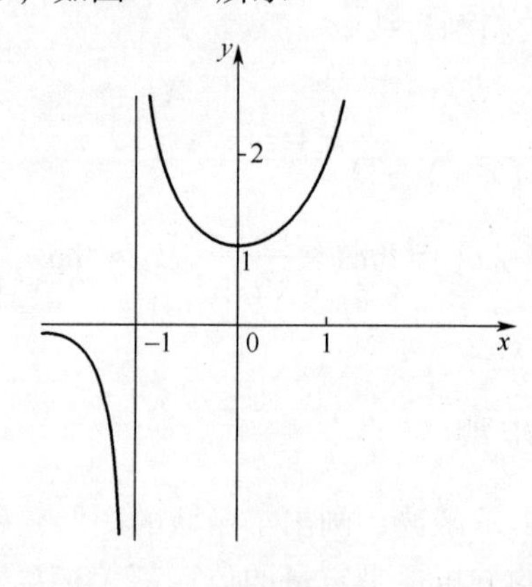

图 4-11

习题　4.3

一、填空题

1. 曲线 $y=2x^{3}+6x^{2}+6$ 的拐点为________.

2. 已知曲线 $y=x^{3}+ax^{2}-9x+4$ 在 $x=1$ 处有拐点，则 $a=$________；拐点是________；在区间________曲线是凹的，在区间________上曲线是凸的.

3. 若点 $(1,2)$ 是曲线 $y=ax^{3}+bx^{2}+1$ 的拐点，则 $a=$________，$b=$________.

4. 曲线 $y=\frac{1}{x^{2}-1}$ 的铅直渐近线为________.

5. 曲线 $y=\frac{2x}{x^{2}+1}-3$ 的水平渐近线为________.

6. 曲线 $y=\frac{x^{3}+2x+1}{3x^{3}-2x+5}$ 的水平渐近线为________.

7. 曲线 $y=e^{\frac{1}{x-2}}$ 的铅直渐近线是________，水平渐近线是________.

二、选择题

1. 若函数 $y=f(x)$ 在 $[a,b]$ 上连续，在 (a,b) 上二阶可导，且 $f'(x)>0$，$f''(x)<0$，则函数 $y=f(x)$ 在 $[a,b]$ 内(　　).

A. 单调增加且凹；　　　　B. 单调增加且凸；

C. 单调减少且凹； D. 单调减少且凸.

2. 对二阶可导函数 $f(x)$，$f''(x_0)=0$ 是曲线 $y=f(x)$ 在点 x_0 处有拐点的(　　).

A. 充分条件； B. 必要条件； C. 充要条件； D. 无关条件.

3. 设函数 $f(x)$ 在 (a,b) 内连续，$x_0\in(a,b)$，$f'(x_0)=f''(x_0)=0$，则 $f(x)$ 在点 x_0 处(　　).

A. 取得极大值； B. 取得极小值；

C. 一定有拐点 $(x_0,f(x_0))$； D. 可能取得极值，也可能有拐点.

4. 在区间 I 上 $f''(x)>0$，则曲线 $f(x)$ 在区间 I 上(　　).

A. 凹的； B. 凸的； C. 单调增加； D. 单调减少.

5. 曲线 $y=\dfrac{x-1}{x^2-1}$(　　).

A. 有水平渐近线，无铅直渐近线； B. 无水平渐近线，有铅直渐近线；

C. 无水平渐近线，无铅直渐近线； D. 有水平渐近线，有铅直渐近线.

三、解答题

1. 求曲线 $y=\dfrac{1}{3}x^3-2x^2+x$ 的凹向区间与拐点.

2. 求曲线 $y=\dfrac{x+3}{(x+1)(x+2)}$ 的渐近线.

3. 做出下列函数的图形 .

(1) $y=3x-x^3$； (2) $y=(x-1)^2(x+2)$； (3) $y=xe^{-x}$.

4.4 洛必达法则

在求函数极限时，经常会遇到在自变量的同一变化过程中，$\lim f(x)=0$(或∞)，$\lim g(x)=0$(或∞)，而 $\lim\dfrac{f(x)}{g(x)}$ 可能存在，也可能不存在的情况. 例如，$\lim\limits_{x\to0}\dfrac{\sin x}{x}=1$，而 $\lim\limits_{x\to0}\dfrac{\sin x}{x^2}=\infty$，$\lim\limits_{x\to\infty}\dfrac{\ln x}{x}=0$ 等. 通常把两个无穷小或两个无穷大之比的极限称为“未定式”极限，简记为“$\dfrac{0}{0}$”或“$\dfrac{\infty}{\infty}$”型未定式. 本节将利用洛必达法则来解决这类极限问题.

洛必达法则就是以导数为工具求不定式的极限方法.

定理9(洛必达法则) 若

(1) $\lim\limits_{x\to x_0}f(x)=0$，$\lim\limits_{x\to x_0}g(x)=0$；

(2) $f(x)$ 与 $g(x)$ 在点 x_0 的某邻域内(点 x_0 可除外)可导，且 $g'(x)\neq0$；

(3) $\lim\limits_{x\to x_0}\dfrac{f'(x)}{g'(x)}=A$ (A 为常数或∞ ,也可为$+\infty$,$-\infty$)，则

$$\lim_{x\to x_0}\frac{f(x)}{g(x)}=\lim_{x\to x_0}\frac{f'(x)}{g'(x)}=A$$

证略.

注意：上述定理对 $x\to\infty$ 时的“$\frac{0}{0}$”型未定式同样适用，对于 $x\to x_0$ 或 $x\to\infty$ 时的“$\frac{\infty}{\infty}$”型未定式，也有相应的法则.

例 1　求 $\lim\limits_{x\to1}\dfrac{x^{5'}-1}{2x^5-x-1}$.

解　$\lim\limits_{x\to1}\dfrac{x^5-1}{2x^5-x-1}=\lim\limits_{x\to1}\dfrac{(x^5-1)'}{(2x^5-x-1)'}=\lim\limits_{x\to1}\dfrac{5x^4}{10x^4-1}=\dfrac{5}{9}$

例 2　求 $\lim\limits_{x\to\pi}\dfrac{1+\cos x}{\tan x}$.

解　$\lim\limits_{x\to\pi}\dfrac{1+\cos x}{\tan x}=\lim\limits_{x\to\pi}\dfrac{-\sin x}{\dfrac{1}{\cos^2 x}}=0$

例 3　求 $\lim\limits_{x\to-\infty}\dfrac{\dfrac{\pi}{2}+\arctan x}{\dfrac{1}{x}}$.

解　$\lim\limits_{x\to-\infty}\dfrac{\dfrac{\pi}{2}+\arctan x}{\dfrac{1}{x}}=\lim\limits_{x\to-\infty}\dfrac{\dfrac{1}{1+x^2}}{-\dfrac{1}{x^2}}=\lim\limits_{x\to-\infty}\dfrac{-x^2}{1+x^2}=-1$

例 4　求 $\lim\limits_{x\to+\infty}\dfrac{\ln x}{x^n}(n>0)$.

解　$\lim\limits_{x\to+\infty}\dfrac{\ln x}{x^n}=\lim\limits_{x\to+\infty}\dfrac{\dfrac{1}{x}}{nx^{n-1}}=\lim\limits_{x\to+\infty}\dfrac{1}{nx^n}=0$

除“$\frac{0}{0}$”型与“$\frac{\infty}{\infty}$”型未定型外，还有“$0\cdot\infty$”型、“$\infty-\infty$”型、“0^0”型、“1^∞”型、“∞^0”型等未定型，这里不再一一介绍，有兴趣的读者可参阅相应的书籍，下面就“$\infty-\infty$”型未定式再举一个例子.

例 5　求 $\lim\limits_{x\to1}\left(\dfrac{x}{x-1}-\dfrac{1}{\ln x}\right)$.

解　这是“$\infty-\infty$”型未定型，通过“通分”将其化为“$\frac{0}{0}$”型未定型.

$$\lim_{x\to1}\left(\frac{x}{x-1}-\frac{1}{\ln x}\right)=\lim_{x\to1}\frac{x\ln x-x+1}{\ln x(x-1)}=\lim_{x\to1}\frac{\ln x}{1-\dfrac{1}{x}+\ln x}=\lim_{x\to1}\frac{\dfrac{1}{x}}{\dfrac{1}{x^2}+\dfrac{1}{x}}=\frac{1}{2}$$

在使用洛必达法则时，应注意如下几点：

(1) 每次使用洛必达法则前，必须确认是否属于“$\frac{0}{0}$”型或“$\frac{\infty}{\infty\infty}$”型未定式，若不是未定式，就不能使用该法则；

(2) 如果有可约因子，或有非零极限值的乘积因子，则可先将其约去或提出，以简化演算步骤；

(3) 当$\lim\frac{f'(x)}{g'(x)}$不存在(不包括∞的情形)时，并不能断定$\lim\frac{f(x)}{g(x)}$也不存在，此时应使用其他方法求极限；

(4) 定理可重复使用.

例6　证明$\lim\limits_{x\to\infty}\frac{x+\sin x}{x}$存在，但不能用洛必达法则求解.

解　因为$\lim\limits_{x\to\infty}\frac{x+\sin x}{x}=\lim\limits_{x\to\infty}(1+\frac{\sin x}{x})=1+0=1$，所以，所给极限存在.

而$\lim\limits_{x\to\infty}\frac{(x+\sin x)'}{(x)'}=\lim\limits_{x\to\infty}\frac{1+\cos x}{1}=\lim\limits_{x\to\infty}(1+\cos x)$不存在，所以，所给极限不能用洛必达法则求出.

习题　4.4

一、填空题

1. $\lim\limits_{x\to 0}\frac{1-\cos x^2}{x^2}=$________；　2. $\lim\limits_{x\to+\infty}\frac{\ln^2 x}{x}=$________；

3. $\lim\limits_{x\to 0}\frac{\sin x-x}{x^2}=$________；　4. $\lim\limits_{x\to 0}(\frac{1}{\sin x}-\frac{1}{x})=$________；

5. $\lim\limits_{x\to+\infty}\frac{x^2+1}{x\ln x}=$________；　6. $\lim\limits_{x\to 0}\frac{x}{e^x-e^{-x}}=$________.

二、用洛必达法则求下列极限

1. $\lim\limits_{x\to 4}\frac{x^2-16}{x-4}$；　2. $\lim\limits_{x\to 0}\frac{x-x\cos x}{x-\sin x}$；

3. $\lim\limits_{x\to 0}\frac{(1+x)^8-1}{x}$；　4. $\lim\limits_{x\to 0}\frac{\sqrt[3]{1+x}-1}{x}$.

本 章 小 结

一、基本知识

1. 基本概念

极值点、驻点、尖点、极值、最值、上凹（凹）、下凹（凸）、拐点、渐近线、水平渐近线、铅直渐近线、斜渐近线、未定式.

2. 基本方法

函数单调性的判定，单调区间的求法，可能极值点的求法，极大值(或极小值)的求法，连续函数在闭区间上的最大值及最小值的求法，求实际问题的最大(或最小)值的方法，曲线的凹向与拐点的求法，曲线的渐近线的求法，一元函数图形的描绘方法，用洛必达法则求未定式极限的方法.

3. 基本定理

罗尔中值定理，拉格朗日中值定理，函数单调性的判定定理，极值存在的必要条件. 极值存在的第一充分条件，极值存在的第二充分条件，曲线凹向和曲线拐点的判别法则，洛必达法则.

二、要点解析

问题 1　如何根据曲线的几何形状及导数的几何意义判别曲线的凹向？

解析　掌握曲线的凹向判别准则的关键是掌握二阶导数 $f''(x)$ 的符号与曲线凹向的具体联系. 为此，可先在纸上画一条有确定凹向的曲线弧，比如向下凹曲线弧，如图 4-12 所示，然后，在其上作两条切线. 当 x 逐渐增大时，观察其上各点切线斜率 $f'(x)$ 的变化规律，不难发现，当 $x_1<x_2$ 时，有

$$f'(x_1)=\tan\alpha_1>\tan\alpha_2=f'(x_2)$$

即一阶导数 $f'(x)$ 单调减少，所以 $\frac{\mathrm{d}f'(x)}{\mathrm{d}x}<0$，即 $f''(x)<0$. 这就是说，若曲线弧线是下凹曲线弧，则有 $f''(x)<0$. 按上述方法，就不会弄错 $f''(x)$ 的符号与曲线凹向的对应关系.

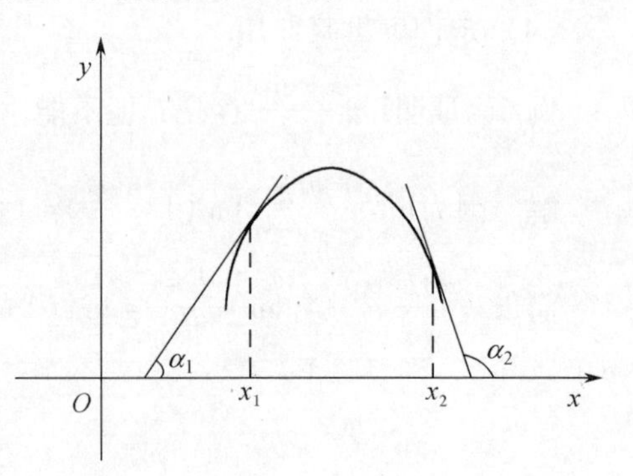

图 4-12

问题 2　在函数单调性判别定理中，定理的假设条件除了要求 $f'(x)$ 在开区间 (a,b) 内有确定符号(大于零或小于零)外，还特别要求 $f(x)$ 在闭区间 $[a,b]$ 上连续，它与定理结论中的函数在闭区间上单调(单增或单减)有何联系？在利用定理考虑有关问题时，将闭区间 $[a,b]$ 一律写成开区间 (a,b) 可以吗？

解析　对于该定理，$f'(x)$ 在开区间 (a,b) 内存在并有确定的符号是不容易被忽视的，容易忽视的是 $f(x)$ 在单调区间究竟是 (a,b)，$(a,b]$，$[a,b)$，$[a,b]$ 中哪一种形式. 从该定理的证明过程中可知，$f(x)$ 在上述四个区间中哪一区间上连续，则 $f(x)$ 就在相应区间上单调(单增或单减). 在利用该定理求解问题时，应特别注意定理的条件与结论的对应，不能忽视 $f(x)$ 在区间 $[a,b]$ 的端点处的性态. 请注意下面的例子是如何应用单调性判别定理证明不等式的.

例 1　证明当 $x>0$ 时，$x>\ln(1+x)$.

证　令 $f(x)=x-\ln(1+x)$，则函数 $f(x)$ 在 $[0,+\infty)$ 上连续，且在 $(0,+\infty)$ 内有

$$f'(x)=1-\frac{1}{1+x}=\frac{x}{1+x}>0$$

由单调性判断定理知，函数 $f(x)$ 在 $[0,+\infty)$ 上单调增加，所以当 $x>0$ 时，有 $f(x)>f(0)=0$，即

$$x-\ln(1+x)>0$$

所以当 $x>0$ 时，有 $x>\ln(1+x)$.

在本例的证明过程中，应用了单增函数最本质的属性：当 $x_1<x_2$ 时，$f(x_1)<f(x_2)$. 应用此性质时，要特别注意 x_1，x_2 必须属于 $f(x)$ 的单增区间. 因此，在上面的证明过程中，所断定的 $f(x)$ 的单调增加区间 $[0,+\infty)$ 包含点 $x=0$ 是必要的.

三、例题精解

例 2　求出函数$f(x)=\frac{1}{2}(x^2-\ln x^2)$的单调区间.

解　因为$f(x)=\frac{1}{2}(x^2-\ln x^2)$在其定义域$(-\infty,0)\cup(0,+\infty)$内连续，且当$x\neq0$时，有

$$f'(x)=\frac{1}{2}(2x-\frac{1}{x^2}\cdot 2x)=\frac{(x^2-1)}{x}=\frac{(x-1)(x+1)}{x}$$

令$f'(x)=0$，得$f(x)$的可能分界点$x=0$，$x=-1$，$x=1$，用它们将$f(x)$的定义域分为几个小区间$(-\infty,-1)$，$(-1,0)$，$(0,1)$，$(1,+\infty)$. 列表讨论$f'(x)$在各个小区间内的符号，并判定函数$f(x)$在每个小区间内的增减性如下：

x	$(-\infty,-1)$	$(-1,0)$	$(0,1)$	$(1,+\infty)$
$f'(x)$	$-$	$+$	$-$	$+$
$f(x)$	↘	↗	↘	↗

又由于$f(x)$在$(-\infty,-1]$，$[-1,0)$，$(0,1]$，$[1,+\infty)$上连续，因此，$f(x)$的单调增加区间有$[-1,0)$和$[1,+\infty)$；单调减少区间有$(-\infty,-1]$和$(0,1]$.

例 3　已知$f(x)=x^3+ax^2+bx$在$x=1$处有极值1，试确定常系数a与b.

解　因为$f(x)=x^3+ax^2+bx$，所以

$$f'(x)=3x^2+2ax+b$$

因为$x=1$为极值点，所以$f'(1)=0$，即

$$3+2a+b=0 \tag{1}$$

由$f(1)=1$，得

$$1+a+b=1 \tag{2}$$

解由式(1)与式(2)组成的方程组，得$a=-3$，$b=3$.

复 习 题 四

1. 对下列函数写出拉格朗日公式$\frac{f(b)-f(a)}{b-a}=f'(\xi)$，并求$\xi$.

(1) $f(x)=x^2$，$x\in[1,4]$；　　(2) $f(x)=\arctan x$，$x\in[0,1]$.

2. 求下列函数的单调性及单调区间：

(1) $y=2x^3-3x^2$；　　(2) $y=1+x^2-\frac{1}{2}x^4$.

3. 求下列函数的极值：

(1) $y=(x+1)^2e^{-x}$；　　(2) $y=3-2(x+1)^{\frac{2}{3}}$.

4. 设函数$y=a\ln x+bx^2+x$在$x_1=1$，$x_2=2$处都取得极值，试定出a，b的值，并问这时$f(x)$在$x=1$，$x=2$处是取得极大值还是极小值？

5. 求下列函数在给定区间上的最大值和最小值：

(1) $f(x)=2^x$，$x\in[1,3]$；　　(2) $f(x)=(5-4x)^2$，$x\in[-1,1]$.

6. 要造一个容积为V的圆柱形闭合油罐，问底半径r和高h等于多少时，能使表面积最小？这时底半径与高的比是多少？

7. 要造一个上端为半球形，下端为圆柱形的粮仓，其容积为 V，问当圆柱的高 h 和底半径 r 为何值时，粮仓的表面积最小？

8. 求下列曲线的凹向区间和拐点：

（1）$y=x^3-3x^2-x+2$；　（2）$y=x^2\ln\frac{1}{x}$.

9. 讨论下列曲线的渐近线：

（1）$y=\frac{1}{x^2-4}$；　（2）$y=\left(\frac{1+x}{1-x}\right)^4$.

10. 描绘函数 $y=2x^3-3x^2$ 的图形.

11. 求下列极限：

（1）$\lim\limits_{x\to0}\frac{\sin9x}{\sin18x}$；　（2）$\lim\limits_{x\to1}\frac{x^2-x}{\ln x-x+1}$；　（3）$\lim\limits_{x\to0}\frac{\tan x-x}{x-\sin x}$；

（4）$\lim\limits_{x\to0}\frac{e^x-1}{xe^x+e^x-1}$；　（5）$\lim\limits_{x\to0}\left(\frac{1}{x}-\frac{1}{e^x-1}\right)$；　（6）$\lim\limits_{x\to+\infty}\frac{\frac{\pi}{2}-\arctan x}{\frac{1}{x}}$.

12.（1）设 $f(x)=\frac{1-\cos x}{1+\cos x}$，问 $\lim\limits_{x\to0}f(x)$ 是否存在？其极限值为何？

（2）能否用洛必达法则求上述函数的极限，为什么？

13. 设某企业的利润函数为 $L(Q)=10+2Q-0.1Q^2$，求使利润最大时的产量 Q 为多少？

14. 已知某糕点加工厂生产 A 类糕点的总成本函数为 $C(Q)=100+2Q+0.04Q^2$；总收益函数为 $R(Q)=7Q+0.03Q^2$. 求(1)生产量为多少时，总利润最大？(2)求产量是 200 单位时的边际利润，并说明其经济意义.

【阅读资料】

高斯——离群索居的数学王子

高斯(C F Gauss,1777—1855)，德国数学家、物理学家、天文学家、大地测量学家. 他是近代数学的奠基人之一，在历史上的影响之大，可以和阿基米德、牛顿、欧拉并列，有“数学王子”的美誉.

高斯的成就遍及数学的各个领域，在数论、非欧几何、微分几何、超几何级数、复变函数论以及椭圆函数论等方面均有开创性贡献. 他十分注重数学的应用，并且在对天文学、大地测量学和磁学的研究中也偏重于使用数学方法.

虽然高斯作为一个数学家而闻名于世，但这并不意味着他热爱教书. 尽管如此，他的很多学生都成为有影响的数学家，如后来闻名于世的黎曼.

1777 年 4 月 30 日，高斯出生于布伦瑞克的一个工匠家庭. 他幼时家境贫困，但聪敏异常，受一贵族资助才进学校接受教育. 他的老师很早就认识到了他在数学上异乎寻常的天赋，同时也对这个天才儿童留下了深刻印象，于是从高斯 14 岁起，便资助其学习与生活.

高斯 8 岁时曾用很短的时间计算出了小学老师布置的任务：对自然数从 1 到 100 的求和. 他所使用的方法是：构造 50 对和为 101 的数列(1+100,2+99,3+98,…)，同时求和得到结果：5050. 高斯 12 岁时，已经开始怀疑元素几何学中的基础证明. 1792 年，15 岁的高斯便开始对高等数学作研究，并独立发现了二项式定理的一般形式. 16 岁时，他预测在欧氏几何之外必然会产生一门完全不同的几何学. 他还导出了二项式定理的一般形式，并成功地将其运用于无穷级数，发展了数学分析的理论. 1795 年，18 岁的高斯进入哥廷根大学学习. 他 19 岁时第一个成功地用没有刻度的尺子与圆规构造出了正 17 边形(在此之前阿基米德与牛顿均未画出)，同时他的《正十七边形尺规作图之理论与方法》为流传了 2000 年的欧氏几何提供了自古希腊时代以来的第一次重要补充. 1798 年高斯转入黑尔姆施泰特大学，翌年因证明代数基本定理获博士学位. 从 1807 年起高斯担任格廷根大学教授兼格廷根天文台台长直至逝世.

18 岁的高斯发现了质数分布定理和最小二乘法. 通过对足够多的测量数据的处理，可以得到一个新的、概率性质的测量结果. 随后在这些基础之上，他专注于曲面与曲线的计算，并成功得到高斯钟形曲线(正态分布曲线)，其函数被命名为标准正态分布(或高斯分布)，并在概率计算中大量使用.

在 1818 年至 1826 年之间，高斯主导了汉诺威公国的大地测量工作. 通过他发明的以最小二乘法为基础的测量方法和求解线性方程组的方法，测量的精度显著地提高了. 出于对实际应用的兴趣，他发明了日光反射仪，可以将光束反射至大约 450 公里外的地方. 高斯后来不止一次地为原先的设计做出改进，试制成功被广泛应用于大地测量的镜式六分仪.

19 世纪 30 年代，高斯发明了磁强计后，便辞去了天文台的工作，转向物理研究. 他与韦伯(1804—1891)在电磁学的领域共同工作. 他比韦伯年长 27 岁，以亦师亦友的身份进行合作. 1833 年，通过受电磁影响的罗盘指针，他向韦伯发送了电报. 这不仅仅是从韦伯的实验室到天文台之间的第一个电话电报系统，也是世界首创，尽管线路才 8km 长. 1840 年，他和韦伯画出了世界上第一张地球磁场图，而且定出了地球磁南极和磁北极的位置，并于次年得到美国科学家的证实.

高斯研究数个领域，但只将他思想中成熟的理论发表. 他经常提醒他的同事，该同事的结论已经被自己很早地证明，只是因为基础理论的不完备性而没有发表. 批评者说他这样是因为极爱出风头，实际上高斯只是一部疯狂的打字机，将他的结果都记录起来. 在他死后，有 20 部这样的笔记被发现，才证明高斯的宣称是事实. 一般认为，即使是这 20 部，也不是高斯的全部笔记. 哥廷根大学图书馆已经将高斯的全部著作数字化并置于互联网上.

第5章 不 定 积 分

在前面两章中，学习了函数的导数、微分及其应用，给定一个函数，能够求它的导数(或微分). 但是，在许多实际问题中，常常需要解决相反的问题：已知某一函数的导数，求出这个函数. 这就是不定积分问题. 本章将讨论不定积分的概念、性质和基本积分方法. 不定积分在理论上是十分简明的，在运算上则有一定难度，因为它对方法的灵活运用和解题经验都有比较高的要求. 因此，必须多读些例题，多计算一些具体的不定积分的习题，只有这样才能锻炼出应有的积分技能.

【基本要求】

1. 理解原函数与不定积分的概念及其关系，掌握不定积分的性质.

2. 熟练掌握不定积分的基本公式，会用不定积分基本公式求简单函数的不定积分.

3. 熟练掌握不定积分的第一换元积分法(凑微分法)，掌握第二换元积分法(简单的三角代换和简单的根式代换).

4. 会利用第一换元积分法和第二换元积分法求复合函数和含根式函数的不定积分.

5. 掌握常见类型的不定积分的分部积分法.

5.1 不定积分的概念及性质

本节首先介绍原函数和不定积分的定义，进而介绍不定积分的性质及不定积分的常用公式，重点研究不定积分的凑微分法和分部积分公式的使用.

5.1.1 不定积分的概念

1. 原函数的概念

有许多实际问题，要求人们解决微分法的逆运算，就是要由已知的某函数的导数去求原来的函数.

例如，已知自由落体任意时刻 t 的运动速度为 $v(t)=gt$，求落体的运动规律(设运动开始时,物体在原点). 这个问题就是要从关系式 $s'(t)=gt$ 还原出函数 $s(t)$. 反向用导数公式，易知 $s(t)=\frac{1}{2}gt^2$，这就是所求的运动规律.

一般地，如果已知 $F'(x)=f(x)$，如何求 $F(x)$ 呢？为此，引入下述定义.

定义1 设 $f(x)$ 是定义在某区间的已知函数，若存在函数 $F(x)$，使得

$$F'(x)=f(x) \quad 或 \quad dF(x)=f(x)dx$$

则称 $F(x)$ 为 $f(x)$ 的一个原函数.

例如，因为 $(\ln x)'=\frac{1}{x}$，故 $\ln x$ 就是 $\frac{1}{x}$ 的一个原函数，但不是唯一的，如 $\ln x+1$ 也是 $\frac{1}{x}$ 的

一个原函数；再如，x^2 是 $2x$ 的一个原函数，但是由于$(x^2+1)'=(x^2+2)'=(x^2-\sqrt{3})'=\cdots=2x$，所以 x^2+1，x^2+2，$x^2-\sqrt{3}$都是 $2x$ 的原函数，因此 $2x$ 的原函数也不是唯一的.

关于原函数，我们还要说明两点：

(1) 原函数的存在问题. 如果$f(x)$在某区间连续，那么它的原函数一定存在(将在第6章加以说明).

(2) 原函数的一般表达式. 前面已指出，若$f(x)$存在原函数，则原函数不是唯一的，那么，这些原函数之间有什么差异？能否写成统一的表达式呢？对此，有如下结论：

定理1　若 $F(x)$ 是$f(x)$的一个原函数，则 $F(x)+C$ 是$f(x)$的全部原函数，其中 C 为任意常数.

证　由于$F'(x)=f(x)$，又$[F(x)+C]'=F'(x)=f(x)$，所以函数族 $F(x)+C$ 中的每一个都是$f(x)$的原函数.

另一方面，设 $G(x)$是$f(x)$的任一个原函数，即 $G'(x)=f(x)$，则可证 $F(x)$ 与 $G(x)$之间只差一个常数，且 $G(x)=F(x)+C$. 事实上，因为

$$[G(x)-F(x)]'=G'(x)-F'(x)=f(x)-f(x)=0$$

所以 $G(x)-F(x)=C$，即 $G(x)=F(x)+C$. 这就是说，$f(x)$的任一个原函数 $G(x)$均可表示成 $F(x)+C$ 的形式.

这样就证明了$f(x)$的全体原函数刚好组成了函数族 $F(x)+C$.

2. 不定积分的概念

定义2　如果 $F(x)$为$f(x)$的一个原函数，则把函数$f(x)$的全体原函数 $F(x)+C$ 叫作$f(x)$的**不定积分**，记为

$$\int f(x)\,\mathrm{d}x = F(x) + C,\quad 其中\ F'(x)=f(x)$$

上式中的 x 叫作**积分变量**；$f(x)$叫作**被积函数**；$f(x)\,\mathrm{d}x$ 叫作**被积表达式**；C 叫作**积分常数**；“$\int$”叫作**积分号**.

注意：

(1) 求 $\int f(x)\,\mathrm{d}x$ 时，切记要加上“C”，否则求出的只是一个原函数，而不是不定积分.

(2) 积分号“$\int$”由莱布尼茨于1675年给出，它是英文单词 sum(求和)首字母的拉长，同年引入微分号“d”.

通常，把一个原函数 $F(x)$的图形称为$f(x)$的一条积分曲线，其方程为 $y=F(x)$. 因此，不定积分 $\int f(x)\,\mathrm{d}x$ 在几何上就表示全体积分曲线所组成的曲线族，它们的方程是 $y=F(x)+C$.

几何上规定：如果两条曲线上在横坐标相同点处具有相同的切线斜率，则称这两条曲线平行. 不定积分在几何上表示一族彼此平行的曲线，如图5-1所示.

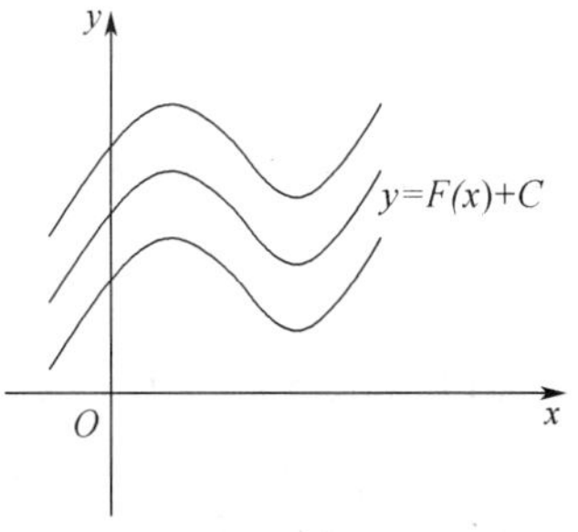

图5-1

例 1 求下列不定积分:

(1) $\int x^7 \mathrm{d}x$; (2) $\int \frac{1}{x}\mathrm{d}x$; (3) $\int 2^x \mathrm{d}x$.

解 (1) 因为$\left(\frac{1}{8}x^8\right)'=x^7$, 所以

$$\int x^7 \mathrm{d}x = \frac{1}{8}x^8 + C$$

(2) 因为当 $x>0$ 时, $(\ln x)'=\frac{1}{x}$; 当 $x<0$ 时, $[\ln(-x)]'=\frac{-1}{-x}=\frac{1}{x}$, 所以

$$\int \frac{1}{x}\mathrm{d}x = \ln|x| + C$$

(3) 因为$(2^x)'=2^x\ln 2$, $\left(\frac{2^x}{\ln 2}\right)'=2^x$, 所以

$$\int 2^x \mathrm{d}x = \frac{2^x}{\ln 2} + C$$

实际中, 往往需要从全体原函数中求出一个满足已给条件的确定解, 即要定出常数 C 的具体数值, 如下例所示.

例 2 设一曲线上任一点切线斜率为该点横坐标的 8 倍, 又该曲线过点$(1,0)$, 求该曲线方程.

解 设所求曲线方程为 $y=y(x)$, 按题意有$\frac{\mathrm{d}y}{\mathrm{d}x}=8x$, 故

$$y = \int 8x\mathrm{d}x = 4x^2 + C$$

又因为曲线过点$(1,0)$, 将 $x=1$, $y=0$ 代入上式得 $0=4+C$, 即 $C=-4$, 于是所求曲线方程为 $y=4x^2-4$.

例 3 设某物体以速度 $v=12t^2$ 做直线运动, 且当 $t=0$ 时, $s=2$, 求运动规律 $s=s(t)$.

解 按题意有 $s'(t)=12t^2$, 即 $s(t)=\int 12t^2\mathrm{d}t = 4t^3 + C$, 再将条件当 $t=0$ 时 $s=2$ 代入得 $C=2$, 故所求运动规律为 $s=4t^3+2$.

由积分定义知, 积分运算与微分运算之间有如下的互逆关系:

(1) $\left[\int f(x)\mathrm{d}x\right]' = f(x)$ 或 $\mathrm{d}\left[\int f(x)\mathrm{d}x\right] = f(x)\mathrm{d}x$;

(2) $\int F'(x)\mathrm{d}x = F(x) + C$ 或 $\int \mathrm{d}F(x) = F(x) + C$.

5.1.2 不定积分的基本积分公式

由于求不定积分是求导数的逆运算, 所以由导数公式可以相应地得出下列积分公式:

(1) $\int k\mathrm{d}x = kx + C$ (k 为常数) (2) $\int x^\mu \mathrm{d}x = \frac{1}{\mu+1}x^{\mu+1} + C$ $(\mu \neq -1)$

(3) $\int \frac{1}{x}\mathrm{d}x = \ln|x| + C$ (4) $\int \mathrm{e}^x \mathrm{d}x = \mathrm{e}^x + C$

(5) $\int a^x \mathrm{d}x = \frac{a^x}{\ln a} + C$ (6) $\int \cos x\mathrm{d}x = \sin x + C$

(7) $\int \sin x \mathrm{d}x = -\cos x + C$

(8) $\int \frac{1}{\cos^2 x}\mathrm{d}x = \int \sec^2 x \mathrm{d}x = \tan x + C$

(9) $\int \frac{1}{\sin^2 x}\mathrm{d}x = \int \csc^2 x \mathrm{d}x = -\cot x + C$

(10) $\int \sec x \tan x \mathrm{d}x = \sec x + C$

(11) $\int \csc x \cot x \mathrm{d}x = -\csc x + C$

(12) $\int \frac{1}{\sqrt{1-x^2}}\mathrm{d}x = \arcsin x + C$

(13) $\int \frac{1}{1+x^2}\mathrm{d}x = \arctan x + C$

以上13个公式是进行积分运算的基础，必须熟记，并且不仅要记住右端结果，还要熟悉左端被积函数的形式.

5.1.3 不定积分的性质

性质1 被积函数中不为零的常数因子可提到积分号外，即

$$\int kf(x)\mathrm{d}x = k\int f(x)\mathrm{d}x \quad (k \neq 0)$$

性质2 两个函数代数和的积分，等于各函数积分的代数和，即

$$\int [f(x) \pm g(x)]\mathrm{d}x = \int f(x)\mathrm{d}x \pm \int g(x)\mathrm{d}x$$

本性质对有限多个函数的和也是成立的，它表明：和与差的积分等于积分的和与差.

这两个公式很容易证明，只要验证右端的导数等于左端的被积函数，并且右端确含一个任意常数 C 即可. 顺便指出，以后在计算不定积分时，就可用这个方法检验积分结果是否正确.

利用不定积分的性质和基本积分公式，可以求一些简单函数的不定积分.

例4 利用幂函数的积分公式 $\int x^{\mu}\mathrm{d}x = \frac{1}{\mu+1}x^{\mu+1} + C$，求下列不定积分：

(1) $\int \frac{1}{x^3}\mathrm{d}x$;　　(2) $\int x\sqrt{x}\,\mathrm{d}x$.

解 (1) $\int \frac{1}{x^3}\mathrm{d}x = \int x^{-3}\mathrm{d}x = \frac{x^{-3+1}}{-3+1} + C = -\frac{1}{2x^2} + C$

(2) $\int x\sqrt{x}\,\mathrm{d}x = \int x^{\frac{3}{2}}\mathrm{d}x = \frac{1}{\frac{3}{2}+1}x^{\frac{3}{2}+1} + C = \frac{2}{5}x^{\frac{5}{2}} + C$

例5 求下列不定积分：

(1) $\int (x+1)(x-1)\mathrm{d}x$;　　(2) $\int \frac{x^2-1}{x^2+1}\mathrm{d}x$.

解 (1) 首先把被积函数 $(x+1)(x-1)$ 化为和式，然后再逐项积分：

$$\int (x+1)(x-1)\mathrm{d}x = \int (x^2-1)\mathrm{d}x = \int x^2\mathrm{d}x - \int 1\mathrm{d}x = \frac{x^3}{3} - x + C$$

注意：在分项积分后，不必每一个积分结果都加上 C，只要在总的结果中加一个 C 就行了.

(2) $\int \frac{x^2-1}{x^2+1}\mathrm{d}x = \int \frac{x^2+1-2}{x^2+1}\mathrm{d}x = \int \left(1 - \frac{2}{x^2+1}\right)\mathrm{d}x$

$= \int \mathrm{d}x - 2\int \frac{\mathrm{d}x}{x^2+1} = x - 2\arctan x + C$

例 5 的解题思路：设法化被积函数为和式，然后再逐项级积分，这是一种重要的解题方法；例 6 仍如此，只不过它实现“化和”是利用三角函数的恒等变换.

例 6 求下列不定积分：

(1) $\int \tan^2 x dx$； (2) $\int \sin^2 \frac{x}{2} dx$.

解 (1) $\int \tan^2 x dx = \int (\sec^2 x - 1) dx = \int \sec^2 x dx - \int dx = \tan x - x + C$

(2) $\int \sin^2 \frac{x}{2} dx = \int \frac{1 - \cos x}{2} dx = \frac{1}{2}x - \frac{1}{2}\sin x + C$.

例 7 求不定积分 $\int (e^x - 3\cos x + 2^x e^x) dx$.

解

$$\begin{aligned}\int (e^x - 3\cos x + 2^x e^x) dx &= \int e^x dx - 3\int \cos x dx + \int (2e)^x dx \\ &= e^x - 3\sin x + \frac{(2e)^x}{\ln(2e)} + C \\ &= e^x - 3\sin x + \frac{(2e)^x}{1 + \ln 2} + C\end{aligned}$$

习题 5.1

一、填空题

1. 若函数 $F(x)$ 是 $f(x)$ 在区间 I 上的原函数，则必满足________.

2. 若 $f(x)$ 是连续函数，则 $d\int f(x) dx =$________.

3. 不定积分 $\int \left(\frac{\cos x}{1 + \sin x}\right)' dx =$________.

4. 如果 $\int f(x) dx = e^{-x^2} + C$，则 $f(x)=$________.

5. 设 x^2 是 $f(x)$ 的一个原函数，则 $f'(x)=$________.

6. 设 $e^x + \sin x$ 为 $f(x)$ 的一个原函数，则 $f(x)=$________.

7. 设 $\varphi(x)= \int (x + 1) dx$，则 $\varphi'(x)$ 在区间 $[0,2\pi]$ 上的最大值为________，最小值为________.

8. 若变量 y 关于 x 的变化率为 $3x^2$，则曲线 $y=$________.

9. 不定积分 $\int \frac{1}{2x} dx =$________.

10. 不定积分 $\int \frac{\cos 2x}{\cos x - \sin x} dx =$________.

11. $\left(\int \frac{\sin x}{1 + x^2} dx\right)' =$________.

12. 已知曲线 $y=f(x)$ 过点 $(1,1)$ 且在点 (x,y) 处的切线斜率为 $k=3x^2+1$，则该曲线方程为________.

二、选择题

1. 设 $F'(x)=f(x)$，C 为任意实数，则 $\int f(x) dx =$ (   ).

A. $F(x)+C$; B. $f(x)+C$; C. $F(x)$; D. $f(x)$.

2. 若 $F(x)$ 为 $f(x)$ 的原函数，则 $f(x)$ 的另一个原函数为(　　).

A. $F(x)+2$; B. $F(x+2)$; C. $2F(x)$; D. $F(2x)$.

3. 如果 $F_1(x)$ 和 $F_2(x)$ 是 $f(x)$ 的两个原函数，那么 $\int[F_1(x)-F_2(x)]\mathrm{d}x$ 是(　　).

A. $f(x)+C$; B. 常数; C. 0; D. 一次函数.

4. 设 $f(x)=x+\sqrt{x}$，则 $\int f'(x)\mathrm{d}x=$(　　).

A. $1+\dfrac{1}{2\sqrt{x}}$; B. $1+\dfrac{1}{2\sqrt{x}}+C$; C. $x+\sqrt{x}$; D. $x+\sqrt{x}+C$.

5. 若 $f(x)$ 的一个原函数是 $\sin x$，则 $\left(\int f(x)\mathrm{d}x\right)'=$(　　).

A. $\sin x$; B. $-\sin x$; C. $\cos x$; D. $-\cos x$.

6. 不定积分 $\int f(x)\mathrm{d}x=2^x+\sin x+C$，则 $f'(x)=$(　　).

A. $2^x+\sin x$; B. $2^x\ln^2 2+\cos x$;

C. $\dfrac{2^x}{\ln^2 2}+\cos x$; D. $2^x\ln^2 2-\sin x$.

7. 下列等式不正确的是(　　).

A. $\dfrac{\mathrm{d}}{\mathrm{d}x}\int f(x)\mathrm{d}x=f(x)$; B. $\int \mathrm{d}f(x)=f(x)+C$;

C. $\dfrac{\mathrm{d}}{\mathrm{d}x}\int f'(x)\mathrm{d}x=f'(x)$; D. $\mathrm{d}\left(\int f(x)\mathrm{d}x\right)=f(x)$.

8. 不定积分 $\int(x^3+2\mathrm{e}^x)\mathrm{d}x=$(　　).

A. $3x^2+2\mathrm{e}^x$; B. $\dfrac{1}{4}x^4+2\mathrm{e}^x$;

C. $\dfrac{1}{4}x^4+2\mathrm{e}^x+C$; D. $3x^2+2\mathrm{e}^x+C$.

9. 下列积分正确的是(　　).

A. $\int x^\mu\mathrm{d}x=\dfrac{1}{\mu+1}x^{\mu-1}+C$; B. $\int\cos x\mathrm{d}x=\sin x+C$;

C. $\int a^x\mathrm{d}x=a^x\ln a+C$; D. $\int\tan x\mathrm{d}x=\dfrac{1}{1+x^2}+C$.

10. 设 $\int f(x)\mathrm{e}^{x^2}\mathrm{d}x=\mathrm{e}^{x^2}+C$，则 $f(x)=$(　　).

A. e^{x^2}; B. x^2; C. $2x$; D. 1.

三、计算下列不定积分.

(1) $\int x^{15}\mathrm{d}x$; (2) $\int 2^x\mathrm{d}x$; (3) $\int\mathrm{e}^{x+1}\mathrm{d}x$;

(4) $\int(\cos x-2\sin x)\mathrm{d}x$; (5) $\int\dfrac{6}{1+x^2}\mathrm{d}x$; (6) $\int\dfrac{42}{\sqrt{1-x^2}}\mathrm{d}x$;

(7) $\int(e^x + \sqrt[3]{2})dx$；

(8) $\int\left(\frac{2}{\sin^2 x} + \frac{4}{\cos^2 x}\right)dx$；

(9) $\int(e^x + \sqrt[3]{x} + \cos x - 1)dx$；

(10) $\int(x^{20} + 4e^x + 5\sin x + 6\cos x)dx$.

四、不定积分在经济分析中的应用题

1. 边际成本为 $C'(Q)=0.6Q+10$，固定成本为 $C_0=120$ 元，则总成本函数为________.

2. 边际收益为 $R'(Q)=30$，边际成本为 $C'(Q)=\frac{1}{2}Q+5$，固定成本为 $C_0=70$ 元，则总利润函数为________.

3. 已知某产品的边际成本为 $C'(Q)=Q^2-4Q+6$，固定成本为 $C_0=100$ 元，则总成本函数为________.

4. 设边际收入函数为 $R'(Q)=200-\frac{Q}{50}$，则总收入函数为____________.

5. 已知某产品的边际成本为 $C'(Q)=0.8Q+42$，固定成本为 $C_0=1240$ 元，则总成本函数为________________.

5.2 不定积分的积分方法

利用基本积分公式及性质，只能求出一些简单的积分，对于比较复杂的积分，应设法把它变形，使其成为能利用基本积分公式的形式，再求出其积分. 下面介绍的换元法是一种常用的、有效的积分方法.

5.2.1 换元积分法

1. 第一换元积分法(凑微分法)

第一类换元积分法是与微分学中的复合函数求导法则(或微分形式的不变性)相对应的积分方法. 为了说明这种方法，先看下面的例子.

例 1 求 $\int e^{100x}dx$.

解 在基本积分公式里虽有 $\int e^x dx = e^x + C$，但是这里不能直接应用，这是因为被积函数 e^{100x} 是复合函数. 为了套用这个积分公式，可以尝试把原积分做下列变形后再计算：

$$\int e^{100x}dx = \frac{1}{100}\int e^{100x}d(100x) \xlongequal{令u = 100x} \frac{1}{100}\int e^u du = \frac{1}{100}e^u + C \xlongequal{回代} \frac{1}{100}e^{100x} + C$$

通过直接验证可知，上述计算方法正确.

例 1 解法的特点是引入新变量 $u=\varphi(x)$，从而把原积分化为关于 u 的一个简单函数的积分，再套用基本积分公式求解. 现在的问题是，在公式

$$\int e^x dx = e^x + C$$

中，将 x 换成了 $u=\varphi(x)$，对应得到公式

$$\int e^u du = e^u + C$$

是否还成立？回答是肯定的. 有下述定理.

定理 2 如果 $\int f(x)\mathrm{d}x = F(x) + C$，则

$$\int f(u)\mathrm{d}u = F(u) + C$$

其中，$u=\varphi(x)$是 x 的一个可微函数.

证 由于 $\int f(x)\mathrm{d}x = F(x) + C$，所以 $\mathrm{d}F(x)=f(x)\mathrm{d}x$. 根据微分形式不变性，则有 $\mathrm{d}F(u)=f(u)\mathrm{d}u$，其中 $u=\varphi(x)$是 x 的可微函数，由此得

$$\int f(u)\mathrm{d}u = \int \mathrm{d}F(u) = F(u) + C$$

这个定理非常重要，它表明在基本公式中，自变量换成任一可微函数 $u=\varphi(x)$后公式仍成立，这就大大扩充了基本积分公式的使用范围. 应用这个结论，上述例题引用的方法可一般化为下列计算程序：

$$\int f[\varphi(x)]\varphi'(x)\mathrm{d}x \xlongequal{\text{凑微分}} \int f[\varphi(x)]\mathrm{d}\varphi(x) \xlongequal{\text{令 } u=\varphi(x)} \int f(u)\mathrm{d}u$$

$$=\!=\!= F(u)+C \xlongequal{\text{回代}} F[\varphi(x)]+C$$

例 2 求 $\int \cos 2x\mathrm{d}x$.

解 因为$(2x)'=2$，而 $\mathrm{d}x=\dfrac{1}{2}\mathrm{d}(2x)$，所以

$$\int \cos 2x\mathrm{d}x \xlongequal{\text{凑微分}} \frac{1}{2}\int \cos 2x\mathrm{d}2x \xlongequal{\text{令 } u=2x} \frac{1}{2}\int \cos u\mathrm{d}u =\!=\!= \frac{1}{2}\sin u+C \xlongequal{\text{回代}} \frac{1}{2}\sin 2x+C$$

例 3 求 $\int (2x-1)^9\mathrm{d}x$.

解 因为$(2x-1)'=2$，而 $\mathrm{d}x=\dfrac{1}{2}\mathrm{d}(2x-1)$，所以

$$\int (2x-1)^9\mathrm{d}x \xlongequal{\text{凑微分}} \frac{1}{2}\int (2x-1)^9\mathrm{d}(2x-1) \xlongequal{\text{令 } u=2x-1} \frac{1}{2}\int u^9\mathrm{d}u =\!=\!= \frac{1}{2}\cdot\frac{1}{10}u^{10}+C$$

$$\xlongequal{\text{回代}} \frac{1}{20}(2x-1)^{10}+C$$

例 4 求 $\int \dfrac{1}{2x+3}\mathrm{d}x$.

解 因为$(2x+3)'=2$，而 $\mathrm{d}x=\dfrac{1}{2}\mathrm{d}(2x+3)$，所以

$$\int \frac{1}{2x+3}\mathrm{d}x = \frac{1}{2}\int \frac{1}{2x+3}\mathrm{d}(2x+3) \xlongequal{\text{令 } u=2x+3} \frac{1}{2}\int \frac{1}{u}\mathrm{d}u = \frac{1}{2}\ln|u|+C \xlongequal{\text{回代}} \frac{1}{2}\ln|2x+3|+C$$

例 5 求 $\int \cos^6 x\sin x\mathrm{d}x$.

解 因为$(\cos x)'=-\sin x$，而 $\sin x\mathrm{d}x=-\mathrm{d}(\cos x)$，所以

$$\int \cos^6 x\sin x\mathrm{d}x = -\int \cos^6 x\mathrm{d}(\cos x) \xlongequal{\text{令 } u=\cos x} -\int u^6\mathrm{d}u = -\frac{1}{7}u^7+C \xlongequal{\text{回代}} -\frac{1}{7}\cos^7 x+C$$

例 6 求 $\int x^2 e^{x^3} dx$.

解 因为 $(x^3)'=3x^2$，而 $x^2 dx=\frac{1}{3}d(x^3)$，所以

$$\int x^2 e^{x^3} dx = \frac{1}{3}\int e^{x^3} d(x^3) \xlongequal{\text{令 } u = x^3} \frac{1}{3}\int e^u du = \frac{1}{3}e^u + C \xlongequal{\text{回代}} \frac{1}{3}e^{x^3} + C$$

方法较熟悉后，可略去中间的换元步骤，直接凑微分成积分公式的形式．

例 7 求 $\int[(2x-1)^{10}+4e^{2x}+3\sin 2x]dx$.

解
$$\int[(2x-1)^{10}+4e^{2x}+3\sin 2x]dx = \int(2x-1)^{10}dx + 4\int e^{2x}dx + 3\int \sin 2x dx$$
$$= \frac{1}{2}\int(2x-1)^{10}d(2x-1) + 4\times\frac{1}{2}\int e^{2x}d(2x) + 3\times\frac{1}{2}\int \sin 2x d(2x)$$
$$= \frac{1}{2}\times\frac{1}{11}(2x-1)^{11} + 2e^{2x} - \frac{3}{2}\cos 2x + C$$
$$= \frac{1}{22}(2x-1)^{11} + 2e^{2x} - \frac{3}{2}\cos 2x + C$$

例 8 求 $\int \frac{dx}{x\sqrt{1-\ln^2 x}}$.

解 $\int \frac{dx}{x\sqrt{1-\ln^2 x}} = \int \frac{1}{\sqrt{1-\ln^2 x}}\left(\frac{1}{x}dx\right) = \int \frac{1}{\sqrt{1-(\ln x)^2}}d(\ln x) = \arcsin(\ln x) + C$

凑微分法运用时的难点在于原题并未指明应该把哪一部分凑成 $d(\varphi(x))$，这需要解题经验，如果记熟下列一些凑微分，在利用凑微分法计算一些不定积分时，会大有帮助.

$dx=\frac{1}{a}d(ax+b)\ (a\neq 0)$　　$xdx=\frac{1}{2}d(x^2)$　　$\frac{dx}{\sqrt{x}}=2d(\sqrt{x})$

$e^x dx=d(e^x)$　　$\frac{1}{x}dx=d(\ln|x|)$　　$\sin x dx=-d(\cos x)$

$\cos x dx=d(\sin x)$　　$\sec^2 x dx=d(\tan x)$　　$\csc^2 x dx=-d(\cot x)$

$\frac{dx}{\sqrt{1-x^2}}=d(\arcsin x)$　　$\frac{dx}{1+x^2}=d(\arctan x)$　　$e^{ax}dx=\frac{1}{a}d(e^{ax})\ (a\neq 0)$

下面再利用凑微分法计算一些不定积分.

例 9 求下列不定积分：

(1) $\int \frac{dx}{\sqrt{a^2-x^2}}\ (a>0)$；　(2) $\int \frac{dx}{a^2+x^2}$；　(3) $\int \tan x dx$；

(4) $\int \cot x dx$；　(5) $\int \sec x dx$；　(6) $\int \csc x dx$.

解 (1) $\int \frac{dx}{\sqrt{a^2-x^2}} = \int \frac{1}{a\sqrt{1-\left(\frac{x}{a}\right)^2}}dx = \int \frac{1}{\sqrt{1-\left(\frac{x}{a}\right)^2}}d\left(\frac{x}{a}\right) = \arcsin\frac{x}{a} + C$

类似得(2) $\int \frac{dx}{a^2+x^2} = \frac{1}{a}\arctan\frac{x}{a} + C$

(3) $\int \tan x dx = \int \frac{\sin x}{\cos x}dx = -\int \frac{d(\cos x)}{\cos x} = -\ln|\cos x| + C$

类似得(4) $\int \cot x dx = \ln|\sin x| + C$

(5) $\int \sec x dx = \int \frac{\sec x(\sec x + \tan x)}{\tan x + \sec x}dx = \int \frac{\sec^2 x + \sec x\tan x}{\tan x + \sec x}dx$

$$= \int \frac{1}{(\tan x + \sec x)}d(\tan x + \sec x) = \ln|\sec x + \tan x| + C$$

类似得(6) $\int \csc x dx = \ln|\csc x - \cot x| + C$

本例题的6个积分今后可以经常用到，可以作为公式使用.

例10 求下列积分：

(1) $\int \frac{1}{x^2-a^2}dx$；　　　　(2) $\int \frac{13+x}{\sqrt{4-x^2}}dx$.

解 本题积分前，需先用代数运算对被积函数作适当变形.

(1) $\int \frac{1}{x^2-a^2}dx = \frac{1}{2a}\int\left(\frac{1}{x-a} - \frac{1}{x+a}\right)dx$

$$= \frac{1}{2a}\left[\int \frac{d(x-a)}{x-a} - \int \frac{d(x+a)}{x+a}\right]$$

$$= \frac{1}{2a}[\ln|x-a| - \ln|x+a|] + C$$

$$= \frac{1}{2a}\ln\left|\frac{x-a}{x+a}\right| + C$$

(2) $\int \frac{13+x}{\sqrt{4-x^2}}dx = 13\int \frac{dx}{\sqrt{4-x^2}} + \int \frac{x}{\sqrt{4-x^2}}dx$

$$= 13\arcsin\frac{x}{2} + \int \frac{-\frac{1}{2}}{\sqrt{4-x^2}}d(4-x^2)$$

$$= 13\arcsin\frac{x}{2} - \sqrt{4-x^2} + C$$

例11 计算积分 $\int \frac{1}{1+e^x}dx$.

解法1 $\int \frac{1}{1+e^x}dx = \int \frac{e^{-x}}{e^{-x}+1}dx = \int \frac{-d(e^{-x}+1)}{e^{-x}+1} = -\ln(e^{-x}+1) + C$

解法2 $\int \frac{1}{1+e^x}dx = \int \frac{1+e^x-e^x}{1+e^x}dx = \int\left(1 - \frac{e^x}{1+e^x}\right)dx = x - \int \frac{d(1+e^x)}{1+e^x}$

$$= x - \ln(e^x+1) + C$$

本题说明，选用不同的积分方法，可能得出不同形式的积分结果，但其导数都应是被积函数.

2. 第二换元积分法

第一换元法积分法是选择新的积分变量为 $u=\varphi(x)$，但对有些被积函数则需要作另一种方式的换元，即令 $x=\varphi(t)$，把 t 作为新积分变量，才能积出结果，即

$$\int f(x)\,\mathrm{d}x \xlongequal{\text{换元}\ x=\varphi(t)}$$

$$\int f[\varphi(t)]\varphi'(t)\,\mathrm{d}t \xlongequal{\text{积分}} F(t)+C \xlongequal{\text{回代}\ t=\varphi^{-1}(x)} F[\varphi^{-1}(x)]+C$$

这种方法叫作第二换元积分法. 使用第二换元积分法关键是适当地选择变换函数 $x=\varphi(t)$，对于 $x=\varphi(t)$，要求其单调可导，$\varphi'(t)\neq 0$，且其反函数 $t=\varphi^{-1}(x)$ 存在. 下面通过一些例子来说明.

例 12 求 $\int \frac{\sqrt{x}}{1+\sqrt{x}}\mathrm{d}x$.

解 为了消除根式，可令 $\sqrt{x}=t$，即 $x=t^2\quad(t\geqslant 0)$，则 $\mathrm{d}x=2t\mathrm{d}t$，于是

$$\begin{aligned}
\int \frac{\sqrt{x}}{1+\sqrt{x}}\mathrm{d}x &= \int \frac{t}{1+t}2t\mathrm{d}t = 2\int \frac{t^2}{1+t}\mathrm{d}t \\
&= 2\int \frac{(t^2-1)+1}{1+t}\mathrm{d}t = 2\int\left(t-1+\frac{1}{1+t}\right)\mathrm{d}t \\
&= t^2-2t+2\ln|1+t|+C \\
&= t^2-2t+2\ln(1+t)+C\ (t\geqslant 0) \\
&\xlongequal{\text{回代}\ t=\sqrt{x}} x-2\sqrt{x}+2\ln(1+\sqrt{x})+C
\end{aligned}$$

例 13 求 $\int \frac{x}{\sqrt{1+x}}\mathrm{d}x$.

解法 1 令 $\sqrt{1+x}=t$，即 $1+x=t^2$，则 $\mathrm{d}x=2t\mathrm{d}t$，于是

$$\begin{aligned}
\int \frac{x}{\sqrt{1+x}}\mathrm{d}x &= \int \frac{t^2-1}{t}2t\mathrm{d}t = 2\int (t^2-1)\mathrm{d}t = \frac{2}{3}t^3-2t+C \\
&\xlongequal{\text{回代}\ t=\sqrt{1+x}} \frac{2}{3}(1+x)^{\frac{3}{2}}-2(1+x)^{\frac{1}{2}}+C
\end{aligned}$$

解法 2 分项，凑微分：

$$\begin{aligned}
\int \frac{x}{\sqrt{x+1}}\mathrm{d}x &= \int \frac{(x+1)-1}{\sqrt{1+x}}\mathrm{d}x = \int \sqrt{1+x}\,\mathrm{d}x - \int \frac{\mathrm{d}x}{\sqrt{1+x}} \\
&= \int (1+x)^{\frac{1}{2}}\mathrm{d}(1+x) - \int (1+x)^{-\frac{1}{2}}\mathrm{d}(1+x) \\
&= \frac{2}{3}(1+x)^{\frac{3}{2}}-2(1+x)^{\frac{1}{2}}+C
\end{aligned}$$

解法 3 令 $1+x=u$，则 $\mathrm{d}x=\mathrm{d}u$，于是

$$\int \frac{x}{\sqrt{1+x}}\mathrm{d}x = \int \frac{u-1}{\sqrt{u}}\mathrm{d}u = \int \sqrt{u}\,\mathrm{d}u - \int \frac{\mathrm{d}u}{\sqrt{u}} = \frac{2}{3}u^{\frac{3}{2}}-2u^{\frac{1}{2}}+C$$

$$\xlongequal{\text{回代}u=1+x}\frac{2}{3}(1+x)^{\frac{3}{2}}-2(1+x)^{\frac{1}{2}}+C$$

可以看出，被积函数中含有被开方因式为一次式的根式$\sqrt[n]{ax+b}$，可令$\sqrt[n]{ax+b}=t$，从而消去根号，得出积分. 下面重点讨论被积函数含有被开方因式为二次式的根式的情况.

例 14 求$\int\sqrt{a^2-x^2}\mathrm{d}x\ (a>0)$.

解 为了消去被积函数中的根式，把两个量的平方差表示成另外一个量的平方，联想到有关的三角函数平方公式$\sin^2t+\cos^2t=1$，倍角公式$\cos^2t=\frac{1+\cos2t}{2}$；为此，作三角变换，令$x=a\sin t\left(-\frac{\pi}{2}\leqslant t\leqslant\frac{\pi}{2}\right)$，则$\sqrt{a^2-x^2}=a\cos t$，且$\mathrm{d}x=a\cos t\mathrm{d}t$，于是

$$\int\sqrt{a^2-x^2}\mathrm{d}x=\int a^2\cos^2t\mathrm{d}t=a^2\int\frac{1+\cos2t}{2}\mathrm{d}t$$

$$=\frac{a^2}{2}t+\frac{a^2}{4}\sin2t+C$$

为把 t 回代成 x 的函数，可根据 $\sin t=\frac{x}{a}$作辅助直角三角形(见图 5-2)，得 $\cos t=\frac{\sqrt{a^2-x^2}}{a}$，所以

$$\int\sqrt{a^2-x^2}\mathrm{d}x=\frac{a^2}{2}\arcsin\frac{x}{a}+\frac{1}{2}x\sqrt{a^2-x^2}+C$$

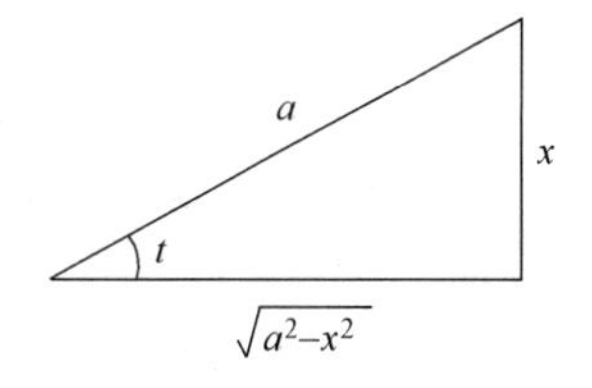

图 5-2

一般地，当被积函数含有

(1) $\sqrt{a^2-x^2}$，可作代换 $x=a\sin t$；

(2) $\sqrt{x^2+a^2}$，可作换代 $x=a\tan t$；

(3) $\sqrt{x^2-a^2}$，可作代换 $x=a\sec t$.

通常称以上代换为三角代换，它是第二换元积分法的重要组成部分，但在具体解题时，还要具体分析. 例如，$\int x\sqrt{x^2-a^2}\mathrm{d}x$ 就不必用三角代换，用凑微分更为方便.

5.2.2 分部积分法

当被积函数是两种不同类型函数的乘积$\left(\text{如}\int x^2\mathrm{e}^x\mathrm{d}x,\int x\sin x\mathrm{d}x\text{ 等}\right)$时，往往需要用下面所讲的分部积分法来解决.

分部积分法是与两个函数乘积的微分公式相对应的，也是一种基本积分法则，公式推导如下.

设函数 $u=u(x)$，$v=v(x)$具有连续导数，根据乘积微分法则有

$$\mathrm{d}(uv)=u\mathrm{d}v+v\mathrm{d}u$$

移项得 $u\mathrm{d}v=\mathrm{d}(uv)-v\mathrm{d}u$，两边积分得

$$\int u\mathrm{d}v=uv-\int v\mathrm{d}u$$

该公式称为**分部积分公式**，它可以将求 $\int u\mathrm{d}v$ 的积分问题转化为 $\int v\mathrm{d}u$ 的积分，当后面这个积分较容易求时，分部积分公式就起到了化难为易的作用.

例 15 求 $\int x\cos x\mathrm{d}x$.

解 设 $u=x$，$\mathrm{d}v=\cos\mathrm{d}x=\mathrm{d}(\sin x)$，于是 $\mathrm{d}u=\mathrm{d}x$，$v=\sin x$，代入公式有

$$\int x\cos x\mathrm{d}x = \int x\mathrm{d}(\sin x) = x\sin x - \int \sin x\mathrm{d}x = x\sin x + \cos x + C$$

注意：本题若设 $u=\cos x$，$\mathrm{d}v=x\mathrm{d}x$，则有 $\mathrm{d}u=-\sin x\mathrm{d}x$ 及 $v=\frac{1}{2}x^2$，代入公式后，得到

$$\int x\cos x\mathrm{d}x = \frac{1}{2}x^2\cos x + \frac{1}{2}\int x^2\sin x\mathrm{d}x$$

新得到的积分 $\int x^2\sin x\mathrm{d}x$ 反而比原积分更复杂、更难求，说明这样设 u 和 $\mathrm{d}v$ 是不合适的，由此可见，运用好分部积分法关键是恰当地选择好 u 和 $\mathrm{d}v$. 一般要考虑如下三点：

(1) u 求导后要比原式简单；

(2) v 要容易求得(可用凑微分法求出)；

(3) $\int v\mathrm{d}u$ 要比 $\int u\mathrm{d}v$ 容易求出.

例 16 求 $\int x^3\ln x\mathrm{d}x$.

解

$$\begin{aligned}\int x^3\ln x\mathrm{d}x &= \int \ln x\mathrm{d}\left(\frac{x^4}{4}\right)\\ &= \frac{x^4}{4}\ln x - \int \frac{x^4}{4}\mathrm{d}(\ln x)\\ &= \frac{x^4}{4}\ln x - \frac{1}{4}\int x^4 \cdot \frac{1}{x}\mathrm{d}x\\ &= \frac{x^4}{4}\ln x - \frac{1}{4}\int x^3\mathrm{d}x\\ &= \frac{x^4}{4}\ln x - \frac{1}{16}x^4 + C\end{aligned}$$

当熟悉分部积分法后，u，$\mathrm{d}v$ 及 v，$\mathrm{d}u$ 可以心算完成，不必具体写出.

例 17 求 $\int x^2\mathrm{e}^x\mathrm{d}x$.

解

$$\begin{aligned}\int x^2\mathrm{e}^x\mathrm{d}x &= \int x^2\mathrm{d}(\mathrm{e}^x) = x^2\mathrm{e}^x - \int \mathrm{e}^x\mathrm{d}(x^2)\\ &= x^2\mathrm{e}^x - 2\int x\mathrm{e}^x\mathrm{d}x = x^2\mathrm{e}^x - 2\int x\mathrm{d}(\mathrm{e}^x)\\ &= x^2\mathrm{e}^x - 2\left(x\mathrm{e}^x - \int \mathrm{e}^x\mathrm{d}x\right) = x^2\mathrm{e}^x - 2x\mathrm{e}^x + 2\mathrm{e}^x + C\\ &= (x^2 - 2x + 2)\mathrm{e}^x + C\end{aligned}$$

本题表明，有时要多次使用分部积分法，才能求出结果. 下面例题又是一种情况，经过两次分部积分后，出现了“循环现象”，这时所求积分是通过解方程而求得的.

例 18 求 $\int e^x \sin x dx$.

解 $\int e^x \sin x dx = \int \sin x d(e^x) = e^x \sin x - \int e^x \cos x dx$

$$= e^x \sin x - \int \cos x d(e^x)$$

$$= e^x \sin x - \left(e^x \cos x + \int e^x \sin x dx\right)$$

$$= e^x \sin x - e^x \cos x - \int e^x \sin x dx$$

将再次出现的 $\int e^x \sin x dx$ 移至等式左端，合并后除以 2 得所求积分为

$$\int e^x \sin x dx = \frac{1}{2} e^x (\sin x - \cos x) + C$$

小结 下述几种类型积分，均可用分部积分公式求解，且 u 和 dv 的设法有规律可循：

(1) $\int x^n e^{ax} dx$，$\int x^n \sin ax dx$，$\int x^n \cos ax dx$，可设 $u=x^n$；

(2) $\int x^n \ln x dx$，$\int x^n \arcsin x dx$，$\int x^n \arctan x dx$，可设 $u=\ln x$，$\arcsin x$，$\arctan x$；

(3) $\int e^{ax} \sin bx dx$，$\int e^{ax} \cos bx dx$，可设 $u=\sin bx$，$\cos bx$.

上述情况 x^n 换成多项式时仍成立，情况(3)也可设 $u=e^{ax}$，但一经选定，再次用分部积分法时，必须仍按原来的选择. 积分过程中，有时需要同时用换元法和分部积分法.

注意 常数也视为幂函数.

下面两例是综合运用第二换元积分法和分部积分法两种方法求解不定积分的实例.

例 19 求 $\int e^{\sqrt{x}} dx$.

解 为了消除根式，令 $\sqrt{x}=t$，则 $x=t^2$，$dx=2tdt$，因此

$$\int e^{\sqrt{x}} dx = \int e^t 2t dt = 2\int t e^t dt = 2\int t d(e^t)$$

$$= 2\left(t e^t - \int e^t dt\right) = 2(t e^t - e^t) + C$$

$$= 2e^{\sqrt{x}}(\sqrt{x} - 1) + C$$

例 20 求 $\int \arctan\sqrt{x} dx$.

解 先换元，令$\sqrt{x}=t$，$x=t^2(t>0)$，则 $dx=2tdt$，于是

$$\text{原式} = \int \arctan t \cdot 2t dt = \int \arctan t d(t^2)$$

$$= t^2 \arctan t - \int t^2 d(\arctan t) = t^2 \arctan t - \int \frac{t^2}{1+t^2} dt$$

$$= t^2 \arctan t - \int \left(1 - \frac{1}{1+t^2}\right) dt$$

$$= t^2 \arctan t - t + \arctan t + C$$

$$\xlongequal{\text{回代 } t=\sqrt{x}} (x+1)\arctan\sqrt{x} - \sqrt{x} + C$$

由上几例可以看出，求不定积分思路比较开阔，方法多，各种解法都有自己的特点，学习中要注意不断积累经验.

在结束本节时，还应指出一点，有些不定积分，如 $\int e^{-x}\mathrm{d}x$，$\int \frac{e^x}{x}\mathrm{d}x$，$\int \frac{\mathrm{d}x}{\ln x}$，$\int \frac{\mathrm{d}x}{\sqrt{1+x^4}}$ 等，虽然这些不定积分都存在，却不能用初等函数表达所求的原函数，这时称“积不出”.

思考 对下列一组不定积分的求法进行比较归纳后发现有怎样的规律?

(1) $\int \frac{1}{1+x^2}\mathrm{d}x$；(2) $\int \frac{x}{1+x^2}\mathrm{d}x$；(3) $\int \frac{x^2}{1+x^2}\mathrm{d}x$；

(4) $\int \frac{1}{x(1+x^2)}\mathrm{d}x$；(5) $\int \frac{1}{x^2(1+x^2)}\mathrm{d}x$；(6) $\int \frac{1}{\sqrt{1+x^2}}\mathrm{d}x$.

在工程技术问题中，还可以借助查积分表来求一些较复杂的不定积分.

习题 5.2

一、填空题

1. 不定积分 $\int e^{x-6}\mathrm{d}x=$________.

2. 不定积分 $\int \cos 2x\mathrm{d}x=$________.

3. 不定积分 $\int e^x\cos e^x\mathrm{d}x=$________.

4. 若 $F(x)$ 是 $f(x)$ 的一个原函数，则不定积分 $2\int xf(x^2)\mathrm{d}x=$________.

5. 不定积分 $\int f'(ax+b)\mathrm{d}x=$________.

6. 不定积分 $\int \frac{\cos(\ln x)}{x}\mathrm{d}x=$________.

7. 不定积分 $\int e^{f(x)}f'(x)\mathrm{d}x=$________.

二、选择题

1. $\int \frac{1}{e^x+e^{-x}}\mathrm{d}x=$（ ）.

A. $\arctan e^x+C$；　B. $\arctan e^{-x}+C$；

C. $e^x-e^{-x}+C$；　D. $\ln(e^x+e^{-x})+C$.

2. 不定积分 $\int xe^{-x^2}\mathrm{d}x=$（ ）.

A. $-2e^{-x^2}+C$；　B. $-\frac{1}{2}e^{-x^2}+C$；　C. $\frac{1}{2}e^{-x^2}+C$；　D. $2e^{-x}+C$.

3. 不定积分 $\int xf(x^2)f'(x^2)\mathrm{d}x=$（ ）.

A. $\frac{1}{2}f^2(x)+C$；　B. $\frac{1}{2}f^2(x^2)+C$；　C. $\frac{1}{4}f^2(x)+C$；　D. $\frac{1}{4}f^2(x^2)+C$.

三、判断题

1. 不定积分 $\int \sin 6x\mathrm{d}x = -\cos 6x + C$. ( )

2. 不定积分 $\int (6x-1)^{100}\mathrm{d}x = \frac{(6x-1)^{101}}{101} + C$. ( )

3. 不定积分 $\int \frac{f'(x)}{1+f^2(x)}\mathrm{d}x = \arctan f(x) + C$. ( )

4. 若 $\int f(x)\mathrm{d}x = F(x) + C$，则 $\int \mathrm{e}^{-x}f(\mathrm{e}^{-x})\mathrm{d}x = -F(\mathrm{e}^{-x}) + C$. ( )

四、计算题

1. 求下列不定积分：

(1) $\int \sin^5 x\mathrm{d}(\sin x)$；　(2) $\int \cos^3 x\mathrm{d}(\cos x)$；　(3) $\int (2x+3)^2\mathrm{d}x$

(4) $\int \left(x + \frac{\sin\sqrt{x}}{\sqrt{x}}\right)\mathrm{d}x$；　(5) $\int \frac{x\mathrm{d}x}{\sqrt{1-x^4}}$；　(6) $\int \frac{\tan x}{\cos^2 x}\mathrm{d}x$；

(7) $\int \frac{x\mathrm{d}x}{\sqrt{1-x^2}}$；　(8) $\int \frac{1}{2+x^2}\mathrm{d}x$；　(9) $\int \frac{\mathrm{d}x}{\sqrt{4-x^2}}$；

(10) $\int \frac{1}{\sqrt{1-x^2}\arcsin x}\mathrm{d}x$；　(11) $\int \frac{1}{(1+x^2)\arctan x}\mathrm{d}x$.

2. 求下列不定积分：

(1) $\int \frac{1}{\sqrt{x}+1}\mathrm{d}x$；　(2) $\int \frac{1}{\sqrt{x-1}+1}\mathrm{d}x$；

(3) $\int \frac{1}{\sqrt{x}+\sqrt[3]{x}}\mathrm{d}x$；　(4) $\int \frac{1}{1+\sqrt[3]{x}}\mathrm{d}x$.

3. 求下列不定积分：

(1) $\int \ln 2x\mathrm{d}x$；　(2) $\int \arctan 2x\mathrm{d}x$；　(3) $\int x\mathrm{e}^{4x}\mathrm{d}x$；

(4) $\int x^{1000}\ln x\mathrm{d}x$；　(5) $\int x\cos 3x\mathrm{d}x$；　(6) $\int (x+1)\mathrm{e}^x\mathrm{d}x$；

(7) $\int (\mathrm{e}^{\sqrt{x}}+1)\mathrm{d}x$；　(8) $\int x^3\ln x\mathrm{d}x$；　(9) $\int x\arctan 2x\mathrm{d}x$.

本 章 小 结

一、基本知识

1. 基本概念

原函数、不定积分、不定积分的几何意义.

2. 基本性质

(1) $\left[\int f(x)\mathrm{d}x\right]' = f(x)$ 或 $\mathrm{d}\left[\int f(x)\mathrm{d}x\right] = f(x)\mathrm{d}x$.

(2) $\int F'(x)\mathrm{d}x = F(x) + C$ 或 $\int \mathrm{d}F(x) = F(x) + C$.

(3) $\int kf(x)\mathrm{d}x = k\int f(x)\mathrm{d}x\ (k \neq 0)$.

(4) $\int [f(x) \pm g(x)]\mathrm{d}x = \int f(x)\mathrm{d}x \pm \int g(x)\mathrm{d}x$.

3. 基本公式

不定积分的基本积分公式(13个)，第一换元积分法(凑微分法)，第二换元积分法(真换元法)，分部积分公式.

4. 基本方法

第一换元积分法(凑微分法)，第二换元积分法，分部积分法.

二、要点解析

问题1 为什么同一个不定积分用不同的积分方法可得出形式完全不一样的结果?

解析 这是因为不定积分 $\int f(x)\mathrm{d}x$ 求的是一切原函数，而 $f(x)$ 的任何两个原函数之间相差一个常数，也正是由于这个缘故，才会出现同一函数的两个原函数在形式上有较大的差异，但是，不管所求原函数的形式如何，其导数都必须是被积函数，据此，可对所求结果的正确性进行检验.

问题2 第一换元积分法(凑微分法)、第二换元积分法(真换元法)及分部积分法分别解决何种类型的不定积分问题?

解析 第一换元积分法(凑微分法)解决复合函数的不定积分问题；第二换元积分法(真换元法)解决三角函数和根式函数的不定积分问题；分部积分法可化难为易，化繁为简，主要解决幂函数与指数函数、幂函数与对数函数、幂函数与反三角函数、指数函数与三角函数等基本初等函数的乘积的不定积分问题. 有时几种方法可综合使用.

三、例题精解

例1 求 $\int f'\left(\frac{x}{5}\right)\mathrm{d}x$.

解 $\int f'\left(\frac{x}{5}\right)\mathrm{d}x = 5\int f'\left(\frac{x}{5}\right)\mathrm{d}\left(\frac{x}{5}\right) = 5f\left(\frac{x}{5}\right) + C$

例2 求 $\int \frac{\mathrm{d}x}{x\sqrt{x^2-1}}$.

解法1 令 $x=\sec u$，则 $\mathrm{d}x=\sec u\tan u\mathrm{d}u$，于是

$$\int \frac{\mathrm{d}x}{x\sqrt{x^2-1}} = \int \frac{\sec u\tan u\mathrm{d}u}{\sec u\sqrt{\sec^2 u-1}} = \int \mathrm{d}u = u + C \xlongequal{\text{回代 } u=\operatorname{arcsec}x} \operatorname{arcsec}x + C$$

解法2 令 $\sqrt{x^2-1}=u$，则 $\mathrm{d}u=\frac{x\mathrm{d}x}{\sqrt{x^2-1}}$，而 $x^2=u^2+1$，于是

$$\int \frac{\mathrm{d}x}{x\sqrt{x^2-1}} = \int \frac{x\mathrm{d}x}{x^2\sqrt{x^2-1}} = \int \frac{u\mathrm{d}u}{(u^2+1)u}$$

$$= \int \frac{\mathrm{d}u}{1+u^2} = \arctan u + C$$

$$\xlongequal{\text{回代 } u=\sqrt{x^2-1}} \arctan\sqrt{x^2-1} + C$$

解法3 令 $x=\frac{1}{u}$，则 $\mathrm{d}x=-\frac{1}{u^2}\mathrm{d}u$，于是

$$\int \frac{dx}{x\sqrt{x^2-1}} = \int \frac{dx}{x^2\sqrt{1-\frac{1}{x^2}}}$$

$$= -\int \frac{du}{\sqrt{1-u^2}} = \arccos u + C \xlongequal{\text{回代}\ u=\frac{1}{x}} \arccos\frac{1}{x} + C$$

由上可见，计算积分问题，采用何种变法取决于被积函数的分析，着眼点不同就有不同的方法.

复 习 题 五

1. 求下列不定积分：

(1) $\int(x^3+x^2+x+1)dx$； (2) $\int \frac{dx}{x^2\sqrt{x}}$； (3) $\int(3x+\cos x)dx$；

(4) $\int \cot^2 x dx$； (5) $\int e^{-2x}dx$； (6) $\int \frac{x^2}{1+x^2}dx$.

2. 某曲线在任一点的切线斜率等于该点横坐标的倒数，且过点$(e^2,3)$，求该曲线方程.

3. 一物体由静止开始做直线运动，在 ts 时的速度为 $3t^2$m/s 时，问：

(1) 2s 后物体离开出发点的距离是多少?

(2) 需要多长时间走完 500m.

4. 求下列不定积分：

(1) $\int \frac{dx}{\sqrt[3]{3-2x}}$； (2) $\int \sin 5x dx$； (3) $\int x\sqrt{1-x^2}dx$；

(4) $\int \frac{\ln 2x dx}{x}$； (5) $\int \frac{1}{x^2}\cos\frac{1}{x}dx$； (6) $\int \cos^3 x dx$；

(7) $\int (x+100)^{100}dx$； (8) $\int \frac{dx}{\sqrt{1-9x^2}}$； (9) $\int \frac{\arctan\sqrt{x}}{(1+x)\sqrt{x}}dx$；

(10) $\int \arctan x dx$； (11) $\int x\ln x dx$.

5. 设某函数当 $x=1$ 时有极小值，当 $x=-1$ 时有极大值 4，又知道这个函数的导数具有形状 $y'=3x^2+bx+c$，求此函数.

【阅读资料】

欧洲科学史上著名的伯努利家族

在科学史上，父子科学家、兄弟科学家并不鲜见，然而，在一个家族跨世纪的几代人中，众多父子兄弟都是科学家的较为罕见，其中，瑞士的伯努利家族最为突出.

伯努利家族 3 代人中产生了 8 位科学家，出类拔萃的至少有 3 位；而在他们一代又一代的众多子孙中，至少有一半相继成为杰出人物. 伯努利家族的后裔有不少于120位被人们系统地追溯过，他们在数学、科学、技术、工程乃至法律、管理、文学、艺术等方面享有名望，有的甚至声名显赫. 最不可思议的是这个家族中有两代人，其中的大多数是数学家. 他们并非有意选择数学为职业，然而却忘情地沉溺于数学之中. 有人调侃他们就像酒鬼碰到了烈酒.

老尼古拉 · 伯努利(Nicolaus Bernoulli, 1623—1708)生于巴塞尔，受过良好教育，曾在当地政府和司法部门任高级职务. 他有3个卓有成就的儿子. 其中，长子雅各布和三子约翰成了著名的数学家，次子小尼古拉(Nicolaus I,1662—1716)在成为彼得堡科学院数学界的一员之前，是伯尔尼第一个法律学教授.

1. 雅各布 · 伯努利(Jocob Bernoulli,1654—1705)

1654年12月27日出生于巴塞尔，毕业于巴塞尔大学，1671年17岁时获艺术硕士学位，1676年22岁时又取得了神学硕士学位. 然而，他违背父亲的要他学法律的意愿，自学了数学和天文学. 1676年，他到日内瓦做家庭教师.

1687年，雅各布在《教师学报》上发表数学论文《用两相互垂直的直线将三角形的面积四等分的方法》，同年成为巴塞尔大学的数学教授，直至1705年8月16日逝世. 1699年，雅各布当选为巴黎科学院外籍院士；1701年被柏林科学协会(后为柏林科学院)接纳为会员.

许多数学成果都与雅各布的名字相联系. 例如，悬链线问题(1690年)，曲率半径公式(1694年)，伯努利双纽线(1694年)，伯努利微分方程(1695年)，等周问题(1700年)等. 雅各布对数学最重大的贡献是在概率论研究方面. 他从1685年起发表关于赌博游戏中输赢次数问题的论文，后来写成巨著《猜度术》，这本书在他死后8年，即1713年才得以出版. 雅各布最为人们津津乐道的轶事之一是他醉心于研究对数螺线，竟在遗嘱里要求后人将对数螺线刻在自己的墓碑上，并附以颂词“纵然变化，依然故我”，用以象征死后永垂不朽.

2. 约翰 · 伯努利(Johann Bernoulli,1667—1748)

1667年8月6日出生于巴塞尔. 他是雅各布 · 伯努利的弟弟，比哥哥小13岁. 1748年1月1日卒于巴塞尔，享年81岁，而哥哥只活到51岁.

约翰于1685年18岁时获巴塞尔大学艺术硕士学位. 父亲要他从事家庭事务的管理，同他的哥哥雅各布一样，约翰违背了父亲的意愿，并且在雅各布的带领下进行反抗，去学习医学和古典文学. 1690年约翰获医学硕士学位，1694年又获得博士学位. 但他发现他骨子里的兴趣是数学. 他一直向雅各布学习数学，并颇有造诣. 1695年，28岁的约翰取得了他的第一个学术职位——荷兰格罗宁根大学数学教授. 10年后的1705年，约翰接替去世的雅各布任巴塞尔大学数学教授. 同哥哥一样，他也当选为巴黎科学院外籍院士和柏林科学协会会员. 1712、1724和1725年，他还分别当选为英国皇家学会会员、意大利波伦亚科学院和圣彼得堡科学院的外籍院士. 约翰的数学成果比雅各布还要多. 例如，解决悬链线问题(1691年)，提出洛必达法则(1694年)、最速降线(1696年)和测地线问题(1697年)，给出求积分的变量替换法(1699年)，研究弦振动问题(1727年)，出版《积分学教程》(1742年)等. 约翰与他同时代的110位学者有通信联系，进行学术讨论的信件约有2500封，其中许多已成为珍贵的科学史文献.

约翰的另一大功绩是培养了一大批出色的数学家，其中包括18世纪最著名的数学家欧拉、瑞士数学家克莱姆、法国数学家洛必达，以及他自己的儿子丹尼尔和侄子尼古拉二世等.

3. 丹尼尔·伯努利(Daniel Bernoulli,1700—1782)

1700年2月8日出生于荷兰格罗宁根，瑞士物理学家、数学家、医学家. 他是约翰·伯努利的儿子，也是著名的伯努利家族中最杰出的一位.

丹尼尔于1716年16岁时获艺术硕士学位，1721年又获医学博士学位. 他曾申请解剖学和植物学教授职位，但未成功. 1724年，他在威尼斯旅途中发表《数学练习》，引起学术界关注，并被邀请到圣彼得堡科学院工作. 同年，他用变量分离法解决了微分方程中的里卡提方程. 1725年，25岁的丹尼尔受聘为圣彼得堡科学院的数学教授. 然而，丹尼尔认为圣彼得堡那地方的生活比较粗鄙，以至于8年以后的1733年，他找到机会返回瑞士巴塞尔，终于在那儿成为解剖学和植物学教授，最后又成为物理学教授. 1734年，丹尼尔荣获巴黎科学院奖金，以后又10次获得该奖金. 当时能与丹尼尔媲美的只有大数学家欧拉，两人保持了近40年的学术通信，在科学史上留下一段佳话. 1747年丹尼尔当选为柏林科学院院士，1748年当选巴黎科学院院士，1750年当选英国皇家学会会员. 1782年3月17日，丹尼尔在瑞士巴塞尔逝世，终年82岁.

在伯努利家族中，丹尼尔是涉及科学领域较多的一个，他的博学成为伯努利家族的代表. 1726年，丹尼尔通过无数次实验，发现了“边界层表面效应”：流体速度加快时，物体与流体接触的界面上的压力会减小，反之压力会增加. 这一发现被称为“伯努利效应”. 1738年丹尼尔发现了“伯努利定律”，出版了经典著作《流体动力学》，因此被称为“流体力学之父”. 在数学方面，有关微积分、微分方程和概率论等，他也做了大量而重要的工作. 同年，他还发现了伯努利方程，即伯努利理想正压流体在有势彻体力作用下做定常运动时，运动方程(即欧拉方程)沿流线积分而得到的表达运动流体机械能守恒的方程.

第 6 章　定积分及其应用

定积分是积分学的又一个重要概念，不论在理论上还是实际应用中，都有着十分重要的意义，是整个高等数学最重要的内容之一. 定积分是处理不均匀量“求和”的有力工具，如曲边梯形的面积、密度不均匀分布的直杆的质量等，在几何、物理、力学、经济学等学科中都有着广泛的应用. 本章内容安排较多，在分析典型实例的基础上，引出定积分的概念，进而讨论定积分的性质，重点研究微积分基本定理，建立关于定积分的换元法和分部积分法，最后讨论定积分的应用.

第 5 章关于积分法的全面训练，为这一章解决定积分的计算提供了必要的基础.

【基本要求】

1. 理解定积分的概念与几何意义.
2. 掌握定积分的基本性质.
3. 理解变上限函数的概念，掌握变上限函数的求导方法.
4. 熟练掌握微积分基本公式：牛顿—莱布尼茨公式，会用该公式计算函数的定积分.
5. 理解定积分的换元积分法与分部积分法.
6. 了解无穷区间上广义积分的概念.
7. 掌握直角坐标系下用定积分计算平面图形的面积以及平面图形绕坐标轴旋转所生成旋转体的体积.
8. 了解定积分在工程及物理学上的简单应用.

6.1　定积分的概念

6.1.1　两个实例

1. 曲边梯形的面积

设函数 $y=f(x)$ 在区间 $[a,b]$ 上非负且连续，由曲线 $y=f(x)$ 及直线 $x=a$，$x=b$ 和 $y=0$(即 x 轴)所围成的平面图形称为曲边梯形(见图 6-1)，其中曲线弧称为曲边，x 轴上对应区间 $[a,b]$ 的线段称为底边，直线 $x=a$，$x=b$ 称为直边. 如果会计算曲边梯形面积，那么就会求任意曲线所围成的图形面积 P 了，这一点可以从图 6-2 中清楚地看出，$P=P_2-P_1$，其中 P_2 是曲边 $\overparen{CMD}$ 在底边 AB 上所围面积，P_1 是曲边 $\overparen{CND}$ 在 AB 上所围面积.

要求如图 6-1 所示的曲边梯形的面积，可先把该曲边梯形沿着 y 轴方向切割成许多窄窄的小长条，把每个小长条近似看作一个矩形，用长乘宽求得小矩形面积，加起来就是曲边梯形面积的近似值，分割越细，误差越小，于是当所有的长条宽度趋近于零时，这个梯形面积的极限就成为曲边梯形面积的精确值了.

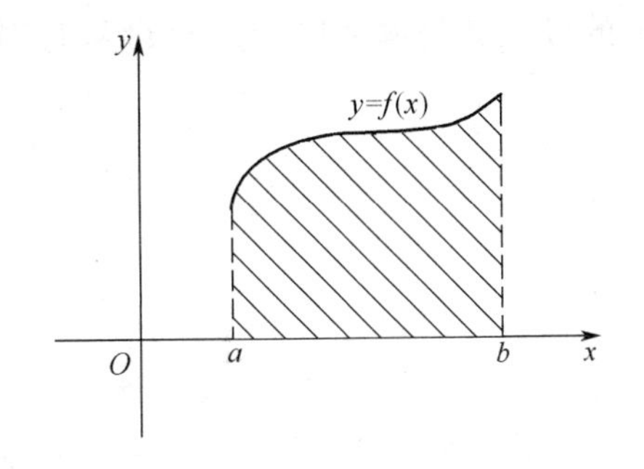

图 6-1

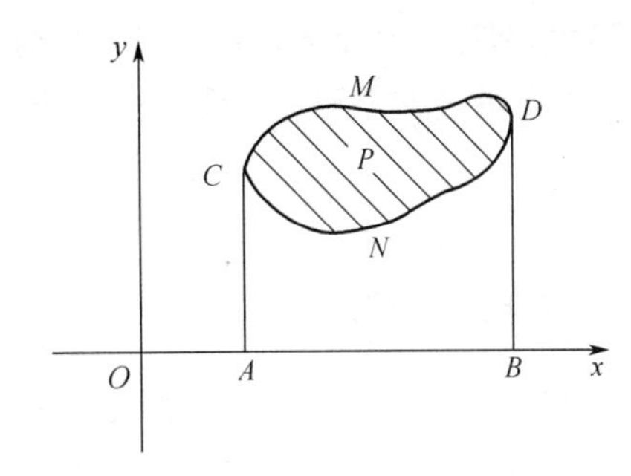

图 6-2

上述思路具体实施分为下述四步.

(1) 分割：在区间$[a,b]$内任意插入$n-1$个分点，且设

$$a=x_0<x_1<x_2<\cdots<x_{n-1}<x_n=b$$

把底边$[a,b]$分成n个小区间$[x_{i-1},x_i]$ $(i=1,2,\cdots,n)$. 第i个小区间$[x_{i-1},x_i]$的长度记为

$$\Delta x_i=x_i-x_{i-1}\quad(i=1,2,\cdots,n)$$

(2) 取近似：在每个小区间$[x_{i-1},x_i]$上任取一点ξ，则得小长条(小矩形)面积ΔA_i的近似值为

$$\Delta A_i\approx f(\xi_i)\Delta x_i\quad(i=1,2,\cdots,n)$$

(3) 求和：把n个小矩形面积相加(即阶梯形面积)就得到曲边梯形面积A的近似值

$$A_n\approx f(\xi_1)\Delta x_1+f(\xi_2)\Delta x_2+\cdots+f(\xi_n)\Delta x_n=\sum_{i=1}^{n}f(\xi_i)\Delta x_i$$

(4) 取极限：为了保证全部小区间长Δx_i都无限缩小，令小区间长度中的最大值$\lambda=\max\{\Delta x_i\}$趋于零，这时和式$\sum\limits_{i=1}^{n}f(\xi_i)\Delta x_i$的极限就是曲边梯形面积$A$的精确值，即

$$A=\lim_{\lambda\to 0}\sum_{i=1}^{n}f(\xi_i)\Delta x_i$$

2. 变速直线运动的路程

设某物体做直线运动，已知速度$v=v(t)$是时间间隔$[T_1,T_2]$上的连续函数，且$v(t)\geqslant 0$，要计算这段时间内所走的路程.

如果物体以速度为v(常数)做匀速直线运动，则路程$s=v\times(T_2-T_1)$；若速度$v(t)$是变化的，路程就不能用这种方法求得了.

解决这个问题的思路和步骤与求曲边梯形面积相类似.

(1) 分割：任取分点$T_1=t_0<t_1<t_2<\cdots<t_{n-1}<t_n=T_2$，把$[T_1,T_2]$分成$n$个小段，每小段长为

$$\Delta t_i=t_i-t_{i-1}\quad(i=1,2,\cdots,n)$$

(2) 取近似：把每小段$[t_{i-1},t_i]$上的运动视为匀速运动，任取时刻$\xi_i\in[t_{i-1},t_i]$，作乘积$v(\xi_i)\Delta t_i$，则在这小段时间内所走的路程Δs_i可近似表示为

$$\Delta s_i\approx v(\xi_i)\Delta t_i\quad(i=1,2,\cdots,n)$$

(3) 求和：将n个小段时间上的路程相加，就得到总路程s的近似值，即

$$s\approx\sum_{i=1}^{n}v(\xi_i)\Delta t_i$$

（4）取极限：当 $\lambda=\max\{\Delta t_i\}\to 0$ 时，上述和式的极限就是物体以变速 $v(t)$ 从时刻 T_1 到时刻 T_2 所走过的路程 s 的精确值，即

$$s=\lim_{\lambda\to 0}\sum_{i=1}^{n}v(\xi_i)\Delta t_i$$

6.1.2 定积分的概念

上述两个问题，一个是面积问题，一个是路程问题，具体内容和实际意义虽然不同，但是描述这两个问题的数学模型却是完全一样的，都是“和式”的极限. 可以用这一方法描述的量在各个科学技术领域上的应用是很广泛的，抛开这些问题的具体意义，抓住它们在数量关系上的特性与本质加以概括，我们可以抽象出下述定积分的定义.

定义 1 设函数 $y=f(x)$ 在 $[a,b]$ 上有定义，任取分点

$$a=x_0<x_1<x_2<\cdots<x_{n-1}<x_n=b$$

将区间 $[a,b]$ 分为 n 个小区间 $[x_{i-1},x_i]$ $(i=1,2,\cdots,n)$，每个小区间的长度为

$$\Delta x_i=x_i-x_{i-1}(i=1,2,\cdots,n)$$

其中的最大值 $\lambda=\max\limits_{1\leqslant i\leqslant n}\{\Delta x_i\}$，在每个小区间 $[x_{i-1},x_i]$ 上任取一点 ξ，作乘积 $f(\xi_i)\Delta x_i$，作和

$$\sum_{i=1}^{n}f(\xi_i)\Delta x_i$$

如果当 $\lambda\to 0$ 时上述和式的极限存在（即这个极限值与 $[a,b]$ 的分割方法及点 ξ_i 的取法均无关），则称此极限值为函数 $f(x)$ 在区间 $[a,b]$ 上的定积分，记为 $\int_a^b f(x)\,\mathrm{d}x$，即

$$\int_a^b f(x)\,\mathrm{d}x=\lim_{\lambda\to 0}\sum_{i=1}^{n}f(\xi_i)\Delta x_i$$

其中，x 为积分变量；$f(x)$ 为被积函数；$f(x)\,\mathrm{d}x$ 为被积表达式；$[a,b]$ 为积分区间；a，b 分别称为积分下限和上限.

有了这个定义，前面两个实际问题都可以用定积分表示为：

由曲线 $y=f(x)$ $(f(x)\geqslant 0)$ 与直线 $x=a$，$x=b$，$y=0$ 所围成的曲边梯形面积

$$A=\int_a^b f(x)\,\mathrm{d}x$$

以变速 $v=v(t)$ $(v(t)\geqslant 0)$ 做直线运动的物体，从时刻 T_1 到时刻 T_2 所走过的路程

$$s=\int_{T_1}^{T_2}v(t)\,\mathrm{d}t$$

关于定积分概念的几点说明：

（1）定积分是一种和式的极限，其值是一个实数，大小与被积函数及积分上、下限有关，而与积分变量采用什么字母无关. 例如，$\int_a^b f(x)\,\mathrm{d}x$，$\int_a^b f(t)\,\mathrm{d}t$，$\int_a^b f(u)\,\mathrm{d}u$ 等都表示同一个定积分.

（2）定义中曾要求积分限 $a<b$，现在补充如下规定：

当 $a=b$ 时，$\int_a^b f(x)\,\mathrm{d}x=0$；

当 $a>b$ 时，$\int_a^b f(x)\,\mathrm{d}x=-\int_b^a f(x)\,\mathrm{d}x$.

(3) 定积分的存在性：当 $f(x)$ 在 $[a,b]$ 上连续或只有有限个第一类间断点时，$f(x)$ 在 $[a,b]$ 上的定积分存在(也称可积). 由于初等函数在其定义内都是连续的，所以初等函数在其定义区间内都是可积的.

定积分定义叙述较长，但可以概括为如下便于记忆的四步：分割，取近似，求和，取极限.

6.1.3　定积分的几何意义

在前面的曲边梯形面积问题中，以 A 表示由 $y=f(x)$ 与直线 $x=a$，$x=b$，$y=0$ 所围成的曲边梯形面积. 如果 $f(x)>0$，图形在 x 轴之上，如图6-3所示，则积分值为正，有

$$\int_a^b f(x)\,\mathrm{d}x = A$$

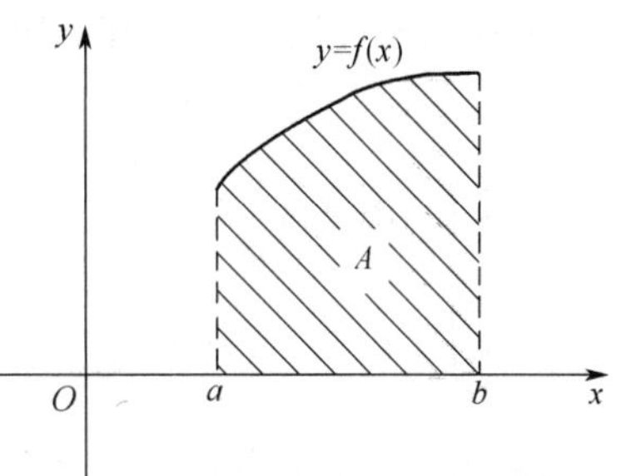

图 6-3

如果 $f(x)\leqslant 0$，则图形位于 x 轴下方，如图 6-4 所示，积分值为负，即

$$\int_a^b f(x)\,\mathrm{d}x = -A$$

如果 $f(x)$ 在 $[a,b]$ 内有正有负时，如图 6-5 所示，则积分值就等于曲线 $y=f(x)$ 在 x 轴上方部分与下方部分面积的代数和，即

$$\int_a^b f(x)\,\mathrm{d}x = A_1 - A_2 + A_3$$

其中，A_1，A_2，A_3 分别表示图 6-5 中所对应的阴影部分的面积.

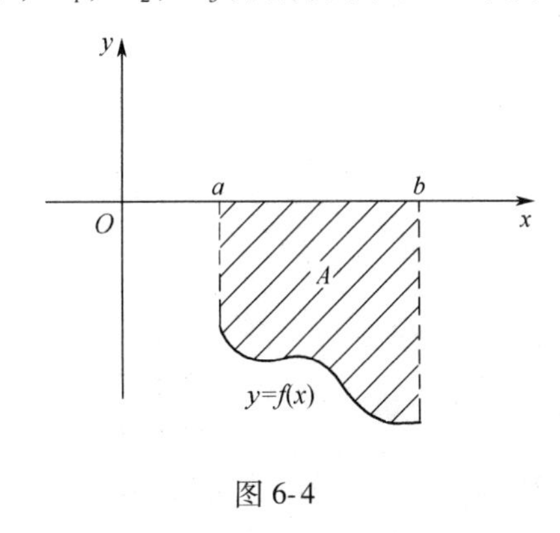

图 6-4

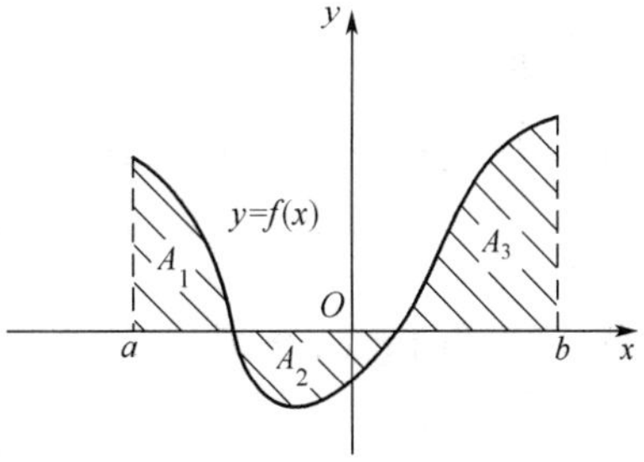

图 6-5

6.1.4　定积分的性质

为了理论与计算的需要，下面介绍定积分的基本性质. 下面论述中，假定有关函数都是连续的.

性质 1　被积分函数的常数因子可提到积分号外面，即

$$\int_a^b kf(x)\,\mathrm{d}x = k\int_a^b f(x)\,\mathrm{d}x \quad (k\text{ 为常数})$$

性质 2　函数的代数和可逐项积分，即

$$\int_a^b [f(x) \pm g(x)]\,\mathrm{d}x = \int_a^b f(x)\,\mathrm{d}x \pm \int_a^b g(x)\,\mathrm{d}x$$

性质 3（积分区间的分割性质）对任意常数 c，则

$$\int_a^b f(x)\,\mathrm{d}x = \int_a^c f(x)\,\mathrm{d}x + \int_c^b f(x)\,\mathrm{d}x$$

性质 4（积分的比较性质）　对 $\forall x \in [a,b]$，若 $f(x) \leqslant g(x)$，则

$$\int_a^b f(x)\,\mathrm{d}x \leqslant \int_a^b g(x)\,\mathrm{d}x$$

推论　若 $f(x) \geqslant 0$，且 $a<b$，则 $\int_a^b f(x)\,\mathrm{d}x \geqslant 0$.

上述几条性质，均可由定积分定义证得（从略）.

例 1　不计算定积分的值，比较下列定积分的大小.

(1) $\int_0^{\frac{\pi}{2}} x\mathrm{d}x$ 与 $\int_0^{\frac{\pi}{2}} \sin x\mathrm{d}x$；　　(2) $\int_0^{\frac{\pi}{2}} \cos x\mathrm{d}x$ 与 $\int_{\frac{\pi}{2}}^{\pi} \cos x\mathrm{d}x$；

(3) $\int_0^1 x\mathrm{d}x$ 与 $\int_0^1 x^2\mathrm{d}x$；　　(4) $\int_1^2 x\mathrm{d}x$ 与 $\int_1^2 x^2\mathrm{d}x$.

解　(1) 因为当 $0 \leqslant x \leqslant \frac{\pi}{2}$ 时，$\sin x \leqslant x$，所以由性质 4 有

$$\int_0^{\frac{\pi}{2}} \sin x\mathrm{d}x \leqslant \int_0^{\frac{\pi}{2}} x\mathrm{d}x$$

(2) 因为当 $0 \leqslant x \leqslant \frac{\pi}{2}$ 时，$\cos x \geqslant 0$，由性质 4 的推论有 $\int_0^{\frac{\pi}{2}} \cos x\mathrm{d}x \geqslant 0$；当 $\frac{\pi}{2} \leqslant x \leqslant \pi$ 时，$\cos x \leqslant 0$，由性质 4 的推论有 $\int_{\frac{\pi}{2}}^{\pi} \cos x\mathrm{d}x \leqslant 0$，所以

$$\int_0^{\frac{\pi}{2}} \cos x\mathrm{d}x \geqslant \int_{\frac{\pi}{2}}^{\pi} \cos x\mathrm{d}x$$

(3) 因为当 $0 \leqslant x \leqslant 1$ 时，$x \geqslant x^2$，所以由性质 4 有

$$\int_0^1 x\mathrm{d}x \geqslant \int_0^1 x^2\mathrm{d}x$$

(4) 因为当 $1 \leqslant x \leqslant 2$ 时，$x \leqslant x^2$，所以由性质 4 有

$$\int_1^2 x\mathrm{d}x \leqslant \int_1^2 x^2\mathrm{d}x$$

性质 5（积分估值性质）　设 M 与 m 分别是 $f(x)$ 在 $[a,b]$ 上的最大值与最小值，则

$$m(b-a) \leqslant \int_a^b f(x)\,\mathrm{d}x \leqslant M(b-a)$$

证　因为 $m \leqslant f(x) \leqslant M$，所以由性质 4 得

$$\int_a^b m\mathrm{d}x \leqslant \int_a^b f(x)\,\mathrm{d}x \leqslant \int_a^b M\mathrm{d}x$$

再将常数因子提出，并利用 $\int_a^b \mathrm{d}x = b-a$，即可证得.

性质 6（积分中值定理）　如果 $f(x)$ 在 $[a,b]$ 上连续，则至少存在一点 $\xi \in [a,b]$，使得

$$\int_a^b f(x)\,\mathrm{d}x = f(\xi)(b-a)$$

证　将性质 5 中不等式除以 $(b-a)$，得

$$m \leqslant \frac{1}{b-a}\int_a^b f(x)\mathrm{d}x \leqslant M$$

设 $\frac{1}{b-a}\int_a^b f(x)\mathrm{d}x = \mu$ ，则

$$m \leqslant \mu \leqslant M$$

由于$f(x)$为$[a,b]$区间上的连续函数，所以，它能取到介于其最小值与最大值之间的任何一个数值(连续函数的介值定理). 因此在$[a,b]$上至少存在一点ξ，使得$f(\xi)=\mu$，即

$$\frac{1}{b-a}\int_a^b f(x)\mathrm{d}x = f(\xi), \qquad \int_a^b f(x)\mathrm{d}x = f(\xi)(b-a)$$

积分中值定理有明显的几何意义：曲边$y=f(x)$在$[a,b]$底上所围成的曲边梯形面积，等于同一底边上，高为$f(\xi)$的一个矩形面积(见图6-6). 从几何角度容易看出，数值$\mu = \frac{1}{b-a}\int_a^b f(x)\mathrm{d}x$ 表示连续曲线$y=f(x)$在$[a,b]$上的平均高度，也就是函数$f(x)$在$[a,b]$上的平均值，这是有限个数的平均值概念的拓展.

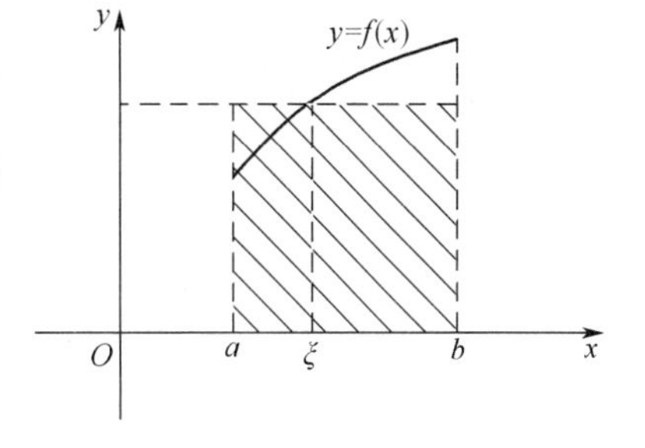

图6-6

例2　估计定积分$\int_{-1}^1 \mathrm{e}^{-x^2}\mathrm{d}x$的值.

解　先求$f(x)=\mathrm{e}^{-x^2}$在$[-1,1]$上的最大值和最小值. 因为$f'(x)=-2x\mathrm{e}^{-x^2}$，令$f'(x)=0$，得驻点$x=0$，计算$f(x)$在驻点及区间端点处的函数值，得

$$f(0)=\mathrm{e}^0=1, \ f(-1)=f(1)=\mathrm{e}^{-1}=\frac{1}{\mathrm{e}}$$

故最大值$M=1$，最小值$m=\frac{1}{\mathrm{e}}$，而区间长为2，所以由性质5得

$$\frac{2}{\mathrm{e}} \leqslant \int_{-1}^1 \mathrm{e}^{-x^2}\mathrm{d}x \leqslant 2$$

习题　6.1

一、填空题

1. 定积分的值与________无关，只与________和________有关.

2. 定积分$\int_a^a f(x)\mathrm{d}x =$ ________.

3. 定积分$\int_1^{\mathrm{e}} 2\mathrm{d}x =$ ________.

4. $\frac{\mathrm{d}}{\mathrm{d}x}\int_a^b \sin x^2\mathrm{d}x =$ ________.

5. 根据定积分的几何意义计算：$\int_0^1 \sqrt{1-x^2}\,dx =$ ________ ，$\int_{-2}^2 \sqrt{4-x^2}\,dx =$ ________ .

6. 当 $b \neq 0$ 时，$\int_1^b \ln x dx = 1$，则 $b=$ ________.

7. 若 $\int_a^b \frac{f(x)}{f(x)+g(x)} dx = 1$，则 $\int_a^b \frac{g(x)}{f(x)+g(x)} dx =$ ________ .

二、选择题

1. 设函数 $f(x)$ 在区间 $[a,b]$ 上连续，则 $\int_a^b f(x)\,dx - \int_a^b f(t)\,dt$ 的值(　　).

A. 大于 0；　B. 小于 0；　C. 等于 0；　D. 不能确定.

2. 用定积分的几何意义计算 $\int_{-1}^1 |x|\,dx =$ (　　).

A. 0；　B. $\frac{1}{2}$；　C. 1；　D. 2.

3. $\frac{d}{dx}\int_a^b \arctan x dx =$ (　　) .

A. $\arctan x$；　B. $\frac{1}{1+x^2}$；　C. $\arctan b - \arctan a$；　D. 0.

三、判断题

1. 若定积分 $\int_a^b f(x)\,dx = 0$，则在区间 $[a,b]$ 上，$f(x) \equiv 0$. (　　)

2. 导数 $\left(\int_a^b f(x)\,dx\right)'_x = f(b)$. (　　)

3. 定积分 $\int_a^b dx = b - a$. (　　)

4. 定积分 $\int_a^b f(x)\,dx = -\int_b^a f(x)\,dx$. (　　)

四、计算题

1. 不计算定积分的值比较下列定积分的大小：

(1) $\int_0^1 x^2 dx$ 与 $\int_0^1 x^3 dx$ ；　(2) $\int_1^e \ln^2 x dx$ 与 $\int_1^e \ln x dx$ ；

(3) $\int_{-1}^0 e^x dx$ 与 $\int_{-1}^0 e^{-x} dx$ ；　(4) $\int_0^\pi \sin x dx$ 与 $\int_0^\pi \cos x dx$.

2. 设 $f(x)$ 是连续函数，且 $f(x) = x^2 + 2\int_0^1 f(t)\,dt$ ，试求：

(1) $\int_0^1 f(x)\,dx$ ；　(2) $f(x)$.

3. 试用定积分表示图 6-7 所示的平面图形的面积：

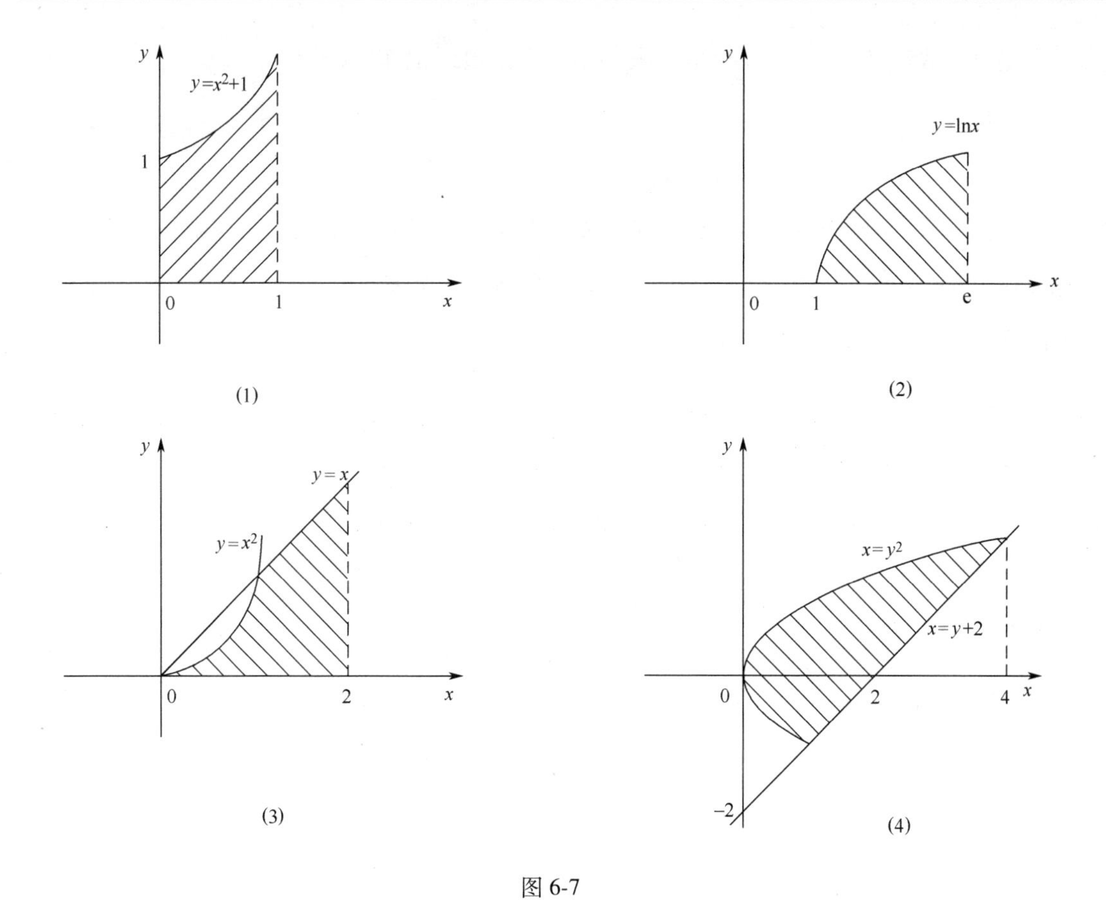

图 6-7

6.2　微积分基本定理

定积分和不定积分是两个完全不同的概念，定积分是求某一个特定和式的极限，直接按定义来计算是一件十分复杂的事；不定积分是求全体原函数. 然而，两者之间又存在着密不可分的内在联系. 下面通过对定积分与原函数关系的讨论，导出一种计算定积分的简便有效的公式：牛顿—莱布尼茨公式(Newton-Leibniz 公式)，也就是微积分基本定理，它将揭示不定积分与定积分之间的联系.

6.2.1　变上限函数

下面先来介绍一类函数——变上限积分函数.

设函数$f(x)$在区间$[a,b]$上连续，x为区间$[a,b]$上任意一点，则$f(x)$在区间$[a,x]$上可积，即定积分$\int_a^x f(x)\,\mathrm{d}x$存在，且是一个确定数值. 这种写法有一个不方便之处，就是x既出现在被积表达式中，是积分变量，又出现在积分限中，是积分上限. 为避免混淆，把积分变量改用其他字母，如t，于是这个积分就写成$\int_a^x f(t)\,\mathrm{d}t$. 显然，由于积分下限为定数$a$，上限$x$在区间$[a,b]$上变化，对于每一个确定的$x$值，定积分$\int_a^x f(x)\,\mathrm{d}x$就有一个确定的值与之对应，因此由函数定义知，$\int_a^x f(t)\mathrm{d}t$ 是上限 x 的一个函数，记作 $\Phi(x)$，即

$$\Phi(x)=\int_a^x f(t)\mathrm{d}t,\quad x\in[a,b]$$

通常称函数 $\Phi(x)$ 为**变上限积分函数**或**变上限函数**，其几何意义如图 6-8 所示. 例如，$\int_0^x \mathrm{e}^t\mathrm{d}t$，$\int_0^x (t^2+2t+5)\mathrm{d}t$ 等，均属变上限积分函数(简称为变上限函数).

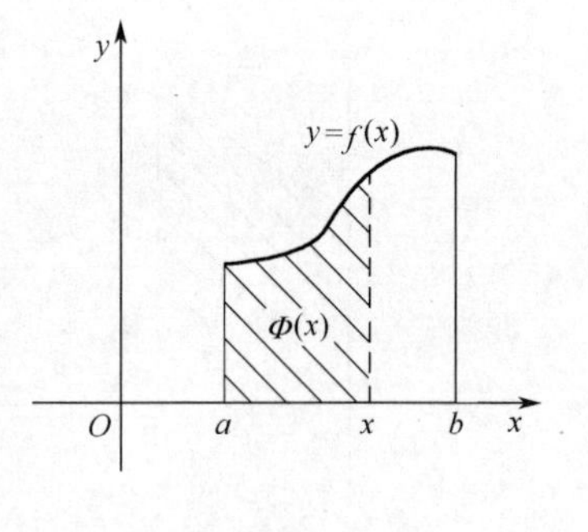

图 6-8

6.2.2 变上限函数的导数

定理 1 如果函数 $f(x)$ 在 $[a,b]$ 上连续，则变上限积分 $\Phi(x)=\int_a^x f(t)\mathrm{d}t$ 在区间 $[a,b]$ 上可导，且其导数就是 $f(x)$，即

$$\Phi'(x)=\frac{\mathrm{d}}{\mathrm{d}x}\int_a^x f(t)\mathrm{d}t=f(x),\quad x\in[a,b]$$

证 如图 6-9 所示，给上限 x 充分小的改变量 Δx 时，使 $x+\Delta x\in[a,b]$，而变上限函数 $\Phi(x)$ 获得改变量为 $\Delta\Phi$，由性质 3 和性质 6(积分中值定理)可知

$$\Delta\Phi=\Phi(x+\Delta x)-\Phi(x)=\int_a^{x+\Delta x} f(t)\mathrm{d}t-\int_a^x f(t)\mathrm{d}t=\int_x^{x+\Delta x} f(t)\mathrm{d}t=f(\xi)\Delta x$$

其中，$x\leqslant\xi\leqslant x+\Delta x$ 或 $x+\Delta x\leqslant\xi\leqslant x$，当 $\Delta x\to 0$ 时，有 $\xi\to x$，于是由导数定义和 $f(x)$ 的连续性，得

$$\Phi'(x)=\lim_{\Delta x\to 0}\frac{\Delta\Phi}{\Delta x}=\lim_{\xi\to x}f(\xi)=f(x)$$

即

$$\Phi'(x)=\left[\int_a^x f(t)\mathrm{d}t\right]'=f(x)$$

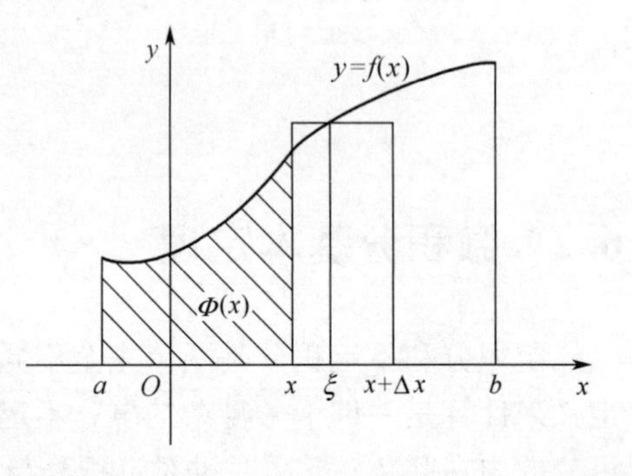

图 6-9

由上式可知，本定理把导数和定积分这两个表面上看似不相干的概念联系了起来，它表明：在某区间上连续的函数 $f(x)$，变上限函数 $\Phi(x)=\int_a^x f(t)\mathrm{d}t$ 是 $f(x)$ 的一个原函数. 于是不加证明地给出如下定理.

定理 2(原函数存在定理) 若函数 $f(x)$ 在区间 $[a,b]$ 上连续，则在该区间上 $f(x)$ 的原函数一定存在.

这样就解决了第 5 章留下来的原函数的存在问题.

例 1 求下列函数的导数：

(1) $\Phi(x)=\int_0^x \mathrm{e}^{-t}\mathrm{d}t$；　　(2) $\Phi(x)=\int_0^{x^2} \mathrm{e}^{-t}\mathrm{d}t$.

解 (1) 因为函数 $f(t)=\mathrm{e}^{-t}$ 是连续函数，由定理 1 得

$$\Phi'(x)=\frac{\mathrm{d}}{\mathrm{d}x}\int_0^x \mathrm{e}^{-t}\mathrm{d}t=\mathrm{e}^{-x}$$

(2) 设 $u=x^2$，由复合函数求导法则得

$$\Phi'(x)=\frac{\mathrm{d}}{\mathrm{d}x}\int_0^{x^2}\mathrm{e}^{-t}\mathrm{d}t=\mathrm{e}^{-u}\cdot(x^2)'=\mathrm{e}^{-u}\cdot 2x=2x\mathrm{e}^{-x^2}$$

例 2　设 $\Phi(x)=\int_0^x \cos t^2\mathrm{d}t$，求其在 $x=0$，$x=\dfrac{\sqrt{\pi}}{2}$处的导数.

解　因为 $\dfrac{\mathrm{d}}{\mathrm{d}x}\int_0^x \cos t^2\mathrm{d}t=\cos x^2$，故

$$\Phi'(0)=\cos 0^2=1,\ \Phi'\left(\frac{\sqrt{\pi}}{2}\right)=\cos\left(\frac{\sqrt{\pi}}{2}\right)^2=\frac{\sqrt{2}}{2}$$

例 3　求极限　$\lim\limits_{x\to 0}\dfrac{\int_0^x \mathrm{e}^{-t^2}\mathrm{d}t}{2x}$.

解　因为 $\lim\limits_{x\to 0}=\int_0^x \mathrm{e}^{-t^2}\mathrm{d}t=\int_0^0 \mathrm{e}^{-t^2}\mathrm{d}t=0$，$\lim\limits_{x\to 0}(2x)=0$，所以本题属于"$\dfrac{0}{0}$"型未定式，可以用洛必达法则来求，即

$$\lim_{x\to 0}\frac{\int_0^x \mathrm{e}^{-t^2}\mathrm{d}t}{2x}=\lim_{x\to 0}\frac{\left(\int_0^x \mathrm{e}^{-t^2}\mathrm{d}t\right)'}{(2x)'}\lim_{x\to 0}\frac{\mathrm{e}^{-x^2}}{2}=\frac{1}{2}\mathrm{e}^0=\frac{1}{2}$$

6.2.3　微积分基本定理

定理 3（牛顿—莱布尼茨公式）　设函数 $F(x)$ 是连续函数 $f(x)$ 在闭区间 $[a,b]$ 上的任一原函数，则有

$$\int_a^b f(x)\mathrm{d}x=F(b)-F(a)$$

证　由于函数 $f(x)$ 在区间上 $[a,b]$ 连续，由定理 1 可知，变上限函数 $\Phi(x)=\int_a^x f(t)\mathrm{d}t$ 也是 $f(x)$ 的一个原函数，从定理条件知 $F(x)$ 也是 $f(x)$ 的一个原函数，上述两个原函数之间只相差一个常数 C，即

$$\Phi(x)-F(x)=C\quad(C\text{ 为任意常数})$$

因此

$$\int_a^x f(t)\mathrm{d}t=F(x)+C$$

下面来确定常数 C 的值. 用 $x=a$ 代入上式两边，得

$$\int_a^a f(t)\mathrm{d}t=F(a)+C=0,\quad\text{即 } C=-F(a)$$

因此有

$$\int_a^x f(t)\mathrm{d}t=F(x)-F(a)$$

再用 $x=b$ 代入上式，得所求积分为

$$\int_a^b f(t)\mathrm{d}t=F(b)-F(a)$$

因为积分值与积分变量的记号无关，仍用 x 表示积分变量，即得

$$\int_a^b f(x)\mathrm{d}x=F(b)-F(a)=F(x)\Big|_a^b$$

上式称为牛顿—莱布尼茨公式，该公式可叙述为：定积分的值，等于其原函数在积分

上、下限处值的差. 这是一个非常重要的公式，也称为微积分基本定理. 它揭示了定积分与不定积分之间的内在联系，把定积分与原函数这两个本来似乎并不相关的概念建立起定量关系，从而为定积分计算找到了一条简捷的途径. 它是整个积分学中最重要的公式.

为计算方便，上述公式常采用下面的格式

$$\int_a^b f(x)\,dx = F(x)\Big|_a^b = F(b) - F(a)$$

例 4 求定积分：

(1) $\int_0^1 (x^2 + e^x)\,dx$；(2) $\int_0^1 \frac{dx}{\sqrt{x(1-x)}}$；(3) $\int_{-1}^1 \sqrt{x^2}\,dx$.

解 (1) $\int_0^1 (x^2 + e^x)\,dx = \int_0^1 x^2 dx + \int_0^1 e^x dx = \frac{x^3}{3}\Big|_0^1 + e^x\Big|_0^1 = \frac{1}{3} - 0 + e - 1 = e - \frac{2}{3}$

(2) $\int_0^1 \frac{dx}{\sqrt{x(1-x)}} = \int_0^1 \frac{1}{\sqrt{1-x}}\cdot\frac{1}{\sqrt{x}}dx = 2\int_0^1 \frac{1}{\sqrt{1-(\sqrt{x})^2}}d\sqrt{x} = 2\arcsin\sqrt{x}\Big|_0^1$

$= 2(\arcsin 1 - \arcsin 0) = 2\left(\frac{\pi}{2} - 0\right) = \pi$

(3) 先将$\sqrt{x^2} = |x|$在区间$[-1,1]$上写成分段函数的形式

$$f(x) = \sqrt{x^2} = |x| = \begin{cases} -x & -1 \leqslant x \leqslant 0 \\ x & 0 \leqslant x \leqslant 1 \end{cases}$$

于是

$$\int_{-1}^1 \sqrt{x^2}\,dx = \int_{-1}^0 (-x)\,dx + \int_0^1 x\,dx$$

$$= -\frac{x^2}{2}\Big|_{-1}^0 + \frac{x^2}{2}\Big|_0^1 = 1$$

注意：本题如果不分段积分，则得错误结果

$$\int_{-1}^1 \sqrt{x^2}\,dx = \int_{-1}^1 x\,dx = \frac{x^2}{2}\Big|_{-1}^1 = 0$$

事实上，因为$\sqrt{x^2} \geqslant 0$，所以积分值应为正数，而不应是 0.

习题 6.2

一、填空题

1. 定积分 $\int_0^{\frac{1}{2}} (2x+1)^{99} dx =$ ________.

2. 设 $\Phi(x) = \int_0^x \cos t^2 dt$，则 $\Phi'\left(\sqrt{\frac{\pi}{4}}\right) =$ ________.

3. 定积分 $\int_0^1 x e^{x^2} dx =$ ________.

4. 设$f(x)$有连续导数，$f(b)=5$，$f(a)=3$，则 $\int_a^b f'(x)\,dx =$ ________.

5. 定积分 $\int_1^4 \frac{e^{\sqrt{x}}}{\sqrt{x}} dx =$ ________.

6. 定积分 $\int_1^3 |x-2|\,dx =$ ________.

7. 极限 $\lim\limits_{x \to 0} \dfrac{\int_0^x \cos t \mathrm{d}t}{x} =$ ________ .

二、选择题

1. $\dfrac{\mathrm{d}}{\mathrm{d}x}\int_1^x \sin t \mathrm{d}t =$ (　　).

A. $\cos x$;　　B. $\sin x$;　　C. $\sin t$;　　D. $\cos t$.

2. 若 $\int_a^x f(t)\mathrm{d}t = a^{2x}$，则 $f(x)=$ (　　).

A. $2a^{2x}$;　　B. $a^{2x}\ln a$;　　C. $2xa^{2x-1}$;　　D. $2a^{2x}\ln a$.

3. 极限 $\lim\limits_{x \to 0} \dfrac{\int_0^x \sin t \mathrm{d}t}{x^2} =$ (　　).

A. 0;　　B. $\dfrac{1}{2}$;　　C. 1;　　D. ∞.

4. 极限 $\lim\limits_{x \to 0} \dfrac{\int_0^x t\sin t \mathrm{d}t}{\int_0^x t^2 \mathrm{d}t} =$ (　　).

A. -1;　　B. 0;　　C. 1;　　D. 2.

5. $\dfrac{\mathrm{d}}{\mathrm{d}x}\int_1^2 \sin x \mathrm{d}x =$ (　　).

A. 0;　　B. $\cos 2-\cos 1$;　　C. $\sin 2-\sin 1$;　　D. $\sin 1-\sin 2$.

6. $\int_0^1 \dfrac{x^2}{1+x^2}\mathrm{d}x =$ (　　).

A. 0;　　B. $1-\dfrac{\pi}{4}$;　　C. 1;　　D. $\dfrac{\pi}{4}-1$.

三、解答题

1. 计算下列各定积分：

(1) $\int_0^{\pi} \cos\left(\dfrac{x}{4}+\dfrac{\pi}{4}\right)\mathrm{d}x$;　　(2) $\int_1^{e} \dfrac{\ln x}{2x}\mathrm{d}x$;　　(3) $\int_0^1 \dfrac{\mathrm{d}x}{100+x^2}$;

(4) $\int_0^{\frac{\pi}{4}} \dfrac{\tan x}{\cos^2 x}\mathrm{d}x$;　　(5) $\int_0^{\frac{\pi}{2}} \sin 2x \mathrm{d}x$;　　(6) $\int_0^3 (|x-1|+|x-3|)\mathrm{d}x$.

2. 求极限 $\lim\limits_{x \to 1} \dfrac{\int_1^x \sin \pi t \mathrm{d}t}{1+\cos \pi x}$.

3. 设函数 $f(x)=\begin{cases} x^2+1 & -1 \leqslant x \leqslant 0 \\ x+1 & 0 \leqslant x \leqslant 1 \end{cases}$，求 $\int_{-1}^1 f(x)\mathrm{d}x$.

4. 利用定积分的估值公式，估计定积分 $\int_{-1}^1 (x^2+2x+1)\mathrm{d}x$ 的值.

5. 设函数 $f(x)=x^3+1$，求函数在闭区间$[-1,1]$上的平均值.（利用连续函数在闭区间$[a,b]$上的平均值公式 $\overline{f}=\dfrac{1}{b-a}\int_a^b f(x)\mathrm{d}x$）

6.3　定积分的积分方法

与不定积分的基本积分方法相对应，定积分也有换元法和分部法. 重提这两个方法，目的在于简化定积分的计算，最终的计算总是离不开牛顿—莱布尼茨公式. 无穷区间上的广义积分研究的是积分区间为无穷区间时的定积分，它在实践中有重要的应用.

6.3.1　定积分的换元积分法

例 1　求 $\int_0^4 \frac{dx}{1+\sqrt{x}}$.

解法 1　令 $\sqrt{x}=t$，则 $x=t^2$，$dx=2tdt$，于是

$$\int \frac{dx}{1+\sqrt{x}} = \int \frac{2tdt}{1+t} = 2\int \frac{1+t-1}{1+t}dt = 2\int\left(1-\frac{1}{1+t}\right)dt$$

$$=2(t-\ln|1+t|)+C \xlongequal{\text{回代 } t=\sqrt{x}} 2[\sqrt{x}-\ln(1+\sqrt{x})]+C$$

于是 $\int_0^4 \frac{dx}{1+\sqrt{x}} = 2\left[\sqrt{x}-\ln(1+\sqrt{x})\right]\Big|_0^4 = 4-2\ln3$

解法 2　令 $\sqrt{x}=t$，即 $x=t^2(t\geqslant0)$. 当 $x=0$ 时，$t=0$；当 $x=4$ 时，$t=2$. 于是

$$\int_0^4 \frac{dx}{1+\sqrt{x}} = \int_0^2 \frac{2tdt}{1+t} = 2\int_0^2\left(1-\frac{1}{1+t}\right)dt = \left[2t-\ln(1+t)\right]\Big|_0^2 = 4-2\ln3$$

解法 2 要比解法 1 简单一些，因为它省掉了变量回代的步骤，而这一步在计算中往往也不是十分简单的. 解法 2 的关键是“在换元的同时进行换限”.

以后在定积分使用换元法时，按照这种“换元同时必换上下限”的方法来做.

一般地，定积分换元法可叙述如下：

定理 4　设函数 $f(x)$ 在 $[a,b]$ 上连续，而 $x=\varphi(t)$ 满足下列条件：

(1) $x=\varphi(t)$ 在 $[\alpha,\beta]$ 上单调，且有连续导数；

(2) $\varphi(\alpha)=a$，$\varphi(\beta)=b$，且当 t 在以 α 和 β 为端点的闭区间 $[\alpha,\beta]$ $(\alpha<\beta)$ 或 $[\beta,\alpha]$ $(\beta<\alpha)$ 上变化时，$x=\varphi(t)$ 的值在 $[a,b]$ 上变化，则有换元公式

$$\int_b^a f(x)dx = \int_\alpha^\beta f[\varphi(t)]\varphi'(t)dt$$

上述条件是为了保证两端的被积函数在相应区间上连续，从而可积. 需要强调指出：换元必换限，即**(原)上限对(新)上限，(原)下限对(新)下限**.

例 2　求 $\int_0^{\ln2}\sqrt{e^x-1}\,dx$.

解　设 $\sqrt{e^x-1}=t$，即 $x=\ln(t^2+1)$，$dx=\frac{2t}{t^2+1}dt$. 换积分限：当 $x=0$ 时，$t=0$；当 $x=\ln2$ 时，$t=1$. 于是

$$\int_0^{\ln2}\sqrt{e^x-1}\,dx = \int_0^1 \frac{2t}{t^2+1}t\,dt = 2\int_0^1 \frac{t^2}{1+t^2}dt$$

$$= 2\int_0^1\left(1 - \frac{1}{t^2 + 1}\right)\mathrm{d}t = 2(t - \arctan t)\Big|_0^1 = 2 - \frac{\pi}{2}$$

下面利用定积分的换元法，来推证一些有用的结论.

例 3　设函数 $f(x)$ 在对称区间 $[-a,a]$ 上连续，试证明

$$\int_{-a}^{a} f(x)\mathrm{d}x = \begin{cases} 2\int_0^a f(x)\mathrm{d}x & \text{当} f(x) \text{是偶函数时} \\ 0 & \text{当} f(x) \text{是奇函数时} \end{cases}$$

证　因为

$$\int_{-a}^{a} f(x)\mathrm{d}x = \int_{-a}^{0} f(x)\mathrm{d}x + \int_0^a f(x)\mathrm{d}x$$

对积分 $\int_{-a}^{0} f(x)\mathrm{d}x$ 作变量代换 $x=-t$，由定积分换元法，得

$$\int_{-a}^{0} f(x)\mathrm{d}x = -\int_a^0 f(-t)\mathrm{d}t = \int_0^a f(-t)\mathrm{d}t = \int_0^a f(-x)\mathrm{d}x$$

于是

$$\int_{-a}^{a} f(x)\mathrm{d}x = \int_0^a(-x)\mathrm{d}x + \int_0^a f(x)\mathrm{d}x = \int_0^a [f(-x) + f(x)]\mathrm{d}x$$

（1）若 $f(x)$ 为偶函数，即 $f(-x)=f(x)$，由上式得

$$\int_{-a}^{a} f(x)\mathrm{d}x = 2\int_0^a f(x)\mathrm{d}x$$

（2）若 $f(x)$ 为奇函数时，即 $f(-x)=-f(x)$，有

$$f(-x)+f(x)=0$$

则

$$\int_{-a}^{a} f(x)\mathrm{d}x = 0$$

该结论的几何意义是很明确显的，如图 6-10 及图 6-11 所示 .

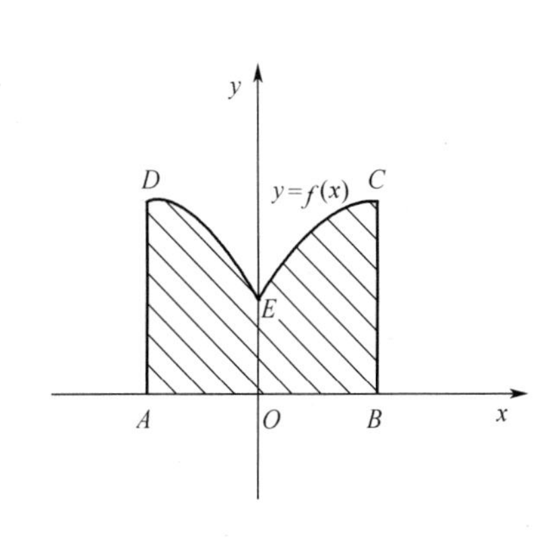

图 6-10

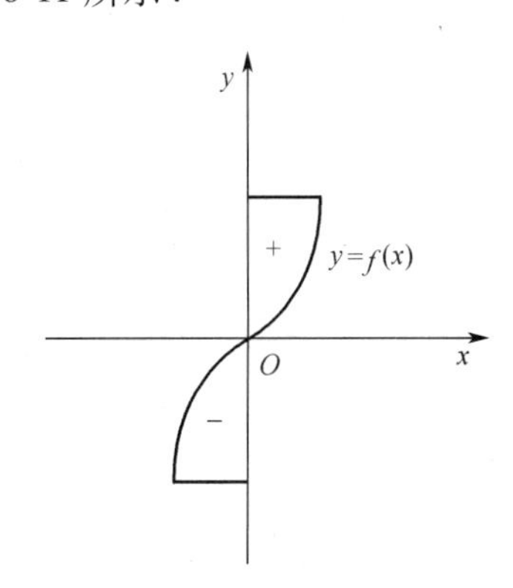

图 6-11

利用这个结果，奇、偶函数在对称区间上的积分计算可以得到简化，甚至不经计算即可得出结果. 例如，$\int_{-1}^{1} x^9\cos x\mathrm{d}x = 0$（因为 $x^9\cos x$ 为奇函数）.

例 4　证明 $\int_0^{\frac{\pi}{2}} f(\sin x)\mathrm{d}x = \int_0^{\frac{\pi}{2}} f(\cos x)\mathrm{d}x$.

证 比较两边被积函数，可令 $x=\frac{\pi}{2}-t$. 换限：当 $x=0$ 时，$t=\frac{\pi}{2}$；当 $x=\frac{\pi}{2}$时，$t=0$. 于是

$$\int_0^{\frac{\pi}{2}} f(\sin x)\,\mathrm{d}x = -\int_{\frac{\pi}{2}}^{0} f\left[\sin\left(\frac{\pi}{2}-t\right)\right]\mathrm{d}t = \int_0^{\frac{\pi}{2}} f(\cos t)\,\mathrm{d}t = \int_0^{\frac{\pi}{2}} f(\cos x)\,\mathrm{d}x$$

6.3.2 定积分的分部积分法

将定积分的分部积分公式带上积分限，即得定积分的分部积分公式，该公式可叙述为：

定理 5 设 $u(x)$，$v(x)$ 在 $[a,b]$ 上有连续导数，则有

$$\int_a^b u\mathrm{d}v = uv\Big|_a^b - \int_a^b v\mathrm{d}u$$

使用定积分分部积分公式时，要把先积出来的那一部分代入上下限求值，余下的部分继续积分，这样做比完全把原函数求出来再代入上下限要简便一些.

例 5 求 $\int_0^{\frac{\pi}{2}} x\cos x\mathrm{d}x$.

解 $\int_0^{\frac{\pi}{2}} x\cos x\mathrm{d}x = \int_0^{\frac{\pi}{2}} x\mathrm{d}(\sin x) = x\sin x\Big|_0^{\frac{\pi}{2}} - \int_0^{\frac{\pi}{2}} \sin x\mathrm{d}x = \left(\frac{\pi}{2}-0\right) - (-\cos x)\Big|_0^{\frac{\pi}{2}}$

$$= \frac{\pi}{2} + (0-1) = \frac{\pi}{2} - 1$$

例 6 求 $\int_1^{\mathrm{e}} \ln x\mathrm{d}x$.

解 $\int_1^{\mathrm{e}} \ln x\mathrm{d}x = x\ln x\Big|_1^{\mathrm{e}} - \int_1^{\mathrm{e}} x\mathrm{d}(\ln x) = \mathrm{e} - \int_1^{\mathrm{e}} x\cdot\frac{1}{x}\mathrm{d}x = \mathrm{e} - \int_1^{\mathrm{e}}\mathrm{d}x = \mathrm{e} - (\mathrm{e}-1) = 1$

例 7 设 $f(x)=\begin{cases}1+x^2 & x\leqslant 0\\ \mathrm{e}^x & x>0\end{cases}$，求 $\int_1^3 f(x-2)\,\mathrm{d}x$.

解 设 $x-2=t$，则 $\mathrm{d}x=\mathrm{d}t$，$f(x-2)=f(t)$. 当 $x=1$ 时，$t=-1$；当 $x=3$ 时，$t=1$. 于是

$$\begin{aligned}\int_1^3 f(x-2)\,\mathrm{d}x = \int_{-1}^1 f(t)\,\mathrm{d}t &= \int_{-1}^0 f(t)\,\mathrm{d}t + \int_0^1 f(t)\,\mathrm{d}t\\ &= \int_{-1}^0 (1+x^2)\,\mathrm{d}x + \int_0^1 \mathrm{e}^x\mathrm{d}x\\ &= \left(x+\frac{1}{3}x^3\right)\Big|_{-1}^0 + \mathrm{e}^x\Big|_0^1\\ &= \left[0-\left(-1-\frac{1}{3}\right)\right]+(\mathrm{e}-1)\\ &= \frac{1}{3}+\mathrm{e}\end{aligned}$$

习题　6.3

一、填空题

1. 定积分 $\int_{-1}^{1} x^9\cos x\mathrm{d}x =$ ________.

2. 定积分 $\int_{-1}^{1} x^4\cos^3 x\sin x\mathrm{d}x =$ ________.

3. 定积分 $\int_{-1}^{1} \ln(x+\sqrt{x^2+1})\mathrm{d}x =$ ________.

4. 定积分 $\int_{-a}^{a} x^2[f(x)-f(-x)]\mathrm{d}x =$ ________.

二、选择题

1. 定积分 $\int_{-\frac{\pi}{2}}^{\frac{\pi}{2}} |\sin x|\mathrm{d}x =$ (　　).

A. 0;　B. π;　C. $-\pi$;　D. 2.

2. 定积分 $\int_{-1}^{1} \frac{\sin x}{\sqrt{4-x^2}}\mathrm{d}x =$ (　　).

A. 0 ;　B. 1;　C. -1;　D. 不存在.

3. 设函数 $f(x)=x^2+x$，则 $\int_{-2}^{2} f(x)\mathrm{d}x =$ (　　).

A. 0;　B. $\frac{16}{3}$;　C. $\int_0^2 f(x)\mathrm{d}x$;　D. $2\int_0^2 f(x)\mathrm{d}x$.

4. 设函数 $f(x)$ 在 $[0,1]$ 上连续，令 $t=2x$，则 $\int_0^1 f(2x)\mathrm{d}x =$ (　　).

A. $\frac{1}{2}\int_0^1 f(t)\mathrm{d}t$;　B. $\int_0^2 f(t)\mathrm{d}t$;　C. $2\int_0^2 f(t)\mathrm{d}t$;　D. $\frac{1}{2}\int_0^2 f(t)\mathrm{d}t$.

5. 设函数 $f(x)$ 在 $[-a,a]$ 上连续，则定积分 $\int_{-a}^{a} f(-x)\mathrm{d}x =$ (　　).

A. 0;　B. $2\int_0^a f(x)\mathrm{d}x$;　C. $-\int_0^a f(x)\mathrm{d}x$;　D. $\int_{-a}^{a} f(x)\mathrm{d}x$.

三、解答题

1. 用换元积分法计算下列定积分：

(1) $\int_0^1 \sqrt{4+5x}\mathrm{d}x$;　(2) $\int_4^9 \frac{\sqrt{x}}{\sqrt{x}-1}\mathrm{d}x$;

(3) $\int_1^4 \frac{1}{\sqrt{x}(1+x)}\mathrm{d}x$;　(4) $\int_1^8 \frac{1}{x+\sqrt[3]{x}}\mathrm{d}x$;

(5) $\int_{-\frac{\sqrt{2}}{2}}^{0} \frac{x+1}{\sqrt{1-x^2}}\mathrm{d}x$;　(6) $\int_0^2 \frac{x}{(3-x)^7}\mathrm{d}x$.

2. 用分部积分法计算下列定积分：

(1) $\int_0^{\pi} x\sin x\mathrm{d}x$;　(2) $\int_0^1 x\mathrm{e}^x\mathrm{d}x$;

(3) $\int_1^{e}(x-1)\ln x\mathrm{d}x$;　　　　(4) $\int_0^1 \arctan\sqrt{x}\,\mathrm{d}x$.

3. 连续函数$f(x)$在$[-a,a]$上的积分$\int_{-a}^{a} f(x)\mathrm{d}x$一定为0吗？利用定积分的几何意义，解释偶函数在对称区间上的积分所具有的规律 .

4. 计算定积分$\int_{-1}^{1}(x+\sqrt{1-x^2})^2\mathrm{d}x$.

5. 设连续函数$f(x)=\ln x-\int_1^{e} f(x)\mathrm{d}x$，证明：$\int_1^{e} f(x)\mathrm{d}x=\dfrac{1}{e}$.

6.4 无穷区间上的广义积分

前面所讨论的定积分的积分区间为有限区间，而在工程实践与科学研究中，有大量的积分是在无穷区间上进行的，为此，下面引入无穷区间上的广义积分.

定义 2 设函数$f(x)$在$[a,+\infty)$上连续，取$b>a$，把极限$\lim\limits_{b\to+\infty}\int_a^b f(x)\mathrm{d}x$称为函数$f(x)$在$[a,+\infty)$上的**广义积分**，记为

$$\int_a^{+\infty} f(x)\mathrm{d}x=\lim_{b\to+\infty}\int_a^b f(x)\mathrm{d}x$$

若该极限存在，则称广义积分$\int_a^{+\infty} f(x)\mathrm{d}x$收敛；若该极限不存在，则称$\int_a^{+\infty} f(x)\mathrm{d}x$发散.

类似地，可定义$f(x)$在$(-\infty,b]$上的广义积分为

$$\int_{-\infty}^{b} f(x)\mathrm{d}x=\lim_{a\to-\infty}\int_a^b f(x)\mathrm{d}x$$

$f(x)$在$(-\infty,+\infty)$上的广义积分为

$$\int_{-\infty}^{+\infty} f(x)\mathrm{d}x=\int_{-\infty}^{c} f(x)\mathrm{d}x+\int_c^{+\infty} f(x)\mathrm{d}x$$

其中，c为任意实数(如取$c=0$). 只有当等号右端两个广义积分都收敛时，广义积分$\int_{-\infty}^{+\infty} f(x)\mathrm{d}x$才是收敛的，否则是发散的.

例 1 求$\int_0^{+\infty} 2e^{-x}\mathrm{d}x$.

解 $\int_0^{+\infty} 2e^{-x}\mathrm{d}x=2\lim\limits_{b\to+\infty}\int_0^b e^{-x}\mathrm{d}x=2\lim\limits_{b\to+\infty}(-e^{-x}\big|_0^b)=2\lim\limits_{b\to+\infty}(-e^{-b}+1)=2$

为了书写简便，实际运算过程中常省去极限记号，而形式地把∞当成一个"数"，直接利用牛顿—莱布尼茨公式的计算格式

$$\int_a^{+\infty} f(x)\mathrm{d}x=F(x)\big|_a^{+\infty}=F(+\infty)-F(a)$$

$$\int_{-\infty}^{b} f(x)\mathrm{d}x=F(x)\big|_{-\infty}^{b}=F(b)-F(-\infty)$$

$$\int_{-\infty}^{+\infty} f(x)\mathrm{d}x=F(x)\big|_{-\infty}^{+\infty}=F(+\infty)-F(-\infty)$$

其中，$F(x)$为$f(x)$的原函数，记号$F(\pm\infty)$应理解为极限运算

$$F(\pm\infty)=\lim_{x\to\infty}F(x)$$

例2　讨论 $\int_2^{+\infty}\frac{\mathrm{d}x}{x\ln x}$ 的敛散性.

解　因为 $\int_2^{+\infty}\frac{\mathrm{d}x}{x\ln x}=\int_2^{+\infty}\frac{\mathrm{d}(\ln x)}{\ln x}=\ln|\ln x|\Big|_2^{+\infty}=\ln[\ln(+\infty)]-\ln\ln 2=+\infty$

所以 $\int_2^{+\infty}\frac{\mathrm{d}x}{x\ln x}$ 发散.

例3　计算下列广义积分:

(1) $\int_{-\infty}^{+\infty}\frac{1}{1+x^2}\mathrm{d}x$；　　(2) $\int_0^{+\infty}te^{-t}\mathrm{d}t$.

解　(1) $\int_{-\infty}^{+\infty}\frac{1}{1+x^2}\mathrm{d}x=\arctan x\Big|_{-\infty}^{+\infty}=\frac{\pi}{2}-\left(-\frac{\pi}{2}\right)=\pi$

(2)
$$\begin{aligned}\int_0^{+\infty}te^{-t}\mathrm{d}t&=-\int_0^{+\infty}t\mathrm{d}(e^{-t})=-\left(te^{-t}\Big|_0^{+\infty}-\int_0^{+\infty}e^{-t}\mathrm{d}t\right)\\&=-te^{-t}\Big|_0^{+\infty}+\int_0^{+\infty}e^{-t}\mathrm{d}t\\&=-e^{-t}\Big|_0^{+\infty}=1\end{aligned}$$

例4　讨论 $\int_a^{+\infty}\frac{1}{x^p}\mathrm{d}x$ $(a>0)$ 的敛散性.

解　(1) 当 $p>1$ 时,

$$\int_a^{+\infty}\frac{\mathrm{d}x}{x^p}=\frac{1}{1-p}\cdot x^{1-p}\Big|_a^{+\infty}=\frac{1}{(p-1)a^{p-1}}\ (\text{收敛})$$

(2) 当 $p=1$ 时,

$$\int_a^{+\infty}\frac{\mathrm{d}x}{x^p}=\int_a^{+\infty}\frac{\mathrm{d}x}{x}=\ln x\Big|_a^{+\infty}=+\infty\ (\text{发散})$$

(3) 当 $p<1$ 时,

$$\int_a^{+\infty}\frac{\mathrm{d}x}{x^p}=\frac{1}{1-p}\cdot x^{1-p}\Big|_a^{+\infty}=+\infty\ (\text{发散})$$

综合以上情况，有 $\int_a^{+\infty}\frac{1}{x^p}\mathrm{d}x=\begin{cases}\frac{1}{(p-1)a^{p-1}} & p>1\ (\text{收敛})\\+\infty & p\leqslant 1\ (\text{发散})\end{cases}$.

习题　6.4

一、选择题

1. $\int_1^{+\infty}x^{-\frac{4}{3}}\mathrm{d}x=($　　$)$.

A. 0；　　B. 1；　　C. 2；　　D. 3.

2. $\int_0^{+\infty}\frac{k}{1+x^2}\mathrm{d}x=1$，则 $k=($　　$)$.

A. $\frac{2}{\pi}$；　　B. $\frac{\pi}{2}$；　　C. 2；　　D. π.

3. 广义积分$\int_{-\infty}^{+\infty} \frac{1}{x^2 + 2x + 2}\mathrm{d}x =$(　　).

A. 0;　　B. π;　　C. -π;　　D. 发散.

4. 下列广义积分收敛的是(　　).

A. $\int_1^{+\infty} x\mathrm{d}x$;　　B. $\int_1^{+\infty} x^2\mathrm{d}x$;　　C. $\int_1^{+\infty} \frac{1}{x}\mathrm{d}x$;　　D. $\int_1^{+\infty} \frac{1}{x^2}\mathrm{d}x$.

5. 下列广义积分收敛的是(　　).

A. $\int_1^{+\infty} \frac{1}{x^3}\mathrm{d}x$;　　B. $\int_1^{+\infty} \cos x\mathrm{d}x$;　　C. $\int_1^{+\infty} \mathrm{e}^x\mathrm{d}x$;　　D. $\int_1^{+\infty} \ln x\mathrm{d}x$.

二、解答题

1. 计算下列定积分广义积分.

(1) $\int_0^{+\infty} x\mathrm{e}^{-x^2}\mathrm{d}x$;　　(2) $\int_{-\infty}^{+\infty} \frac{1}{1+x^2}\mathrm{d}x$.

2. 判别下列广义积分的敛散性.

(1) $\int_0^1 \frac{\mathrm{d}x}{x^{100}}$;　　(2) $\int_0^1 x^{100}\mathrm{d}x$.

3. 判断下列广义积分的敛散性，如果收敛，则计算广义积分的值.

(1) $\int_a^{+\infty} \frac{\mathrm{d}x}{x\ln^2 x}\ (a > 1)$;　　(2) $\int_0^{+\infty} \frac{\arctan x}{x^2+1}\mathrm{d}x$;

(3) $\int_0^{+\infty} \mathrm{e}^{-ax}\mathrm{d}x\ (a > 0)$;　　(4) $\int_0^{+\infty} \mathrm{e}^{kx}\mathrm{e}^{-px}\mathrm{d}x\ (p > k)$.

6.5 定积分的应用

本节首先研究如何用定积分求平面图形的面积、平行截面的面积为已知的立体体积以及平面曲线的弧长，随后研究如何用定积分求变力所做的功、液体的压力等.

6.5.1 定积分应用的微元化

本章开始时，曾用定积分方法解决了曲边梯形面积及变速直线运动路程的计算问题，综合这两个问题可以看出，用定积分计算的量一般有如下两个特点：

(1) 所求量(设为F)与一个给定区间$[a,b]$有关，且在该区间上具有可加性. 就是说，F是确定于$[a,b]$上的整体量，当把$[a,b]$分成许多小区间时，整体量等于各部分量之和，即

$$F = \sum_{i=1}^{n} \Delta F_i$$

(2) 所求量F在区间$[a,b]$上的分布是不均匀的，也就是说，F的值与区间$[a,b]$的长度不成比例(否则的话,使用初等方法即可求得F,而不需用积分方法).

在讨论定积分更多的几何及物理应用之前，先来介绍如何化所求量为定积分的一般思路与方法——微元法.

为此，先回顾一下应用定积分概念解决实际问题的四个步骤.

第一步：（分割）　将所求量 F 分为部分量之和

$$F = \sum_{i=1}^{n} \Delta F_i$$

第二步：（近似值）　求出每个部分量的近似值

$$\Delta F \approx f(\xi_i)\Delta x_i (i=1,2,\cdots,n)$$

第三步：（求和）　写出整体量 F 的近似值

$$F = \sum_{i=1}^{n} \Delta F_i \approx \sum_{i=1}^{n} f(\xi_i)\Delta x_i$$

第四步：（取极值）　取 $\lambda = \max\{\Delta x_i\} \to 0$ 时 F 近似值的极限，则得

$$F = \lim_{x\to 0}\sum_{i=1}^{n} f(\xi)\Delta x_i = \int_a^b f(x)\,\mathrm{d}x$$

观察上述四步可以发现，第二步最关键，因为最后的被积表达式 $f(x)\mathrm{d}x$ 的形式就是在这一步被确定的，只要把近似值 $f(\xi)\Delta x_i$ 中的变量记号改变一下即可（ξ_i 换为 x，Δx_i 换为 $\mathrm{d}x$）．而第三、第四步可以合并成一步：在区间 $[a,b]$ 上无限累加，即在 $[a,b]$ 上积分．至于第一步，它只是指明所求量具有可加性，这是 F 能用定积分计算的前提．于是，上述四步就简化成了实用的两步．

第一步：在区间 $[a,b]$ 上任取一个微小区间 $[x,x+\mathrm{d}x]$，然后写出在这个小区间上的部分量 ΔF 的近似值，记为 $\mathrm{d}F=f(x)\mathrm{d}x$（称为 F 的微元）．

第二步：将微元 $\mathrm{d}F$ 在 $[a,b]$ 上积分（无限累加），即得

$$F = \int_a^b f(x)\,\mathrm{d}x$$

上述两步解决问题的方法称为微元法．

关于微元 $\mathrm{d}F=f(x)\mathrm{d}x$，再说明两点：

（1）$f(x)\mathrm{d}x$ 作为 ΔF 的近似值表达式，应该足够准确，确切地说，就是要求其差是关于 Δx 的高阶无穷小，即 $\Delta F-f(x)\mathrm{d}x=o(\Delta x)$．可见，称作微元的量 $f(x)\mathrm{d}x$ 实际上是所求量的微分 $\mathrm{d}F$．

（2）具体怎样求微元呢？这是问题的关键，这要分析问题的实际意义及数量关系，一般按着在局部 $[x,x+\mathrm{d}x]$ 上，以“常代变”“匀代不匀”“直代曲”的思路（局部线性化），写出局部上所求量的近似值，即为微元 $\mathrm{d}F=f(x)\mathrm{d}x$．

6.5.2　定积分应用

1. 用定积分求平面图形的面积

用微元法不难将下列图形面积表示为定积分．

（1）由曲线 $y=f(x)$（$f(x)\geqslant 0$），$x=a$，$x=b$（$a<b$）及 x 轴所围成的平面图形（见图6-12）面积微元 $\mathrm{d}A=f(x)\mathrm{d}x$，所求平面图形的面积为

$$A = \int_a^b f(x)\,\mathrm{d}x$$

当 $f(x)$ 在 $[a,b]$ 上有正有负时，则

$$A = \int_a^b |f(x)|\,\mathrm{d}x$$

（2）由上、下两条曲线 $y=f(x)$，$y=g(x)$（$f(x) \geqslant g(x)$）及 $x=a$，$x=b$（$a<b$）所围成的图形(见图 6-13)，面积微元 $dA=[f(x)-g(x)]dx$，所求平面图形的面积为

$$A=\int_a^b [f(x)-g(x)]dx$$

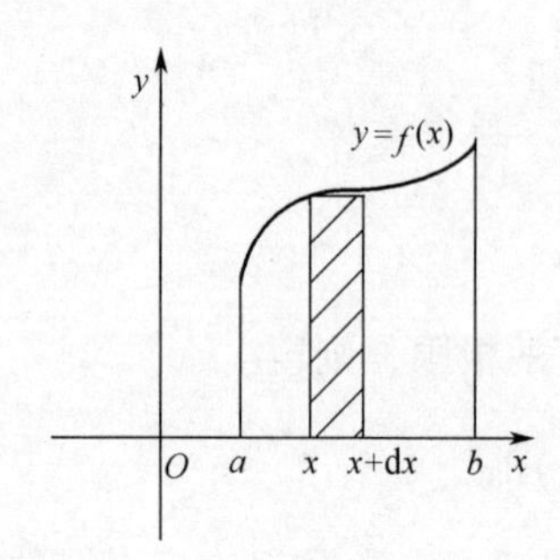

图 6-12

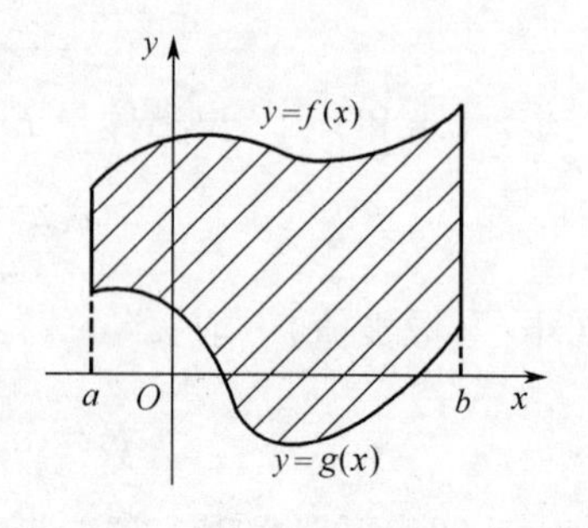

图 6-13

（3）由左、右两条曲线 $x=\psi(y)$，$x=\varphi(y)$（$\varphi(y) \geqslant \psi(y)$）及 $y=c$，$y=d$（$c<d$）所围成图形(见图 6-14)面积微元(注意,这时就应取横条矩形为 dA,即取 y 为积分变量). $dA=[\varphi(y)-\psi(y)]dy$，所求平面图形的面积为

$$A=\int_c^d [\varphi(y)-\psi(y)]dy$$

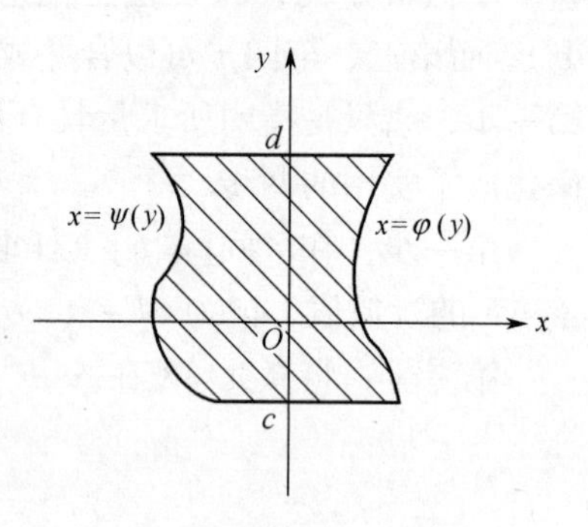

图 6-14

例 1 计算 $y=\sin x$，$x\in\left[0,\frac{3\pi}{2}\right]$ 与直线 $x=\frac{3\pi}{2}$ 及 x 轴所围成平面图形的面积.

解 当 $x\in[0,\pi]$ 时，曲线 $y=\sin x$ 位于 x 轴上方，而当 $x\in\left[\pi,\frac{3\pi}{2}\right]$ 时，曲线位于 x 轴下方(见图 6-15)，因此，所求平面图形的面积为

$$A=\int_0^{\pi}\sin x dx-\int_{\pi}^{\frac{3}{2}\pi}\sin x dx$$
$$=-\cos x\Big|_0^{\pi}+\cos x\Big|_{\pi}^{\frac{3}{2}\pi}=2+1=3$$

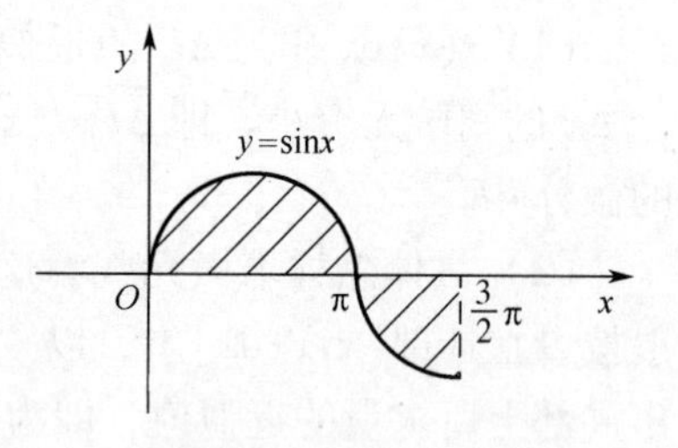

图 6-15

例 2 求两条抛物线 $y^2=x$，$y=x^2$ 所围成的图形的面积.

解 （1）画出图形的简图(见图 6-16)，求出曲线交点坐标以确定积分区间：解方程组 $\begin{cases}y=x^2\\ y^2=x\end{cases}$ 得交点(0,0)及(1,1).

（2）选 x 作积分变量，这时将曲线方程 $y^2=x$ 改写为 $y=\sqrt{x}$，及曲线方程 $y=x^2$，于是

$$A=\int_0^1(\sqrt{x}-x^2)dx=\left(\frac{2}{3}x^{\frac{3}{2}}-\frac{1}{3}x^3\right)\Big|_0^1=\frac{1}{3}$$

例 3 为充分利用土地进一步美化城市，某城市的街边公园的形状是由抛物线 $y^2=2x$ 与直线 $y=x-4$ 所围成，求此公园的面积.

解 (1) 画出简图(见图6-17)，求出曲线交点坐标以确定积分区间：解方程组$\begin{cases}y^2=2x\\y=x-4\end{cases}$，得交点$(2,-2)$及$(8,4)$.

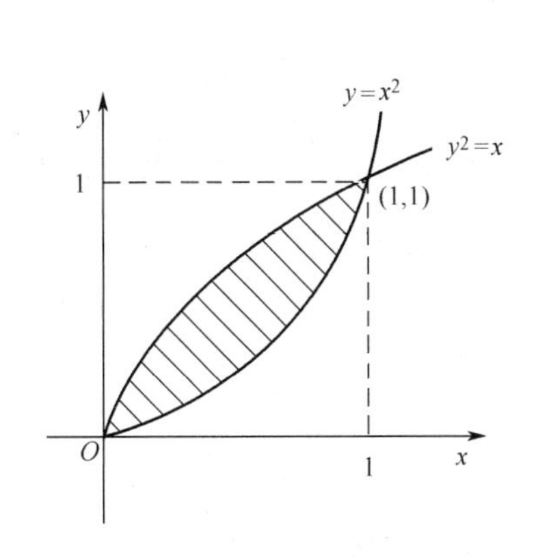

图6-16

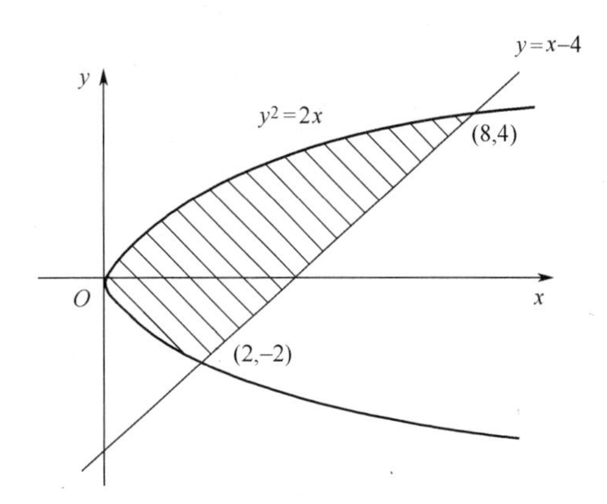

图6-17

(2) 选y作积分变量，这时应将曲线方程改写为$x=y+4$及$x=\frac{1}{2}y^2$，于是

$$A=\int_{-2}^{4}\left[(y+4)-\frac{y^2}{2}\right]\mathrm{d}y=\left(\frac{y^2}{2}+4y-\frac{y^3}{6}\right)\Bigg|_{-2}^{4}=18$$

2. 用定积分求旋转体的体积

设旋转体是由连续曲线$y=f(x)$和直线$x=a$，$x=b$ $(a<b)$，以及x轴所围成的曲边梯形绕x轴旋转一周而形成(见图6-18)，下面来求它的体积V.

在区间$[a,b]$上任取小区间$[x,x+\mathrm{d}x]$，设小区间对应的体积为$\mathrm{d}V$. 这个小立体近似于一个小圆柱体：高为$\mathrm{d}x$，上、下底面都是圆，圆半径为$y=f(x)$，圆面积为

$$A(x)=\pi y^2=\pi f^2(x)$$

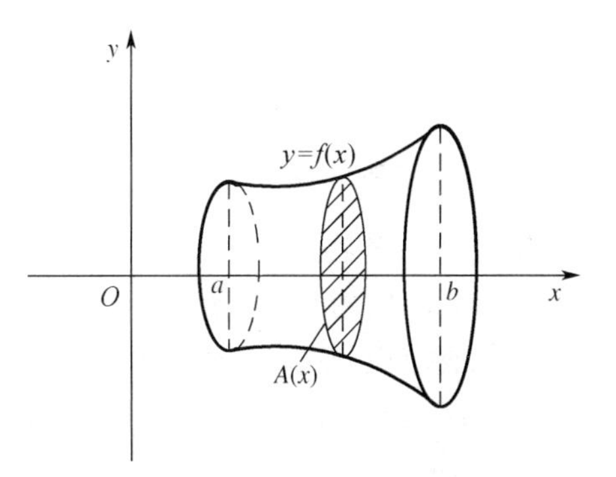

图6-18

体积微元为

$$\mathrm{d}V=A(x)\mathrm{d}x=\pi f^2(x)\mathrm{d}x$$

将体积微元$\mathrm{d}V$在x的变化区间$[a,b]$上积分，得旋转体体积为

$$V=\int_a^b\pi y^2\mathrm{d}x=\pi\int_a^b[f(x)]^2\mathrm{d}x$$

类似地,由曲线$x=\varphi(y)$，直线$x=\varphi(y)$，$y=c$，$y=d$及y轴所围成的曲边梯形绕y轴轴旋转，所得旋转体体积(见图6-19)为

$$V=\int_c^d\pi x^2\mathrm{d}y=\pi\int_c^d[\varphi(y)]^2\mathrm{d}y$$

例4 求椭圆$\frac{x^2}{a^2}+\frac{y^2}{b^2}=1$绕$x$轴旋转所成的椭球体的体积.

解 (1) 画出椭圆的图形(见图6-20)，由椭圆方程得

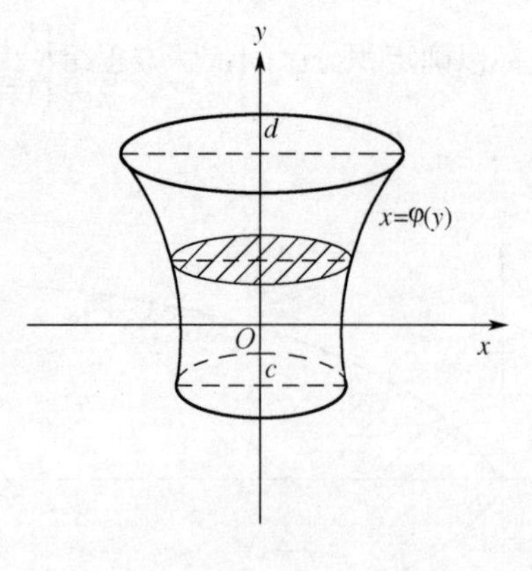

图 6-19

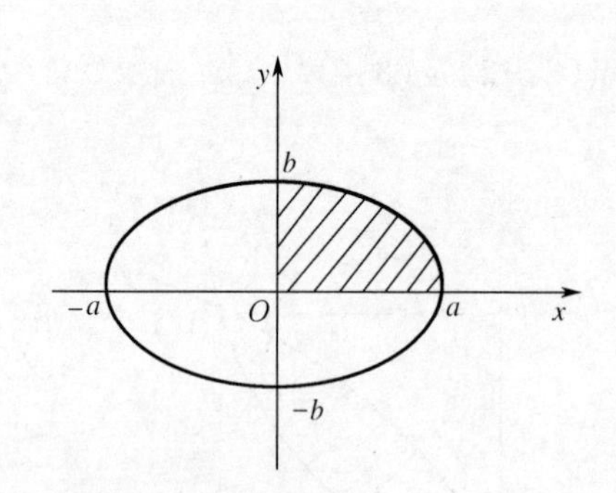

图 6-20

$$y^2=b^2\left(1-\frac{x^2}{a^2}\right)$$

（2）选 x 为积分变量，积分区间为$[-a,a]$，可求得椭球体体积为

$$V=\pi\int_{-a}^{a}y^2\mathrm{d}x=\pi\int_{-a}^{a}b^2\left(1-\frac{x^2}{a^2}\right)\mathrm{d}x=\frac{4}{3}\pi ab^2$$

例 5 求由曲线 $y=x^2$，$y=1$，$x=0$ 所围平面图形绕 y 轴旋转而成的旋转体体积.

解 （1）画出由曲线 $y=x^2$，$y=1$，$x=0$ 所围成的平面图形(见图 6-21).

（2）选 y 为积分变量，则积分区间为$[0,1]$，于是可求得旋转体的体积为

$$V=\int_0^1\pi x^2\mathrm{d}y=\pi\int_0^1 y\mathrm{d}y=\frac{1}{2}\pi y^2\Big|_0^1=\frac{\pi}{2}$$

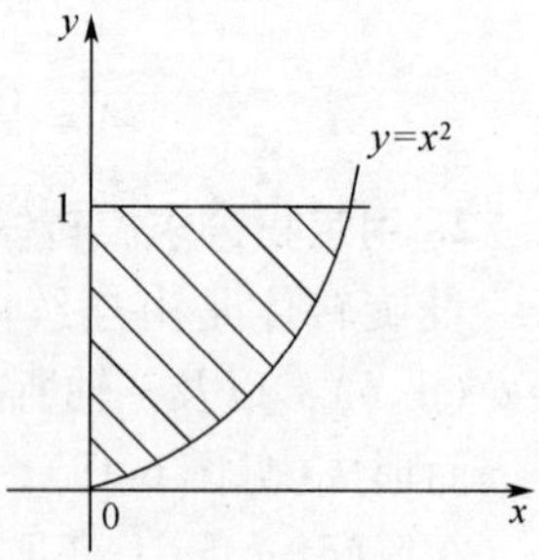

图 6-21

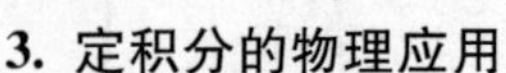

3. 定积分的物理应用

定积分的应用非常广泛，在自然科学、工程技术中许多问题都可以化成定积分这种数学模型来解决. 下面列举一些物理方面的实例，不求全面，旨在加强读者运用微元法建立积分表达式的能力.

（1）功

如果物体受常力 F 作用沿力的方向移动一段距离 s，则力 F 所做的功是 $W=F\cdot s$. 如果物体在变力 $F(x)$作用下沿 x 轴由 a 处移动到 b 处，求变力 $F(x)$所做的功.

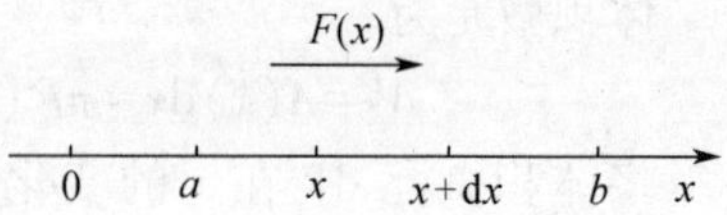

图 6-22

由于力 $F(x)$是变力(见图 6-22)，所求功是区间$[a,b]$上非均匀分布的整体量，故可以用定积分来解决.

利用微元法，由于变力 $F(x)$是连续变化的，故可以设想在微小区间$[x,x+\mathrm{d}x]$上作用力 $F(x)$保持不变(“常代变”求微元的思想)，力 $F(x)$使物体由 x 移到 $x+\mathrm{d}x$ 做功近似值，也就是功的微元为

$$\mathrm{d}W=F(x)\,\mathrm{d}x$$

将微元 $\mathrm{d}W$ 从 a 到 b 求定积分，就得到力 $F(x)$使物体由 $x=a$ 到 $x=b$ 所做的功为

$$W=\int_a^b F(x)\,\mathrm{d}x$$

例 6　在原点 O 有一个带电量为 $+q$ 的点电荷，它所产生的电场对周围电荷有作用力. 现有一单位正电荷从距原点 a 处沿射线方向移至距 O 点为 b（$a<b$）的地方，求电场力所做的功. 如果把该单位正电荷移至无穷远处，电场力做了多少功?

解　取电荷移动的射线方向为 x 轴正方向，那么电场力为 $F=k\dfrac{q}{x^2}$（k 为常数），这是一个变力，在 $[x,x+\mathrm{d}x]$ 上以"常代变"得功的微元为

$$\mathrm{d}W=\frac{kq}{x^2}\mathrm{d}x$$

于是功为

$$W=\int_a^b \frac{kq}{x^2}\mathrm{d}x = kq\left(-\frac{1}{x}\right)\Big|_a^b = kq\left(\frac{1}{a}-\frac{1}{b}\right)$$

若移至无穷远处，则做功为

$$\int_a^{+\infty} \frac{kq}{x^2}\mathrm{d}x = -kq\frac{1}{x}\Big|_a^{+\infty} = \frac{kq}{a}$$

物理学中，上述把单位正电荷移至无穷远处电场力所做的功叫作电场在 a 处的电位，于是可知电场在 a 处的电位为 $V=\dfrac{kq}{a}$.

例 7　如图 6-23 所示，设气缸内活塞一侧存有定量气体，气体做等温膨胀时推动活塞向右移动一段距离，若气体体积由 V_1 变至 V_2，求气体压力所做的功.

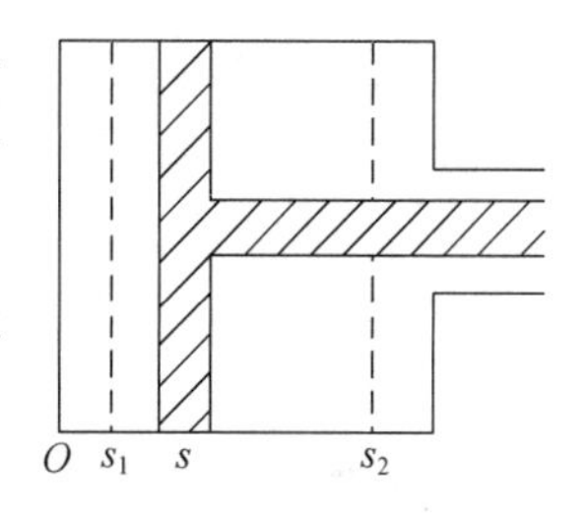

图 6-23

解　气体膨胀为等温过程，所以气体压强为 $p=\dfrac{C}{V}$（V 为气体体积，C 为常数），而活塞上的总压力为

$$F=pQ=\frac{CQ}{V}=\frac{C}{s}$$

其中，Q 为活塞的截面积；s 为活塞移动的距离；气体体积 $V=sQ$. 以 s_1 与 s_2 表示活塞的初始与终止位置，于是得功为

$$W=\int_{s_1}^{s_2} F\mathrm{d}s = C\int_{s_1}^{s_2}\frac{1}{s}\mathrm{d}s = C\int_{V_1}^{V_2}\frac{1}{V}\mathrm{d}V = C\ln V\Big|_{V_1}^{V_2} = C\ln\frac{V_2}{V_1}$$

上式中用变量 V 置换了变量 s，$V=sQ$，$V_2=Qs_2$，$V_1=Qs_1$.

例 8　一个半径为 4m，高为 8m 的倒立圆锥形容器，内装 6m 深的水，现要把容器内的水全部抽完，需做多少功?

解　设想水是一层一层被抽出来的，由于水位不断下降，使得水层的提升高度连续增加，这是一个"变距离"的做功问题，亦可用定积分来解决.

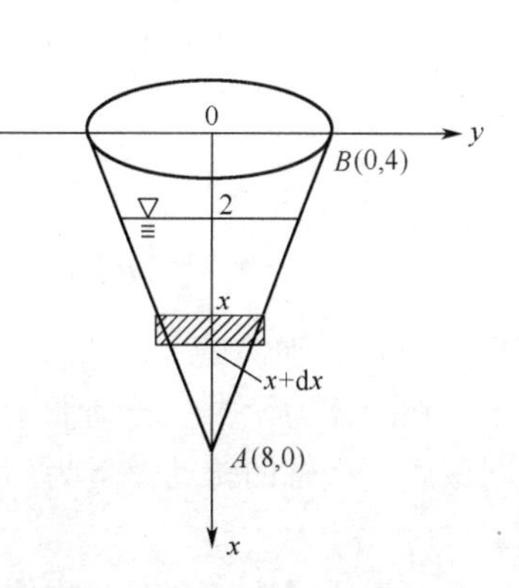

图 6-24

选择坐标系（见图 6-24），于是直线 AB 的方程为 $y=-\dfrac{1}{2}x+4$.

在 x 的变化区间 $[2,8]$ 内取微小区间 $[x,x+\mathrm{d}x]$，则抽出厚为 $\mathrm{d}x$ 的一薄层水所需做功的近似值为

$$\mathrm{d}W=\rho gx\mathrm{d}V$$
$$=\rho gx\pi y^2\mathrm{d}x\ (\rho \text{ 为水的密度})$$

于是所做的功为

$$W=\pi\rho g\int_2^8 xy^2\mathrm{d}x$$
$$=\pi\rho g\int_2^8 x\left(4-\frac{x}{2}\right)^2\mathrm{d}x$$
$$=\pi\rho g\int_2^8\left(16x-4x^2+\frac{x^3}{4}\right)\mathrm{d}x$$
$$=\pi\rho g\left(8x^2-\frac{4}{3}x^3+\frac{x^4}{16}\right)\Bigg|_2^8$$
$$\approx 1.94\times 10^6(\mathrm{J})\ (\rho=10^3\mathrm{kg/m^3}, g=9.8\mathrm{m/s^2})$$

（2）液体对平面薄板的压力

设有一薄板，垂直放在密度为 ρ 的液体中，求液体对薄板的压力.

由物理学知道，在液体下面深度为 h 处，由液体重力所产生的压强为 $p=\rho gh$，且向各个方向压强相等，若有面积为 A 的薄板水平放置在液深为 h 处，这时薄板各处受力均匀，所受压力为 $F=pA=\rho ghA$. 如今薄板垂直于液体中，薄板上在不同的深度位置处压强是不同的，因此整个薄板所受的压力是非均匀分布的整体量.

下面结合具体例子来说明如何用定积分来计算薄板所受的侧压力.

例 9 如图 6-25 所示，一个横放的半径为 R 的圆柱形油桶，里面盛有半桶油，计算桶的一个端面所受的压力(设油密度为 ρ).

解 桶的端面是圆板，现在要计算当油面过圆心时，垂直放置的一个半圆板的一侧所受的压力.

选取坐标系(见图 6-25)，圆方程为 $x^2+y^2=R^2$. 取 x 为积分变量，在 x 的变化区间 $[x,x+\mathrm{d}x]$ 内，视这细条 $\mathrm{d}A$ 上压强不变，所受的压力的近似值，即压力微元为

$$\mathrm{d}F=\rho gx\mathrm{d}A=2\rho gx\sqrt{R^2-x^2}\,\mathrm{d}x$$

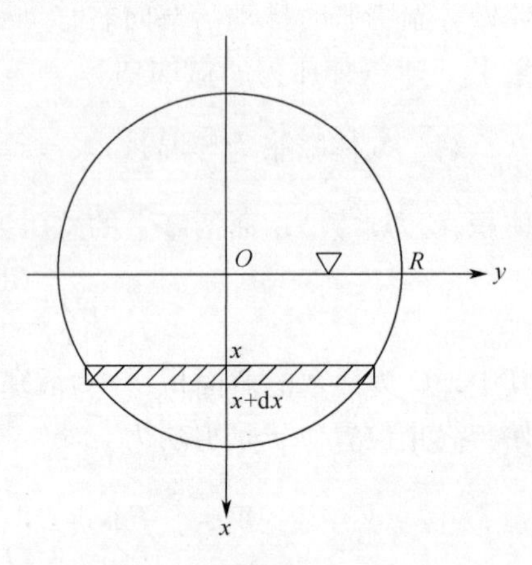

图 6-25

于是，端面所受的压力为

$$F=\int_0^R 2\rho gx\sqrt{R^2-x^2}\,\mathrm{d}x$$
$$=-\rho g\int_0^R (R^2-x^2)^{\frac{1}{2}}\mathrm{d}(R^2-x^2)$$
$$=-\rho g\left[\frac{2}{3}(R^2-x^2)^{\frac{3}{2}}\right]\Bigg|_0^R=\frac{2}{3}\rho gR^3$$

（3）转动惯量

在刚体力学中，转动惯量是一个重要的物理量. 若质点质量为 m，到一转轴的距离为 r，则该质点绕轴的转动惯量为

$$I=mr^3$$

对于质量连续分布的物体绕轴的转动惯量问题，一般地，可以用定积分来解决.

例 10 如图 6-26 所示，一均匀细杆长为 l，质量为 m，试计算细杆绕过它的中点且垂直

于杆的轴的转动惯量.

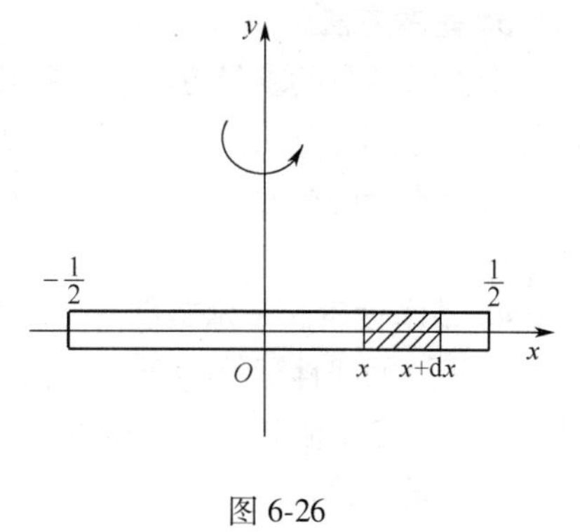

图 6-26

解　选择坐标系(见图 6-26)，先求转动惯量微元 $\mathrm{d}I$，为此考虑细杆上 $[x,x+\mathrm{d}x]$ 一段，它的质量为 $\frac{m}{l}\mathrm{d}x$，把这一小段杆设想为位于 x 处的一个质点，它到转动轴距离为 $|x|$，于是得微元为

$$\mathrm{d}I=\left(\frac{m}{l}\mathrm{d}x\right)(\,|x|\,)^{2}=\frac{m}{l}x^{2}\mathrm{d}x$$

沿细杆从 $-\frac{l}{2}$ 到 $\frac{l}{2}$ 积分，得整个细杆转动惯量为

$$I=\int_{-\frac{l}{2}}^{\frac{l}{2}}\frac{m}{l}x^{2}\mathrm{d}x=\frac{2m}{l}\int_{0}^{\frac{l}{2}}x^{2}\mathrm{d}x=\frac{2m}{l}\frac{x^{3}}{3}\bigg|_{0}^{\frac{l}{2}}=\frac{1}{12}ml^{2}$$

习题　6.5

1. 求由曲线 $y=x^3$，$x=1$，$y=0$ 所围平面图形的面积.
2. 求由曲线 $y=2x^2$，$y=4x^2$，$y=1$ 所围平面图形的面积.
3. 求由曲线 $y=3-x^2$，$y=2x$ 所围平面图形的面积.
4. 求由曲线 $y=2x^2$，$y=0$，$x=1$ 所围平面图形，绕 x 轴旋转所成旋转体的体积.
5. 设把金属杆的长度从 a 拉长到 $a+x$ 时，所需的力等于 $\frac{k}{a}x$，其中 k 为常数，试求将金属杆由长度 a 拉长到 b 时所做的功.
6. 一边长为 am 的正方形薄板垂直沉没在水中，它的一顶点位于水平面而一条对角线与水平面平齐，求薄片一侧所受的压力(水的密度为10^3kg/m^3).
7. 生产 Q 个单位产品时总收入 R 的变化率(边际收入)为

$$R'(Q)=200-\frac{Q}{100}\ (Q\geqslant 0)$$

(1) 求生产 50 个单位产品时的总收入；

(2) 如果已经生产了 3100 个单位产品，求再生产 100 个时的总收入.

8. 某产品总成本 C(万元)的边际成本 $C'=1$，总收入 R(万元)的边际收入为生产量 Q(百台)的函数 $R'(Q)=5-Q$，求

(1) 产量为多少时，总利润最大?

(2) 从利润最大的产量起再生产 100 台，总利润减少了多少?

本 章 小 结

一、基本知识

1. 基本概念

曲边梯形、定积分、定积分的几何意义、变上限函数、无穷区间上的广义积分.

2. 基本公式

变上限函数求导公式，牛顿—莱布尼茨公式.

3. 基本方法

变上限函数的求导方法，直接应用牛顿—莱布尼茨公式计算定积分的方法，借助于换元积分法及分部积分法计算定积分的方法，无穷区间上的广义积分的计算方法.

用定积分的微元法求平面图形的面积、旋转体体积、变力所做的功、液体的侧压力和转动惯量.

4. 基本性质、基本定理

定积分的线性运算性质，定积分对积分区间的分割性质，定积分的比较性质，定积分的估值定理，变上限积分对上限的求导定理.

二、要点解析

问题 1 应用换元积分法计算定积分时应注意什么问题?

解析 换元积分法包括第一换元法与第二换元法，具体应用时应注意以下三点：

(1) 应用第一换元法(凑微分法)时，一般不需引入新的积分变量，所以积分限不变；

(2) 应用第二换元法时，由于必须引入新的积分变量，所以换元必换限；

(3) 所作代换必须满足换元法中所限定的条件.

例 1 计算定积分 $\int_{\sqrt{2}}^{2}\frac{dx}{x\sqrt{x^2-1}}$.

解法 1 令 $x=\sec u$，则 $dx=\sec u\tan u du$. 当 $x=\sqrt{2}$ 时，$u=\frac{\pi}{4}$；当 $x=2$ 时，$u=\frac{\pi}{3}$. 于是

$$\int_{\sqrt{2}}^{2}\frac{dx}{x\sqrt{x^2-1}}=\int_{\frac{\pi}{4}}^{\frac{\pi}{3}}\frac{\sec u\tan u}{\sec u\tan u}du=\int_{\frac{\pi}{4}}^{\frac{\pi}{3}}du=u\Big|_{\frac{\pi}{4}}^{\frac{\pi}{3}}=\frac{\pi}{3}-\frac{\pi}{4}=\frac{\pi}{12}$$

解法 2 令 $x=\frac{1}{u}$，则 $dx=-\frac{1}{u^2}$. 当 $x=\sqrt{2}$ 时，$u=\frac{1}{\sqrt{2}}$；当 $x=2$ 时，$u=\frac{1}{2}$. 于是

$$\int_{\sqrt{2}}^{2}\frac{dx}{x\sqrt{x^2-1}}=\int_{\frac{1}{\sqrt{2}}}^{\frac{1}{2}}\frac{-\frac{1}{u^2}du}{\frac{1}{u}\sqrt{\left(\frac{1}{u}\right)^2-1}}=\int_{\frac{1}{\sqrt{2}}}^{\frac{1}{2}}\frac{-du}{\sqrt{1-u^2}}=\arccos u\Big|_{\frac{1}{\sqrt{2}}}^{\frac{1}{2}}=\frac{\pi}{12}$$

问题 2 被积分函数中含绝对值符号时，应如何计算定积分?

解析 当被积函数中含绝对值符号时，先将被积函数写成积分区间上的分段函数，计算分段函数的定积分必须分段来积分.

例 2 计算 $\int_{-1}^{2}\frac{|x|dx}{1+x^2}$.

解
$$\int_{-1}^{2}\frac{|x|}{1+x^2}dx=\int_{-1}^{0}\frac{-x}{1+x^2}dx+\int_{0}^{2}\frac{x}{1+x^2}dx=\int_{0}^{-1}\frac{\frac{1}{2}d(1+x^2)}{1+x^2}+\int_{0}^{2}\frac{\frac{1}{2}d(1+x^2)}{1+x^2}$$
$$=\frac{1}{2}\left[\ln(1+x^2)\Big|_{0}^{-1}+\ln(1+x^2)\Big|_{0}^{2}\right]=\frac{1}{2}(\ln 2+\ln 5)=\frac{1}{2}\ln 10$$

问题 3 什么样的量可以考虑用定积分求解? 应用微元法解决这些问题的具体步骤如何?

解析 具有可加性的几何量或物理量可以考虑用定积分求解，即所求量 Q 必须满足条

件：①Q 与变量 x 和 x 的变化区间 $[a,b]$ 有关；②Q 在 $[a,b]$ 上具有可加性. 微元法是从“分割取近似，求和取极限”的定积分基本思想方法中概括出来的，具体步骤如下：

（1）选变量、定区间：根据实际问题的具体情况先作草图，然后选取适当的坐标系及适当的变量（如 x），并确定积分变量的变化区间 $[a,b]$.

（2）取近似、找微分：在 $[a,b]$ 内任取一代表性区间 $[x,x+\mathrm{d}x]$，当 $\mathrm{d}x$ 很小时，运用“以直代曲，以不变代变”的辩证思想，获得微元表达式

$\mathrm{d}Q=f(x)\mathrm{d}x\approx\Delta Q$（$\Delta Q$ 为量 Q 在小区间 $[x,x+\mathrm{d}x]$ 上所分布的部分量）

（3）对微元进行积分得

$$Q=\int_a^b \mathrm{d}Q=\int_a^b f(x)\mathrm{d}x$$

例 3　用定积分求半径为 R 的圆的面积.

解　选取 x 为积分变量，其变化区间为 $[-R,R]$，分割区间 $[-R,R]$，成若干个小区间，其代表性小区间 $[x,x+\mathrm{d}x]$ 所对应的面积微元为

$$\mathrm{d}A=\left(\sqrt{R^2-x^2}-\left(-\sqrt{R^2-x^2}\right)\right)\mathrm{d}x=2\sqrt{R^2-x^2}\,\mathrm{d}x$$

于是，$A=\int_{-R}^{R}\mathrm{d}A=2\int_{-R}^{R}\sqrt{R^2-x^2}\,\mathrm{d}x=\pi R^2$.

三、例题精解

例 4　比较 $\int_1^2 \ln x\mathrm{d}x$ 与 $\int_1^2 (1+x)\mathrm{d}x$ 的大小.

解法 1　令 $f(x)=1+x-\ln x$，因为

$$f'(x)=1-\frac{1}{x}=\frac{x-1}{x}$$

所以当 $1<x<2$ 时，$f'(x)>0$；又因为 $f(x)$ 在 $[1,2]$ 上连续，所以 $f(x)$ 在 $[1,2]$ 上单增；则当 $x>1$ 时，$f(x)>f(1)=2>0$，即

$$1+x>\ln x$$

所以 $\int_1^2 \ln x\mathrm{d}x<\int_1^2 (1+x)\mathrm{d}x$.

解法 2　因为

$$\int_1^2 \ln x\mathrm{d}x=x\ln x\Big|_1^2-\int_1^2 x\mathrm{d}(\ln x)=2\ln 2-\int_1^2 \mathrm{d}x=2\ln 2-x\Big|_1^2=2\ln 2-1$$

$$\int_1^2 (1+x)\mathrm{d}x=\frac{(1+x)^2}{2}\Bigg|_1^2=\frac{9}{2}-2=\frac{5}{2}$$

所以 $\int_1^2 \ln x\mathrm{d}x<\int_1^2 (1+x)\mathrm{d}x$.

例 5　求 $\frac{\mathrm{d}}{\mathrm{d}x}\int_{\ln x}^{\mathrm{e}^x}\sin t^2\mathrm{d}t$.

解　$\frac{\mathrm{d}}{\mathrm{d}x}\int_{\ln x}^{\mathrm{e}^x}\sin t^2\mathrm{d}t=\left(\int_{\ln x}^{c}\sin t^2\mathrm{d}t+\int_c^{\mathrm{e}^x}\sin t^2\mathrm{d}t\right)'$（$c$ 为常数）

$$=\left[-\int_c^{\ln x}\sin t^2\mathrm{d}t\right]'_x+\left(\int_c^{\mathrm{e}^x}\sin t^2\mathrm{d}t\right)'_x$$

$$=\left[-\int_c^{\ln x}\sin t^2\mathrm{d}t\right]'_x\cdot(\ln x)'_x+\left(\int_c^{\mathrm{e}^x}\sin t^2\mathrm{d}t\right)'_x\cdot(\mathrm{e}^x)'_x$$

$$=-\sin(\ln x)^2 \cdot \frac{1}{x}+\sin e^{2x} \cdot e^x$$

$$=\frac{-\sin(\ln x)^2}{x}+e^x \sin e^{2x}$$

复习题六

1. 计算下列定积分：

(1) $\int_{-1}^{1} x^5 dx$； (2) $\int_{-2}^{2} x^3 \sqrt{x^2} dx$； (3) $\int_{0}^{1} \frac{1}{\sqrt{4+5x}-1} dx$；

(4) $\int_{0}^{1} \frac{x+\arctan x}{1+x^2} dx$； (5) $\int_{0}^{1} (1-\ln x) dx$； (6) $\int_{0}^{1} x^2 e^{2x} dx$；

(7) $\int_{-\frac{\pi}{2}}^{\frac{\pi}{2}} x\cos x dx$； (8) $\int_{0}^{4} \frac{dx}{1+\sqrt{x}}$； (9) $\int_{0}^{4} \sqrt{16-x^2} dx$；

(10) $\int_{0}^{1} (5x+6)e^{5x} dx$； (11) $\int_{e}^{e^2} \frac{\ln^2 x}{x} dx$； (12) $\int_{0}^{\frac{\pi^2}{4}} \frac{\cos\sqrt{x}}{\sqrt{x}} dx$；

(13) $\int_{0}^{\sqrt{\ln 2}} 2xe^{x^2} dx$； (14) $\int_{0}^{\frac{\pi}{2}} e^x \sin x dx$； (15) $\int_{0}^{1} e^{\pi x} \cos \pi x dx$.

2. 已知 xe^x 为 $f(x)$ 的一个原函数，求定积分 $\int_{0}^{1} xf'(x) dx$.

3. 连续函数 $f(x)$ 满足 $f(x)=\ln x-\int_{1}^{e} f(x) dx$，求 $f(x)$.

4. 设 $f(x)=\int_{0}^{x^2} t\sin t dt$，求 $f''(x)$.

5. 设 $f(x)=\begin{cases} x^2 & -1 \leqslant x \leqslant 0 \\ x-1 & 0<x \leqslant 1 \end{cases}$，求 $\int_{-\frac{1}{2}}^{\frac{1}{2}} f(x) dx$.

6. 求曲线 $y=\int_{\frac{\pi}{2}}^{x} \frac{\sin t}{t} dt$ 在 $x=\frac{\pi}{2}$ 处的切线与法线方程.

7. 求由曲线 $y=\frac{1}{x}$，$y=x$，$y=2x$ 所围成的平面图形的面积.

8. 计算 $y=e^x$，$x=0$，$y=0$ 和 $x=1$ 所围成的图形，绕 x 轴旋转一周所得的旋转体的体积.

9. 半径为 3m 的半球形水池灌满了水，要把池内的水全部抽出需做多少功?

10. 有一底为 8m，高为 6m 的等腰三角形薄片，铅直沉在水中，顶在上，底在下，且与水面平行，而顶离水面 3m，试求它侧面所受的压力.

11. 已知某产品的边际成本为 $C'(Q)=\frac{1}{2}Q$(万元/台)，固定成本为 100 万元，又已知该商品的销售收入函数为 $R(Q)=100Q$(万元)，求

(1) 使利润最大时的销售量和最大利润;

(2) 在获得最大利润的基础上，再销售 20 台，利润将减少多少?

12. 利用连续函数在区间$[a,b]$上平均值公式$\bar{f}=\dfrac{1}{b-a}\int_a^b f(x)\,\mathrm{d}x$，求函数$y=\sin x$在$[0,\pi]$上的平均值.

【阅读资料】

法国数学发展史上著名的“三 L”

在法国科学发展史上，有三位由于在数学上成就卓著而享有盛名的数学家，而且他们三人的姓氏的第一个字母均为 L，故常把他们称为法国数学界的“三 L”. 他们是拉格朗日、拉普拉斯和勒让德.

1. 拉格朗日(Joseph Louis Lagrange,1736—1813)

法国数学家、物理学家、天文学家，分析力学的奠基人. 他在数学、力学和天文学三个学科领域中都有历史性的贡献，其中尤以数学方面的成就最为突出.

拉格朗日 1736 年 1 月 25 日生于意大利西北部的都灵，父亲是法国陆军骑兵里的一名军官，后由于经商破产，家道中落. 据拉格朗日本人回忆，如果幼年家境富裕，他也就不会作数学研究了，因为父亲一心想把他培养成为一名律师. 但拉格朗日个人对法律毫无兴趣.

1755 年拉格朗日 19 岁时，发表了他的第一篇论文《极大和极小的方法研究》，为变分法奠定了理论基础. 变分法的创立，使拉格朗日在都灵声名大震，并使他在 19 岁时就当上了都灵皇家炮兵学校的数学教授，成为当时欧洲公认的一流数学家. 1756 年，得到欧拉的举荐，拉格朗日被任命为普鲁士科学院通讯院士. 1759 年被选为柏林科学院院士. 1766 年德国的腓特烈大帝向拉格朗日发出邀请时说，在“欧洲最大的王”的宫廷中应有“欧洲最大的数学家”. 于是他应邀前往柏林，任普鲁士科学院数学部主任，并在那居住达 20 年之久，开始了他一生科学研究的鼎盛时期. 1772 年当选为巴黎科学院院士. 1776 年当选为彼得堡科学院名誉院士. 1766—1787 年任柏林科学院主席. 1783 年，拉格朗日的故乡建立了都灵科学院，他被任命为名誉院长. 1786 年腓特烈大帝去世以后，他接受了法王路易十六的邀请，离开柏林，定居巴黎，直至去世. 他在数学分析、代数方程理论、变分法、概率论、微分方程、分析力学、天体力学、偏微分方程、数论、球面天文学、制图学等方面均取得了重要成果. 他著有《分析力学》(1788)、《解析函数论》(1797)、《函数计算讲义》(1801)、《关于物体任何系统的微小振动》、《关于月球的天平动问题》、《彗星轨道的摄动》等书. 他在数学史上被认为是对分析数学的发展产生全面影响的数学家之一.

1813 年 4 月 3 日，拿破仑授予他帝国大十字勋章，但此时的拉格朗日已卧床不起，4 月 11 日早晨，拉格朗日逝世.

2. 拉普拉斯(Laplace Pierre Simon Marquisde, 1749—1827)

法国数学家、力学家和天文学家. 生于法国西北部诺曼底的博蒙昂诺日. 从 1767 年起，曾在多所高校任教授. 曾任巴黎军事学院数学教授. 1795 年任巴黎综合工科学校教授，后又在高等师范学校任教授. 1785 年入选法国科学院. 1816 年成为法兰西学院院士，1817 年任该院院长. 他是天体力学的主要奠基人，是天体演化学的创立者之一，是概率论分析的创始人，是应用数学和热化学的先驱. 他发表的天文学、数学和物理学的论文有 270 多篇，专著合计有 4006 多页，其中最有代表性的有：1796 年发表的《宇宙体系论》，在这部书中，他独立于康德，提出了第一个科学的太阳系起源理论——星云学说；被后人称之为“康德—拉普拉斯”星云学说；1799 年到 1825 年间陆续出版的五大卷 16 册巨著《天体力学》，在这部著作中第一次提出天体力学这一名词，是经典天体力学的代表作，因此他也被誉为“法国的牛顿”和“天体力学之父”；1812 年发表《概率分析理论》. 拉普拉斯在研究天体问题的过程中，创造和发展了许多数学的方法，以他的名字命名的拉普拉斯变换、拉普拉斯定理和拉普拉斯方程，在科学技术的各个领域有着广泛的应用.

拉普拉斯曾任拿破仑的老师，所以和拿破仑结下不解之缘. 拉普拉斯在数学上是个大师，在政治上是个小人物、墙头草，总是效忠于得势的一边，被人看不起，拿破仑曾讥笑他把无穷小量的精神带到内阁里. 在席卷法国的政治变动中，包括拿破仑的兴起和衰落，没有显著地打断他的工作. 尽管他是个曾染指政治的人，但他的威望以及他将数学应用于军事问题的才能保护了他，同时也归功于他显示出的一种并不值得佩服的在政治态度方面见风使舵的能力.

3. 勒让德(Legendre Adrien Marie, 1752—1833)

法国数学家. 1752 年 9 月 18 日出生在法国巴黎一个富裕的家庭. 1770 年毕业于马萨林学院，曾任巴黎军事学院的数学教授. 1782 年以《关于在阻尼介质中的弹道的研究》的论文获得柏林科学院奖. 1783 年被选为法国科学院助理院士，两年后当选为院士. 1789 年当选为英国皇家学会会员. 1795 年任巴黎综合工科学校教授，还担任过政府委员. 1795 年当选为法兰西研究院常任院士，1813 年继任拉格朗日在天文事务所的职位.

勒让德的主要研究领域是分析学、数论、初等几何与天体力学，取得了许多成果，并引导了一系列重要理论的诞生. 勒让德是椭圆积分理论奠基人之一，他对椭圆积分有特殊的兴趣，可以说他把一生中的黄金时期都献给了这个课题，并在这方面获得累累硕果. 他最早一批成果包含在 1786 年写成的论椭圆弧的两篇论文里. 他的《积分练习》、《椭圆函数研究》以及三篇阐述关于阿贝尔(Abel)与雅可比(Jacobi)在 1829 年与 1832 年的工作的补充论文，都是对椭圆积分的开拓性研究. 1832 年，勒让德在总结自己关于函数的研究时说：“我们仅接触到这一课题的表面，可以预言它将随数学家的工作日趋成熟，最终将构成超越函数分析中一个最漂亮的部分.”他在这方面的工作，不但为高斯等人在这个领域的研究开辟了道路，而且为数学物理提供了基本的分析工具.

勒让德于 1790 年出版的《数论》被誉为代表 18 世纪数论研究的最高成就的名著之一. 这部书共两卷、分四部分，是当时对数论的最全面的论述. 第一部分是连分数的理论，后来被用于解不定方程. 第二、三部分讨论了数的一般性质，证明了用以确定整数因子的二次剩余的互换定律. 高斯称这一定律是数论中的一颗明珠.

勒让德为人谦逊，一生保持热情而有节奏的工作. 由于他在各个数学分支所取得的卓越成就，特别是在分析学方面的重大创造，以他的姓氏命名的定理、公式不胜枚举. 德国著名数学家高斯曾深有感触地说："几乎在我所有的理论工作中都与勒让德碰车."

在数学中以他的姓氏命名的有：勒让德定理、勒让德变换、勒让德方程、勒让德多项式、勒让德函数、勒让德符号、勒让德关系、勒让德流形、勒让德模、勒让德条件、勒让德正规形式等.

第7章　多元函数微分学

前面研究了含有一个自变量的函数，这种函数又称为一元函数. 而在实际问题中，还会遇到多于一个自变量的函数，这就是本章要讨论的多元函数.

多元函数的概念及其微分学是一元函数及其微分学的推广和发展，它们有着许多类似之处，但有的地方也有着重大差别. 本章首先从实际问题入手，介绍多元函数的极限与偏导数、全微分、多元复合函数的微分法及偏导数的几何应用，最后研究多元函数的极值与最值.

【基本要求】

1. 了解二元函数的概念，会求二元函数的定义域，了解二元函数的几何意义.
2. 理解二元函数的一阶偏导数的概念，掌握二元函数一阶偏导数的求法.
3. 理解二元函数的全微分的概念，掌握二元函数全微分的求法.
4. 掌握二元复合函数和隐函数的偏导数的求法.
5. 了解二元函数极值的概念，会用二元函数的导数求二元函数的极值与最值. 会用偏导数解决简单的二元函数的极值应用问题.

7.1　多元函数的极限与偏导数

本节先介绍多元函数、多元函数的极限及其连续性等概念，然后，重点研究多元函数的偏导数的定义及其求法.

7.1.1　多元函数的概念

为了理解多元函数，下面先考察如下三个例子.

例1　设矩形的边长分别为 x 和 y，则矩形的面积 S 为

$$S=xy$$

在这里，当 x 和 y 每取一定值时，就有一个确定的面积值 S，即 S 依赖于 x 和 y 的变化而变化，如果 x 和 y 中有一个固定不变，则此时 S 只依赖于一个变量，即为一元函数.

例2　具有一定质量的理想气体，其体积 V，压强 p，热力学温度 T 之间具有下面依赖关系

$$p=\frac{RT}{V}\ (R\text{ 是常数})$$

在这一问题中有三个变量 p，V，T，当 V 和 T 每取定一组值时，按照上面的关系，就有一个确定的压强 p，如果温度固定不变，即考虑等温过程，则当 V 取定某一值时，就有一确定的压强 p，即对于等温过程，压强 p 是 V 的一元函数.

例3　底面半径为 r，高为 h 的圆柱形容器的体积为

$$V=\pi r^2 h$$

这里，依然设计三个变量 r，h，V，当 r 和 h 每取定一组值时，变量 V 就有一个确定的值与之对应.

从这样的一些问题中即可抽象出多元函数的概念，下面给出二元函数的定义.

1. 二元函数的定义

定义 1（二元函数） 设有三个变量 x，y 和 z，D 是一个非空点集，如果当变量 x，y 在它们的变化范围 D 中任意取定一对值时，变量 z 按照一定的对应规律有唯一确定的值与它们对应，则称 z 为变量 x，y 的**二元函数**，记为 $z=f(x,y)$，其中 x 与 y 称为自变量，函数 z 也叫因变量. 自变量 x 与 y 的变化范围 D 称为函数 z 的定义域.

一般来说，一元函数的定义域为一个或几个区间；二元函数的定义域由其解析式子或具体问题的实际意义所确定. 二元函数 $z=f(x,y)$ 的定义域 D 在几何上通常是由平面上一条或几条光滑曲线所围成的部分平面，这样的部分平面称为区域，即二元函数的定义域通常为平面区域，围成区域的曲线称为区域的**边界**，边界上的点称为**边界点**，包括边界在内的区域称为**闭域**，不包括边界在内的区域称为**开域**.

如果一个区域 D 内任意两点之间的距离都不超过某一常数 M，则称 D 为有界区域，有界区域总可以包含在一个以原点为圆心的半径足够大的圆域内，否则称 D 为无界区域.

例如，矩形域 $D=\{(x,y)\,|\,a<x<b,\ c<y<d\}$ 为有界区域.

定义 2 称圆域 $\{(x,y)\,|\,(x-x_0)^2+(y-y_0)^2<\delta^2\}$ 为平面上点 $p_0(x_0,y_0)$ 的 δ **邻域**，而称不包含点 p_0 的邻域为**去心邻域**.

二元函数定义域的求法与一元函数类似，就是找出使函数有意义的自变量的变化范围，不过画出定义域的图形要复杂一些.

例 4 求二元函数 $z=\sqrt{1-x^2-y^2}$ 的定义域.

解 该函数的定义域应满足 $1-x^2-y^2\geqslant 0$，即

$$x^2+y^2\leqslant 1$$

则该函数的定义域为

$$\{(x,y)\,|\,x^2+y^2\leqslant 1\}$$

这里 D 在 Oxy 平面上表示一个以原点为圆心，1 为半径的圆域，称其为单位圆盘，如图 7-1 所示. 它为有界闭区域.

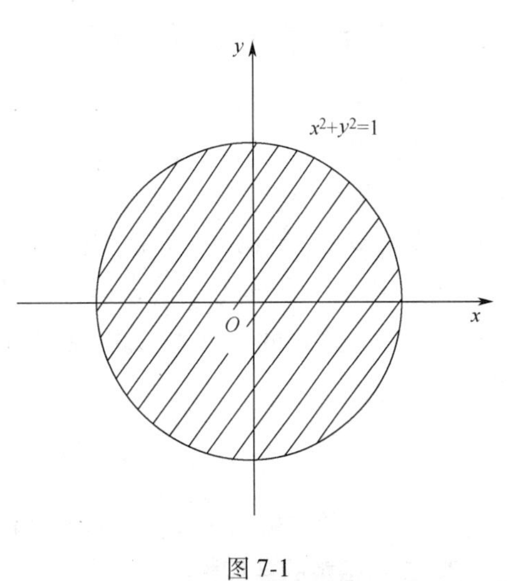

图 7-1

例 5 求二元函数 $z=\ln(x+y)$ 的定义域.

解 为使 $z=\ln(x+y)$ 有意义，自变量 x，y 所取的值必须满足不等式

$$x+y>0$$

即该函数的定义域为

$$\{(x,y)\,|\,x+y>0\}$$

点集 D 在 Oxy 平面上表示一个在直线 $x+y=0$ 上方的半平面（不包含边界 $x+y=0$），如图 7-2 所示. 此时 D 为无界开区域.

2. 二元函数的几何表示

把自变量的 x，y 及因变量 z 当作空间点的直角坐标，先在 Oxy 平面内做出函数 $z=f(x,$

y)的定义域 D，图 7-3 所示，再过区域 D 中的任一点 $M(x,y)$ 作垂直于 Oxy 平面的有向线段 MP，使点 P 的竖坐标为点(x,y)对应的函数值 z，当点 M 在 D 中变动时，对应的点 P 的轨迹就是函数 $z=f(x,y)$ 的几何图形，它通常是一张曲面，而其定义域 D 就是此曲面在 Oxy 平面上的投影.

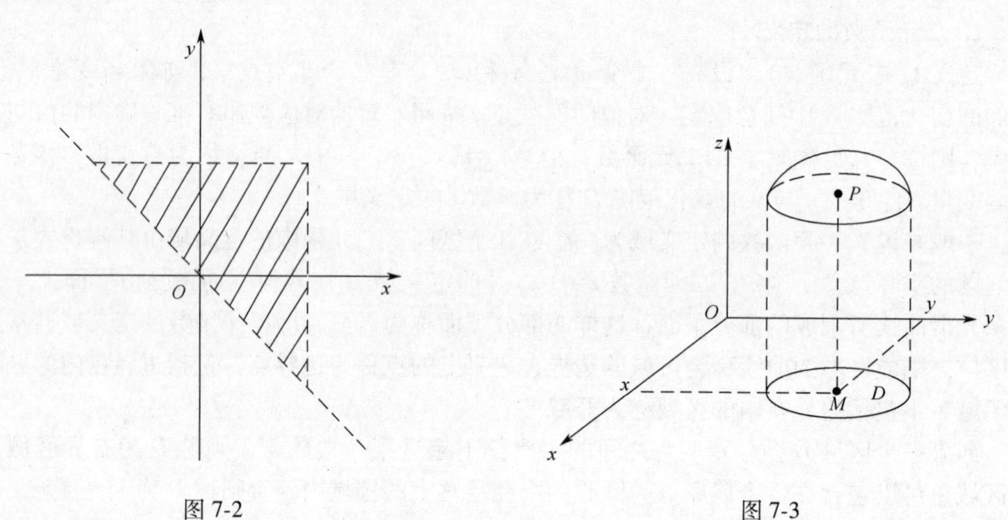

图 7-2　　　　图 7-3

例 6　作二元函数 $z=x^2+y^2$ 的图形.

解　此函数的定义域为 Oxy 平面，由于 $z\geqslant 0$，所以曲面上的点都在 Oxy 平面上方，其图形为旋转抛物面，如图 7-4 所示.

具有三个自变量的函数称为三元函数，三元函数的定义与二元函数的定义类似.

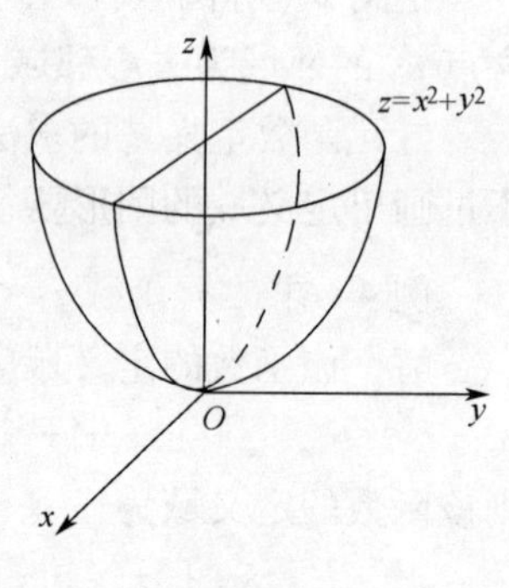

图 7-4

7.1.2　二元函数的极限与连续性

1. 二元函数的极限

研究当点(x,y)趋向(x_0,y_0)时，函数 $z=f(x,y)$ 的变化趋势，要比一元函数复杂得多，因为在坐标面 Oxy 上，(x,y)趋向(x_0,y_0)的方式可以是多种多样的.

定义 3　设二元函数 $z=(x,y)$，如果当点(x,y)以任意方式趋向点(x_0,y_0)时，$f(x,y)$无限接近于一个确定的常数 A，那么就称 A 为二元函数 $f(x,y)$ 当(x,y)趋于(x_0,y_0)时的极限，记为

$$\lim_{(x,y)\to(x_0,y_0)} f(x,y)=A \quad 或 \quad \lim_{\substack{x\to x_0\\ y\to y_0}} f(x,y)=A$$

与一元函数的极限一样，二元函数的极限也有类似的四则运算法则.

2. 二元函数的连续性

与一元函数一样，下面给出二元函数连续的定义.

定义 4　设函数 $z=f(x,y)$ 在点 $p_0(x_0,y_0)$ 的某邻域内有定义，如果

$$\lim_{\substack{x\to x_0\\ y\to y_0}} f(x,y)=f(x_0,y_0) \tag{7.1}$$

则称二元函数 $z=f(x,y)$ 在点 $p_0(x_0,y_0)$ 处连续，如果 $f(x,y)$ 在区域 D 内的每一点都连续，则称 $f(x,y)$ 在区域 D 上连续.

若令 $x=x_0+\Delta x$，$y=y_0+\Delta y$，则定义4中的式(7.1)可写成

$$\lim_{\substack{\Delta x\to 0\\ \Delta y\to 0}}[f(x_0+\Delta x,y_0+\Delta y)-f(x_0,y_0)]=0$$

即

$$\lim_{\substack{\Delta x\to 0\\ \Delta y\to 0}}\Delta z=0$$

这里 Δz 为函数 $z=f(x,y)$ 在点 (x_0,y_0) 处的全增量，即

$$\Delta z=f(x_0+\Delta x,y_0+\Delta y)-f(x_0,y_0)$$

于是有二元函数在一点连续的等价定义.

定义5　设函数 $z=f(x,y)$ 在点 $p_0(x_0,y_0)$ 的某一邻域内有定义，如果

$$\lim_{\substack{\Delta x\to 0\\ \Delta y\to 0}}\Delta z=0$$

则称二元函数 $z=f(x,y)$ 在点 $p_0(x_0,y_0)$ 处连续.

如果函数 $z=f(x,y)$ 在点 $p_0(x_0,y_0)$ 处不连续，则称点 $p_0(x_0,y_0)$ 为函数 $f(x,y)$ 的不连续点或间断点.

同一元函数一样，二元连续函数的和、差、积、商(分母不等于零)及复合函数仍是连续函数，由此还可得出，**二元初等函数在其定义域内是连续的**.

例7　求二元函数的极限 $\lim\limits_{\substack{x\to 0\\ y\to 0}}\dfrac{\sin xy}{y}$.

解　$\lim\limits_{\substack{x\to 0\\ y\to 0}}\dfrac{\sin xy}{y}=\lim\limits_{\substack{x\to 0\\ y\to 0}}\dfrac{\sin xy}{xy}\cdot x=\lim\limits_{\substack{x\to 0\\ y\to 0}}\dfrac{\sin xy}{xy}\cdot\lim\limits_{\substack{x\to 0\\ y\to 0}}x=1\times 0=0$

例8　设 $f(x,y)=\dfrac{xy}{x^2+y^2}$，问 $\lim\limits_{\substack{x\to 0\\ y\to 0}}f(x,y)$ 是否存在？

解　若 $\lim\limits_{\substack{x\to 0\\ y\to 0}}f(x,y)$ 存在，则点 (x,y) 沿任意曲线趋于 $(0,0)$ 时，$f(x,y)$ 都要趋于同一个常数. 注意到，当 (x,y) 沿着直线 $y=kx$ 趋于原点 $(0,0)$ 时，有

$$\lim_{\substack{x\to 0\\ y\to 0}}f(x,y)=\lim_{\substack{x\to 0\\ y\to 0}}\frac{xkx}{x^2+(kx)^2}=\lim_{\substack{x\to 0\\ y\to 0}}\frac{k}{1+k^2}=\frac{k}{1+k^2}$$

这就是说，当点 (x,y) 沿着不同斜率的直线 $y=kx$ 趋于原点 $(0,0)$ 时，函数 $f(x,y)$ 趋于不同数值，因此 $\lim\limits_{\substack{x\to 0\\ y\to 0}}\dfrac{xy}{x^2+y^2}$ 不存在.

7.1.3　二元函数的偏导数

在研究二元函数时，有时要考察当其中一个自变量固定不变时，函数关于另一个自变量的变化率，此时的二元函数实际上转化为一元函数. 因此可以利用一元函数的导数概念，得到二元函数对某一个自变量的变化率.

1. 偏导数的定义

定义6　设函数 $z=f(x,y)$ 在点 (x_0,y_0) 的某一邻域内有定义，当 y 固定在 y_0，而 x 在 x_0 处有改变量 Δx 时，函数 $z=f(x,y)$ 有改变量

$$f(x_0+\Delta x, y_0)-f(x_0, y_0)$$

如果极限

$$\lim_{\Delta x \to 0}\frac{f(x_0+\Delta x, y_0)-f(x_0, y_0)}{\Delta x}$$

存在，则称该函数对 x 可导，并称此极限值为函数 $z=f(x,y)$ 在点 (x_0,y_0) 处对 x 的偏导数，记为

$$\left.\frac{\partial z}{\partial x}\right|_{\substack{x=x_0\\y=y_0}},\ \left.\frac{\partial f}{\partial x}\right|_{\substack{x=x_0\\y=y_0}},\ z_x\Big|_{\substack{x=x_0\\y=y_0}} \text{或 } f_x(x_0, y_0)$$

类似地，当 x 固定在 x_0，而 y 在 y_0 处有改变量 Δy 时，如果极限

$$\lim_{\Delta y \to 0}\frac{f(x_0, y_0+\Delta y)-f(x_0, y_0)}{\Delta y}$$

存在，则称该函数对 y 可导，并称此极限值为函数 $z=f(x,y)$ 在点 (x_0,y_0) 处对 y 的偏导数，记为

$$\left.\frac{\partial z}{\partial y}\right|_{\substack{x=x_0\\y=y_0}},\ \left.\frac{\partial f}{\partial y}\right|_{\substack{x=x_0\\y=y_0}},\ z_y\Big|_{\substack{x=x_0\\y=y_0}} \text{或 } f_y(x_0, y_0)$$

如果函数 $z=f(x,y)$ 在区域 D 内每一点 (x,y) 处对 x 的偏导数都存在，这个偏导数仍是 x，y 的函数，则称其为函数 $z=f(x,y)$ 对自变量 x 的偏导函数(简称偏导数)，记为

$$\frac{\partial z}{\partial x},\ \frac{\partial f}{\partial x},\ z_x \text{或 } f_x(x,y).$$

类似地，可以定义函数 $z=f(x,y)$ 对自变量 y 的偏导函数(简称偏导数)，记为

$$\frac{\partial z}{\partial y},\ \frac{\partial f}{\partial y},\ z_y \text{或 } f_y(x,y)$$

2. 偏导数的计算

从偏导数定义中可以看到，偏导数的实质就是把一个自变量固定，而将二元函数 $z=f(x,y)$ 看成是另一个自变量的一元函数的导数，因此，求二元函数的偏导数，不需引进新的方法，只需根据一元函数的求导公式和一元函数的微分法，把一个自变量暂时视为常量，而对另一个自变量进行一元函数求导即可，举例说明如下.

例 9 求 $z=x^6\sin y$ 的偏导数.

解 把 y 看作常量，对 x 求导数，得

$$\frac{\partial z}{\partial x}=\frac{\partial}{\partial x}(x^6\sin y)=\sin y\frac{\partial}{\partial x}(x^6)=6x^5\sin y$$

把 x 看作常量，对 y 求导数，得

$$\frac{\partial z}{\partial y}=\frac{\partial}{\partial y}(x^6\sin y)=x^6\frac{\partial}{\partial y}(\sin y)=x^6\cos y$$

例 10 求 $z=\ln(6+x^2+y^2)$ 在点 $(1,1)$ 处的偏导数.

解 先求偏导数

$$\frac{\partial z}{\partial x}=\frac{2x}{6+x^2+y^2},\qquad \frac{\partial z}{\partial y}=\frac{2y}{6+x^2+y^2}$$

在点 $(1,1)$ 处的偏导数就是偏导数在 $(1,1)$ 处的值，所以

$$\left.\frac{\partial z}{\partial x}\right|_{(1,1)}=\frac{1}{4},\ \left.\frac{\partial z}{\partial y}\right|_{(1,1)}=\frac{1}{4}$$

应当指出，根据偏导数的定义，偏导数 $\left.\frac{\partial z}{\partial x}\right|_{(1,1)}$ 是将函数 $z=\ln(6+x^2+y^2)$ 中的 y 固定在

$y=1$处，而求一元函数 $z=\ln(6+x^2+1^2)$ 的导数在 $x=1$ 处的值. 因此，一般地，在求函数对某一变量在一点处的偏导数时，可将函数中的其余变量用此点的相应坐标代入后再求导，这样有时会带来方便.

例 11　设 $f(x,y)=\mathrm{e}^{xy}\ln(x^2+y^2)$，求 $f_x(4,0)$.

解　如果先求偏导数 $f_x(x,y)$，运算是比较繁杂的，但是若先把函数中的 y 固定在 $y=0$，则有

$$f(x,0)=2\ln x$$

从而 $f_x(x,0)=\dfrac{2}{x}$，$f_x(4,0)=\dfrac{1}{2}$.

二元函数偏导数的定义和求法可以类推到三元和三元以上的函数.

3. 偏导数的几何意义

从偏导数的定义可知，二元函数 $z=f(x,y)$ 在点 (x_0,y_0) 处对 x 的偏导数 $f_x(x_0,y_0)$ 就是一元函数 $z=f(x,y_0)$ 在 x_0 处的导数 $\dfrac{\mathrm{d}}{\mathrm{d}x}f(x,y_0)\Big|_{x=x_0}$. 如图 7-5 所示，设点 $M_0(x_0,y_0,f(x_0,y_0))$ 为曲面 $z=f(x,y)$ 上的一点，过点 M_0 作垂直于 y 轴的平面 $y=y_0$，这个平面在曲面上截得一曲线 C_1：$\begin{cases}z=f(x,y)\\ y=y_0\end{cases}$，由一元函数的导数的几何意义可知，$\dfrac{\mathrm{d}}{\mathrm{d}x}f(x,y_0)\Big|_{x=x_0}$ 即 $f_x=(x_0,y_0)$，就是这条曲线 C_1 在点 M_0 处的切线 M_0T_1 对 x 轴的斜率，即

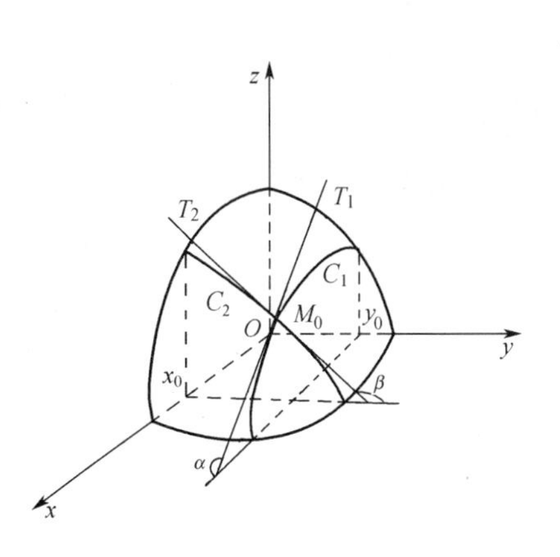

图 7-5

$$f_x(x_0,y_0)=\tan\alpha$$

同理，$f_y(x_0,y_0)$ 是曲面 $z=f(x,y)$ 与平面 $x=x_0$ 的交线 C_2 在点 M_0 处的切线 M_0T_2 对 y 轴的斜率，即

$$f_y(x_0,y_0)=\tan\beta$$

4. 高阶偏导数

二元函数 $z=f(x,y)$ 的两个偏导数 $\dfrac{\partial z}{\partial x}$，$\dfrac{\partial z}{\partial y}$ 仍是自变量 x，y 的函数，如果 $\dfrac{\partial z}{\partial x}$，$\dfrac{\partial z}{\partial y}$ 的偏导数存在，可以继续对 x 或 y 求偏导数，则这两个偏导数的偏导数称为函数 $z=f(x,y)$ 的二阶偏导数. 这样的二阶偏导数共有四个，分别表示为

(1) $\dfrac{\partial}{\partial x}\left(\dfrac{\partial z}{\partial x}\right)=\dfrac{\partial^2 z}{\partial x^2}=f_{xx}(x,y)$　　(2) $\dfrac{\partial}{\partial y}\left(\dfrac{\partial z}{\partial x}\right)=\dfrac{\partial^2 z}{\partial x\partial y}=f_{xy}(x,y)$

(3) $\dfrac{\partial}{\partial x}\left(\dfrac{\partial z}{\partial y}\right)=\dfrac{\partial^2 z}{\partial y\partial x}=f_{yx}(x,y)$　　(4) $\dfrac{\partial}{\partial y}\left(\dfrac{\partial z}{\partial y}\right)=\dfrac{\partial^2 z}{\partial y^2}=f_{yy}(x,y)$

其中，第(2)、(3)两个偏导数称为混合偏导数，它们求偏导数的先后次序不同，前者是先对 x 后对 y 求导，后者是先对 y 后对 x 求导. 类似地，可以定义三阶、四阶、……、n 阶偏导数，二阶及二阶以上的偏导数统称为**高阶偏导数**.

例 12　求 $z=2x^2y^3$ 的四个二阶偏导数.

解　因为$\frac{\partial z}{\partial x}=4xy^3$，$\frac{\partial z}{\partial y}=6x^2y^2$，所以

$$\frac{\partial^2 z}{\partial x^2}=\frac{\partial}{\partial x}\left(\frac{\partial z}{\partial x}\right)=\frac{\partial}{\partial x}(4xy^3)=4y^3$$

$$\frac{\partial^2 z}{\partial x\partial y}=\frac{\partial}{\partial y}\left(\frac{\partial z}{\partial x}\right)=\frac{\partial}{\partial y}(4xy^3)=12xy^2$$

$$\frac{\partial^2 z}{\partial y\partial x}=\frac{\partial}{\partial x}\left(\frac{\partial z}{\partial y}\right)=\frac{\partial}{\partial x}(6x^2y^2)=12xy^2$$

$$\frac{\partial^2 z}{\partial y^2}=\frac{\partial}{\partial y}\left(\frac{\partial z}{\partial y}\right)=\frac{\partial}{\partial y}(6x^2y^2)=12x^2y$$

从例 12 可看到，$z=2x^2y^3$ 的两个二阶混合偏导数$\frac{\partial^2 z}{\partial x\partial y}$与$\frac{\partial^2 z}{\partial y\partial x}$是相等的，但这个结论并不是对任意可求二阶偏导数的二元函数都成立. 只有当两个二阶混合偏导数满足一定条件时，该结论才成立.

定理 1　若 $z=f(x,y)$ 的两个二阶混合偏导数在点(x,y)连续，则在该点有

$$\frac{\partial^2 z}{\partial x\partial y}=\frac{\partial^2 z}{\partial y\partial x}$$

这就是说，当二元函数的两个二阶混合偏导数连续时，两个二阶混合偏导数与求导次序无关.

对于三元以上的函数也可以类似地定义高阶偏导数，而且在偏导数连续时，混合偏导数也与求偏导的先后次序无关.

习题　7.1

一、填空题

1. 设函数$f(x,y)=\frac{2xy}{x^2+y^2}$，求$f(1,2)=$ ________.

2. 函数 $z=\sqrt{y-x^2+1}$ 的定义域为________.

3. 已知$f(x,y)=x^2+xy$，则$\frac{\partial f}{\partial x}=$ ________.

4. 设函数 $z=\sin(x^2+y^2)$，则$\frac{\partial z}{\partial x}=$ ________.

5. 设函数 $z=(1+xy)^x$，则$\frac{\partial z}{\partial y}=$ ________.

6. 设函数 $z=\tan(xy)$，则$\frac{\partial z}{\partial x}=$ ________.

7. 设函数 $z=x^2y$，则$\frac{\partial^2 z}{\partial x^2}=$ ________.

8. 设函数 $z=x^3+e^y$，则$\left.\frac{\partial^2 z}{\partial x^2}\right|_{(1,1)}=$ ________.

二、判断题

1. 表达式$f_x'(x,y)\Big|_{\substack{x=x_0\\y=y_0}}=f'(x,y_0)\Big|_{x=x_0}$ 成立.　　(　　)

2. 若函数 $z=f(x,y)$ 在点 (x_0,y_0) 处偏导数存在，则 $z=f(x,y)$ 在点 (x_0,y_0) 处一定可微.（　）

3. 若点 (x_0,y_0) 为 $z=f(x,y)$ 的极值点，则点 (x_0,y_0) 一定为驻点.（　）

三、解答题

1. 已知 $f(x,y)=x^6+xy+y^6$，求 $f(1,2)$.
2. 已知 $f(x,y)=\mathrm{e}^{x+y}$，求 $f(0,1)$.
3. 求二元函数的极限 $\lim\limits_{\substack{x\to0\\y\to0}}\dfrac{\sin xy}{x}$.
4. 求函数 $z=\sqrt{4-x^2-y^2}\ln(x^2+y^2-1)$ 的定义域，并画出定义域的图形.
5. 已知 $f(x,y)=2x^2+3y^2-1$，求 $f_x(1,1)$，$f_y(1,1)$.
6. 已知 $f(x,y)=\mathrm{e}^{x+y}\cos(xy)+3y^2-1$，求 $f_x(0,1)$，$f_y(0,1)$.
7. 已知 $z=x^y$，求 $\dfrac{\partial z}{\partial x}$，$\dfrac{\partial z}{\partial y}$.
8. 已知 $z=9x^8\mathrm{e}^y$，求 z_x，z_y，z_{xy}，z_{xx}，z_{yy}.
9. 已知 $u=(x+3y+6z)^{10}$，求 $\dfrac{\partial u}{\partial x}$，$\dfrac{\partial u}{\partial y}$，$\dfrac{\partial u}{\partial z}$，$\dfrac{\partial^2 u}{\partial y\partial z}$.
10. 若 $z=(10+x)^{xy}$，求 $\dfrac{\partial z}{\partial y}$.

7.2　全微分

本节对比着一元函数微分的定义，引入全微分的概念，进而给出全微分的计算公式，最后，讨论全微分的应用.

7.2.1　全微分的定义

二元函数的全微分是一元函数微分的推广，为了给出二元函数全微分的定义，先回顾一元函数的微分概念：如果一元函数 $y=f(x)$ 在点 x 处的改变量 $\Delta y=f(x+\Delta x)-f(x)$，可以表示为关于 Δx 的线性函数与一个比 Δx 高阶的无穷小之和，即

$$\Delta y=f(x+\Delta x)-f(x)=A\Delta x+o(\Delta x)$$

其中，A 与 Δx 无关，仅与 x 有关，$o(\Delta x)$ 是当 $\Delta x\to0$ 时比 Δx 高阶的无穷小，则称一元函数 $y=f(x)$ 在点 x 可微，并称 $A\Delta x$ 是 $y=f(x)$ 在点 x 处的微分，记为 $\mathrm{d}y=A\Delta x$，且若 $f(x)$ 可导，则 $A=f'(x)$.

类似地，有二元函数全微分的定义.

定义7　设有二元函数 $z=f(x,y)$，如果在点 (x,y) 处，函数的全增量

$$\Delta z=f(x+\Delta x,y+\Delta y)-f(x,y)$$

可以表示为关于 Δx，Δy 的线性函数与一个比 $\rho=\sqrt{(\Delta x)^2+(\Delta y)^2}$ 高阶的无穷小之和，即

$$\Delta z=A\Delta x+B\Delta y+o(\rho)$$

其中 A，B 与 Δx，Δy 无关，只于 x，y 有关，$o(\rho)$ 是当 $\rho\to0$ 时比 ρ 高阶的无穷小，则称二元函数 $z=f(x,y)$ 在点 (x,y) 处可微，并称 $A\Delta x+B\Delta y$ 是 $z=f(x,y)$ 在点 (x,y) 处的全

微分，记作

$$dz=A\Delta x+B\Delta y$$

与一元函数类似，若二元函数 $z=f(x,y)$ 在点 (x,y) 处可微，则 $z=f(x,y)$ 在点 (x,y) 处一定连续.

定理 2 若 $z=f(x,y)$ 在点 (x,y) 处可微，则它在该点一定连续.

证 因为 $z=f(x,y)$ 在点 (x,y) 处可微，即

$$\Delta z=f(x+\Delta x,y+\Delta y)-f(x,y)=A\Delta x+B\Delta y+o(\rho)$$

所以当 $\Delta x\to 0$，$\Delta y\to 0$ 时，有 $\Delta z\to 0$，即 $z=f(x,y)$ 在该点连续.

定理 2 表明，对于二元函数来说，可微必连续. 值得注意的是，连续却不一定可微.

对于一元函数，$y=f(x)$ 在点 x 处可微与在点 x 处可导是等价的，且 $dy=f'(x)\Delta x$，即 $A=f'(x)$，对于二元函数有以下定理.

定理 3 若 $z=f(x,y)$ 在点 (x,y) 处可微，则 $z=f(x,y)$ 在点 (x,y) 处的两个偏导数存在，且 $A=\frac{\partial z}{\partial x}$，$B=\frac{\partial z}{\partial y}$.

证 因为 $z=f(x,y)$ 在点 (x,y) 处可微，所以有

$$\begin{aligned}\Delta z&=f(x+\Delta x,y+\Delta y)-f(x,y)\\&=A\Delta x+B\Delta y+o(\rho)\end{aligned}$$

若令上式中的 $\Delta y=0$，则

$$\Delta z=f(x+\Delta x,y)-f(x,y)=A\Delta x+o(|\Delta x|),$$

所以

$$\lim_{\Delta x\to 0}\frac{f(x+\Delta x,y)-f(x,y)}{\Delta x}=\lim_{\Delta x\to 0}\frac{A\Delta x+o(|\Delta x|)}{\Delta x}=A$$

即 $\frac{\partial z}{\partial x}=A$，类似地可证 $\frac{\partial z}{\partial y}=B$.

一般地，记 $\Delta x=dx$，$\Delta y=dy$，则函数 $z=f(x,y)$ 的全微分可写成

$$dz=\frac{\partial z}{\partial x}dx+\frac{\partial z}{\partial y}dy$$

定理 3 表明，对于二元函数，可微必有两个偏导数存在. 值得注意的是，两个偏导数存在，二元函数不一定可微. 下面给出可微的充分条件.

定理 4（可微的充分条件） 若 $z=f(x,y)$ 在点 (x,y) 处的两个偏导数连续，则 $z=f(x,y)$ 在该点一定可微.（证明略）

全微分的概念可以推广到三元或更多元的函数. 例如，若三元函数 $u=f(x,y,z)$ 具有连续偏导数，则其全微分的表达式为

$$du=\frac{\partial u}{\partial x}dx+\frac{\partial u}{\partial y}dy+\frac{\partial u}{\partial z}dz$$

例 1 求函数 $z=x^3y^2$ 在点 $(2,-1)$ 处，当 $\Delta x=0.03$，$\Delta y=-0.02$ 时的全微分.

解 因为函数 $z=x^3y^2$ 的两个偏导数

$$\frac{\partial z}{\partial x}=3x^2y^2,\quad \frac{\partial z}{\partial y}=2x^3y$$

都是连续的，所以全微分是存在的. 于是，函数 $z=x^3y^2$ 在点 $(2,-1)$ 处的全微分为

$$\begin{aligned}dz&=\left.\frac{\partial z}{\partial x}\right|_{\substack{x=2\\y=-1}}\cdot\Delta x+\left.\frac{\partial z}{\partial y}\right|_{\substack{x=2\\y=-1}}\cdot\Delta y\\&=\left.3x^2y^2\right|_{\substack{x=2\\y=-1}}\cdot\Delta x+\left.2x^3y\right|_{\substack{x=2\\y=-1}}\cdot\Delta y\\&=3\times2^2\times(-1)^2\times0.03+2\times2^3\times(-1)\times(-0.02)\\&=0.68\end{aligned}$$

例 2　求 $z=xe^{xy}$ 的全微分.

解　因为　$z=xe^{xy}$，所以

$$\frac{\partial z}{\partial x}=e^{xy}+xe^{xy}y=e^{xy}(1+xy),\quad\frac{\partial z}{\partial y}=xe^{xy}x=x^2e^{xy}$$

因此

$$dz=\frac{\partial z}{\partial x}dx+\frac{\partial z}{\partial y}dy=e^{xy}(1+xy)dx+x^2e^{xy}dy$$

7.2.2　全微分在近似计算中的应用

设函数 $z=f(x,y)$ 在点 (x,y) 处可微，则函数的全增量与全微分之差是一个比 ρ 高阶的无穷小，因此当 $f_x(x,y)$，$f_y(x,y)$ 不同时为零，且 $|\Delta x|$ 与 $|\Delta y|$ 都较小时，全增量可以近似地用全微分代替，即

$$\Delta z\approx dz=f_x(x,y)\Delta x+f_y(x,y)\Delta y$$

又因为 $\Delta z=f(x+\Delta x,y+\Delta y)-f(x,y)$，所以有

$$f(x+\Delta x,y+\Delta y)\approx f(x,y)+f_x(x,y)\Delta x+f_y(x,y)\Delta y$$

例 3　要给一圆柱形钢件镀 0.02cm 厚的铜，已知该圆柱体的底面半径为 5cm，高为 10cm，问大约需要多少铜?

解　底半径为 r，高为 h 的圆柱体体积为 $V=\pi r^2h$，所以镀铜的体积 ΔV 的近似值为

$$dV=2\pi rh\,dr+\pi r^2dh$$

由于 $r=5$cm，$h=10$cm，$\Delta r=0.02$cm，$\Delta h=2\times0.02$cm$=0.04$cm(因为柱体的上、下底面分别镀 0.02cm 的铜)，因此

$$\Delta V\approx dV=(2\times3.14\times5\times10\times0.02+3.14\times5^2\times0.04)\text{cm}^3=9.42\text{cm}^3$$

即大约需要 9.42cm^3.

例 4　利用全微分求 $(0.98)^{2.03}$ 的近似值.

解　设函数 $z=f(x,y)=x^y$，则要计算的数值就是函数在 $x+\Delta x=0.98$，$y+\Delta y=2.03$ 时的函数值 $f(0.98,2.03)$. 取 $x=1$，$y=2$，则 $\Delta x=-0.02$，$\Delta y=0.03$，由公式

$$f(x+\Delta x,y+\Delta y)\approx f(x,y)+f_x(x,y)\Delta x+f_y(x,y)\Delta y$$

得
$$\begin{aligned}f(0.98,2.03)&=f(1-0.02,2+0.03)\\&\approx f(1,2)+f_x(1,2)\times(-0.02)+f_y(1,2)\times0.03\end{aligned}$$

因为
$$f(1,2)=1$$
$$f_x(x,y)=yx^{y-1},\ f_x(1,2)=2$$
$$f_y(x,y)=x^y\ln x,\ f_y(1,2)=0$$

所以
$$(0.98)^{2.03}\approx1+2\times(-0.02)+0\times0.03=0.96$$

习题 7.2

一、填空题

1. 设函数 $z=\ln(x^2+y^2)$，则全微分 $dz\Big|_{\substack{x=1\\y=1}}=$________.

2. 设函数 $z=e^{2x+y}$，则全微分 $dz=$________.

3. 设函数 $z=x^3y^3$，则全微分 $dz=$________.

4. 设函数 $f(x,y)=x^y$，则 $df(1,1)=$________.

二、解答题

1. 设函数 $z=\dfrac{y}{x}$，当 $x=2$，$y=1$，$\Delta x=0.2$，$\Delta y=0.3$ 时，求 Δz 与 dz.

2. 设函数 $u=\ln(xy+4z^4)$，求 du.

3. 利用全微分求 $1.01^{2.99}$ 的近似值.

4. 设有一无盖圆柱形容器，容器的壁与底的厚度均为 0.02cm，内高为 40cm，半径为 4cm，求容器外壳体积的近似值.

7.3 多元复合函数的求导法则和隐函数的求导公式

本节先了解二元复合函数的概念，进而重点研究二元复合函数的求导法则，简单了解二元隐函数的求导公式.

7.3.1 复合函数微分法

定义 8(二元复合函数) 设函数 $z=f(u,v)$，而 $u=\varphi(x,y)$，$v=\psi(x,y)$ 都是 x，y 的函数，于是 $z=f[\varphi(x,y),\psi(x,y)]$ 是 x，y 的函数，称函数 $z=f[\varphi(x,y),\psi(x,y)]$ 为 $z=f(u,v)$ 与 $u=\varphi(x,y)$，$v=\psi(x,y)$ 的复合函数.

为了更清楚地表示这些变量之间的关系，可用图 7-6 表示，其中线段表示所连的两个变量有关系. 从图 7-6 中可见，z 是 u，v 的函数，而 u 和 v 又都是 x 和 y 的函数，其中 x，y 是自变量，而 u，v 是中间变量.

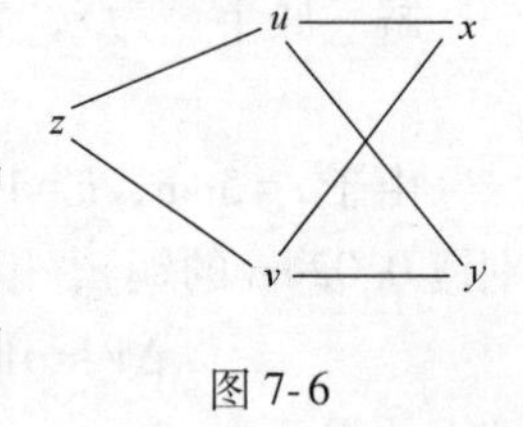

图 7-6

现在讨论如何确定复合函数的偏导数 $\dfrac{\partial z}{\partial x}$，$\dfrac{\partial z}{\partial y}$，从复合函数关系中可以看到多元复合函数要比一元复合函数更复杂，考虑 $\dfrac{\partial z}{\partial x}$ 时，y 不变，但 x 变化时，可引起 u，v 都变，因此 z 的变化就有两部分，一部分是通过 u 而来的，一部分是通过 v 而来的. 具体来说，可推导出下面的公式.

定理 5 设 $u=\varphi(x,y)$，$v=\psi(x,y)$ 在点 (x,y) 处有偏导数，$z=f(u,v)$ 在相应点 (u,v) 有连续偏导数，则复合函数 $z=f[\varphi(x,y),\psi(x,y)]$ 在点 (x,y) 处有偏导数，且

$$\frac{\partial z}{\partial x}=\frac{\partial z}{\partial u}\frac{\partial u}{\partial x}+\frac{\partial z}{\partial v}\frac{\partial v}{\partial x},\quad \frac{\partial z}{\partial y}=\frac{\partial z}{\partial u}\frac{\partial u}{\partial y}+\frac{\partial z}{\partial v}\frac{\partial v}{\partial y} \tag{7.2}$$

证明略.

例1　设 $z=e^{2xy(x^2+y^2)}$，求 $\frac{\partial z}{\partial x}$，$\frac{\partial z}{\partial y}$.

解　$z=e^{2xy(x^2+y^2)}$ 可以看成由 $z=e^{uv}$，$u=2xy$，$v=x^2+y^2$ 复合而成的复合函数，于是

$$\begin{aligned}\frac{\partial z}{\partial x}=\frac{\partial z}{\partial u}\frac{\partial u}{\partial x}+\frac{\partial z}{\partial v}\frac{\partial v}{\partial x}&=e^{uv}\cdot v\cdot 2y+e^{uv}\cdot u\cdot 2x\\&=e^{2xy(x^2+y^2)}[2(x^2+y^2)y+4x^2y]\\&=e^{2xy(x^2+y^2)}(6x^2y+2y^3)\end{aligned}$$

$$\begin{aligned}\frac{\partial z}{\partial y}=\frac{\partial z}{\partial u}\frac{\partial u}{\partial y}+\frac{\partial z}{\partial v}\frac{\partial v}{\partial y}&=e^{uv}\cdot v\cdot 2x+e^{uv}\cdot u\cdot 2y\\&=e^{2xy(x^2+y^2)}(2x^3+2xy^2+4xy^2)\\&=e^{2xy(x^2+y^2)}(6xy^2+2x^3)\end{aligned}$$

多元复合函数的复合关系是多种多样的，不可能把所有的公式都写出来，也不必要把所有的公式都写出来. 只要把握住函数间的复合关系，并记住函数对某个自变量求偏导时，应通过一切有关的中间变量，用复合函数微分法微到该自变量这一原则，就可以灵活掌握复合函数求导法则，下面再举几个例子.

例2　$z=u^2v$，$u=\cos x$，$v=\sin x$，求 $\frac{dz}{dx}$.

解　由图7-7知，

$$\begin{aligned}\frac{dz}{dx}&=\frac{\partial z}{\partial u}\frac{du}{dx}+\frac{\partial z}{\partial v}\frac{dv}{dx}\\&=2uv(-\sin x)+u^2\cos x\\&=\cos^3x-2\sin^2x\cos x\end{aligned}$$

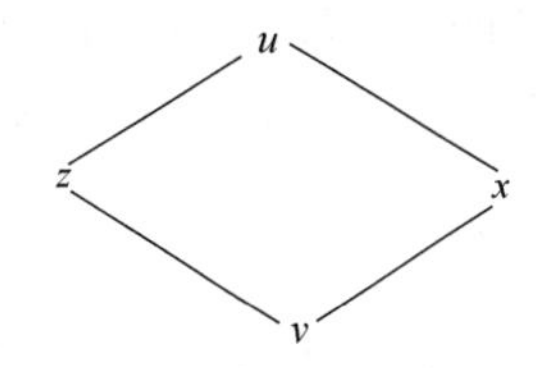

图7-7

一般地，若 $z=f(u,v)$，$u=u(x)$，$v=v(x)$，则 $z=f(u(x),v(x))$ 是 x 的一元函数，此时称 $\frac{dz}{dx}$ 为 z 对 x 的全导数. 由二元复合函数的求导法则，易得全导数公式

$$\frac{dz}{dx}=\frac{\partial z}{\partial u}\frac{du}{dx}+\frac{\partial z}{\partial v}\frac{dv}{dx}$$

例3　设 $z=f(2x-2y,2x-y)$，求 $\frac{\partial z}{\partial x}$.

解　$z=f(2x-2y,2x-y)$ 时可看成由 $z=f(u,v)$，$u=2x-2y$，$v=2x-y$ 复合而成的复合函数，并记

$$f_1(2x-2y,2x-y)=\frac{\partial z}{\partial u}\text{（表示}f\text{对第一个中间变量的偏导数）}$$

$$f_2(2x-2y,2x-y)=\frac{\partial z}{\partial v}\text{（表示}f\text{对第二个中间变量的偏导数）}$$

因此

$$\begin{aligned}\frac{\partial z}{\partial x}&=f_1(2x-2y,2x-y)\frac{\partial(2x-2y)}{\partial x}+f_2(2x-2y,2x-y)\frac{\partial(2x-y)}{\partial x}\\&=2f_1(2x-2y,2x-y)+2f_2(2x-2y,2x-y)\\&=2[f_1(2x-2y,2x-y)+f_2(2x-2y,2x-y)]\end{aligned}$$

7.3.2 隐函数的微分法

在一元函数微积分学中，求由方程

$$f(x,y)=0 \tag{7.3}$$

所确定的 y 是 x 的隐函数的导数时，是通过形如式(7.3)的方程两边直接对 x 求导，并注意到 y 是 x 的函数即可. 对由方程

$$F(x,y,z)=0 \tag{7.4}$$

所确定的 z 是 x，y 的隐函数，也可以通过形如式(7.4)的方程两边对 x(或 y)求偏导，并注意到 z 是 x，y 的函数即可.

然而，对于任给的方程式(7.3)(或方程(7.4))，自然有如下问题：

(1) 能不能从方程式(7.3)确定 y 是 x 的隐函数(或能不能从方程式(7.4)确定 z 是 x,y 的隐函数)；

(2) 如果所给方程能够确定是隐函数，且不能表成显式时，这个隐函数是否可微；

(3) 如果可微，如何计算隐函数的导数(或偏导数).

上述第(1)、第(2)个问题可由下述隐函数存在定理回答.

定理 6(一元隐函数存在定理) 设函数 $f(x,y)$ 在点 $p_0(x_0,y_0)$ 的某一邻域内连续且有连续的偏导数 $F_x(x,y)$，$F_y(x,y)$，又 $F(x_0,y_0)=0$，$F_y(x_0,y_0)\neq 0$，则存在唯一的函数 $y=f(x)$，它在点 $x=x_0$ 的某个邻域内是单值连续的，且满足方程 $F(x,y)=0$，即

$$F(x,f(x))=0$$

而且 $y_0=f(x_0)$，同时 $z=f(x)$ 在此邻域内有连续导数.

定理 7(多元隐函数存在定理) 设函数 $F(x,y,z)$ 在点 $p_0(x_0,y_0,z_0)$ 的某个邻域内连续且有连续的偏导数 $F_x(x,y,z)$，$F_y(x,y,z)$，$F_z(x,y,z)$，又 $F(x_0,y_0,z_0)=0$，$F_z(x_0,y_0,z_0)\neq 0$，则存在唯一的函数 $z=f(x,y)$ 在点(x_0,y_0)的某个邻域内是单值连续的，并满足方程 $F(x,y,z)=0$，即

$$F(x,y,f(x,y))=0$$

且 $z_0=f(x_0,y_0)$，同时 $z=f(x,y)$ 在此邻域内有连续的偏导数.

上述定理证明从略，下面的例子回答了第(3)个问题.

例 4 设 $F(x,y)=0$ 确定了 y 是 x 的函数 $y=y(x)$，$F_x(x,y)$，$F_y(x,y)$ 存在且 $F_y(x,y)\neq 0$，试求$\dfrac{dy}{dx}$.

解 因为 $F(x,y(x))=0$，所以，此式两端对 x 求导，由复合函数求导法则得

$$\frac{\partial F}{\partial x}+\frac{\partial F}{\partial y}\frac{dy}{dx}=0$$

$$F_x+F_y\frac{dy}{dx}=0$$

从上式解出$\dfrac{dy}{dx}$，得$\dfrac{dy}{dx}=-\dfrac{F_x}{F_y}$.

这就是一元隐函数的求导公式.

例 5 如果 $F(x,y,z)$ 满足定理 7 中的条件，则方程 $F(x,y,z)=0$ 确定具有连续偏导数的

二元函数 $z=z(x,y)$，试求$\frac{\partial z}{\partial x}$及$\frac{\partial z}{\partial y}$.

解　因为 $F(x,y,z(x,y))=0$，所以此式两端对 x 求导得

$$\frac{\partial F}{\partial x}+\frac{\partial F}{\partial z}\frac{\partial z}{\partial x}=0$$

所以
$$\frac{\partial z}{\partial x}=-\frac{\frac{\partial F}{\partial x}}{\frac{\partial F}{\partial z}}=-\frac{F_x}{F_z}$$

同理可得
$$\frac{\partial z}{\partial y}=-\frac{\frac{\partial F}{\partial y}}{\frac{\partial F}{\partial z}}=-\frac{F_y}{F_z}$$

更一般地，若已知由方程 $F(x_1,x_2,\cdots,x_n,u)=0$ 确定了 u 是 $x_1,x_2,\cdots,x_n$ 的函数，且$\frac{\partial F}{\partial x_k}$ $(k=1,2,\cdots,n)$，$\frac{\partial F}{\partial u}$存在且$\frac{\partial F}{\partial u}\neq 0$，则有

$$\frac{\partial u}{\partial x_k}=-\frac{\frac{\partial F}{\partial x_k}}{\frac{\partial F}{\partial u}}\qquad (k=1,2,\cdots,n)$$

例 6　设方程 $F(x,y,z)=0$ 可以确定任意变量为其余两个变量的函数，且知 F 的所有偏导数存在且不为零，求证：$\frac{\partial z}{\partial x}\frac{\partial x}{\partial y}\frac{\partial y}{\partial z}=-1$.

证　由于

$$\frac{\partial z}{\partial x}=-\frac{\frac{\partial F}{\partial x}}{\frac{\partial F}{\partial z}},\quad \frac{\partial x}{\partial y}=-\frac{\frac{\partial F}{\partial y}}{\frac{\partial F}{\partial x}},\quad \frac{\partial y}{\partial z}=-\frac{\frac{\partial F}{\partial z}}{\frac{\partial F}{\partial y}}$$

所以
$$\frac{\partial z}{\partial x}\frac{\partial x}{\partial y}\frac{\partial y}{\partial z}=-1$$

这说明偏导数$\frac{\partial z}{\partial x}$是一个整体的符号，不能像一元函数的导数那样，看成 ∂z 与 ∂x 之商，否则将由上式得出 $1=-1$ 的谬论.

例 7　求由方程 $e^z-2xyz=0$ 所确定的隐函数 $z=z(x,y)$ 的两个偏导数$\frac{\partial z}{\partial x}$，$\frac{\partial z}{\partial y}$.

解法 1　因为 $e^z-2xyz=0$ 所确定的隐函数 $z(x,y)$，所以方程两边对 x 求导得

$$e^z\frac{\partial z}{\partial x}-2yz-2xy\frac{\partial z}{\partial x}=0$$

所以
$$\frac{\partial z}{\partial x}=\frac{2yz}{e^x-2xy}$$

类似地，可得$\frac{\partial z}{\partial y}=\frac{2xz}{e^x-2xy}$.

解法 2 令 $F(x,y,z)=e^z-2xyz$. 因为

$$F_x=-2yz,\ F_y=-2xz,\ F_z=e^z-2xy$$

于是由例 5 得

$$\frac{\partial z}{\partial x}=-\frac{F_x}{F_z}=\frac{2yz}{e^z-2xy},\qquad \frac{\partial z}{\partial y}=-\frac{F_y}{F_z}=\frac{2xz}{e^z-2xy}$$

习题 7.3

1. 设 $z=e^u\sin v$，$u=xy$，$v=x+y$，求 $\frac{\partial z}{\partial x}$ 和 $\frac{\partial z}{\partial y}$.

2. 设 $z=(2x+y)^{xy}$，求 $\frac{\partial z}{\partial x}$ 和 $\frac{\partial z}{\partial y}$.

3. 设 $z=f(x^2+y^2,xy)$，求 $\frac{\partial z}{\partial x}$ 和 $\frac{\partial z}{\partial y}$.

4. 设 $z+e^z=xy$，求 $\frac{\partial z}{\partial x}$ 和 $\frac{\partial z}{\partial y}$.

5. 设 $u=f(x+2y+z)$，求 $\frac{\partial u}{\partial x}$，$\frac{\partial u}{\partial y}$，$\frac{\partial u}{\partial z}$.

6. 设由方程 $xy-e^x+e^y=0$ 确定的 y 是 x 的函数，求 $\frac{dy}{dx}$.

7.4 多元函数的极值

在一元函数中已经看到，利用函数的导数可以求得函数的极值，从而进一步解决一些有关最大值、最小值的应用问题. 在多元函数中也有类似问题，本节将重点讨论二元函数的极值与最值，所得结果可以非常容易地推广到多元函数的极值与最值.

7.4.1 多元函数的极值

定义 9 设函数 $z=f(x,y)$ 在点 $P_0(x_0,y_0)$ 的某个邻域内有定义，如果对于此邻域内任何异于 $P_0(x_0,y_0)$ 的点 $P(x,y)$，都有 $f(x,y)<f(x_0,y_0)$（或 $f(x,y)>f(x_0,y_0)$）成立，则称函数 $f(x,y)$ 在点 $P_0(x_0,y_0)$ 取得极大值（或极小值）$f(x_0,y_0)$. 极大值与极小值统称为极值，使函数取得极值的点称为极值点.

函数 $f(x,y)=x^2+y^2-2$ 在点 $(0,0)$ 取得极小值 -2，因为当 $x\neq0$，$y\neq0$ 时，

$$f(x,y)=x^2+y^2-2>-2=f(0,0)$$

这一函数的图形就是图 7-8 中所示的曲面，在此曲面上点 $(0,0,-2)$ 低于其周围的所有点.

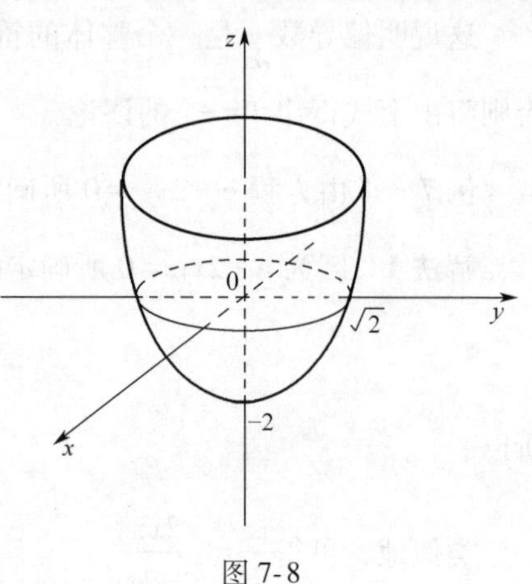

图 7-8

函数 $z=\sqrt{1-x^2-y^2}$ 在点 $(0,0)$ 处取得极大值 1，因为对点 $(0,0)$ 附近的任意 (x,y)，有

$$z=\sqrt{1-x^2-y^2}<1=f(0,0)$$

其函数图形为上半球面，如图 7-9 所示，显然点(0,0,1)高于周围点.

对于一元可导函数 $y=f(x)$ 来说，若 $f(x)$ 在点 x_0 取得极值，则有 $f'(x_0)=0$. 利用这一性质，对于二元函数 $z=f(x,y)$，若在点 (x_0,y_0) 处达到极大值，这样就可以从一元函数极值的必要条件得到二元函数极值的必要条件.

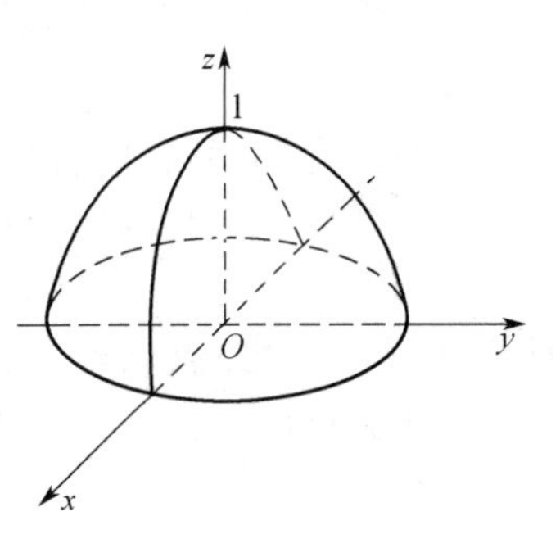

图 7-9

定理 8(极值存在的必要条件)　若函数 $z=f(x,y)$ 在点 (x_0,y_0) 达到极值，且函数在该点一阶偏导数存在，则有

$$f_x(x_0,y_0)=0,\ f_y(x_0,y_0)=0$$

证　因为点 (x_0,y_0) 是函数 $f(x,y)$ 的极值点，若固定 $f(x,y)$ 中的变量 $y=y_0$，则 $z=(x,y_0)$ 是一个一元函数，且在 $x=x_0$ 处取得极值. 由一元函数极值的必要条件知 $f_x(x_0,y_0)=0$，同理可证 $f_y(x_0,y_0)=0$.

使 $f_x(x_0,y_0)=0$，$f_y(x_0,y_0)=0$ 同时成立的点称为函数 $f(x,y)$ 的驻点.

由定理 8 可知，可导函数的极值点必为驻点，但是函数的驻点却不一定是极值点.

例如，函数 $z=x^2-y^2$ 的偏导数

$$\frac{\partial z}{\partial x}=2x,\ \frac{\partial z}{\partial y}=-2y$$

两者在点(0,0)均为零，所以(0,0)点是此函数的驻点. 因为 $z|_{(0,0)}=0$，而在(0,0)点的任意一个邻域内函数既可取正值，也可取负值(函数 $z=x^2-y^2$ 在 x 轴上的点皆取正值，在 y 轴上的点皆取负值)，所以点(0,0)不是 $z=x^2-y^2$ 的极值点. 函数 $z=x^2-y^2$ 的图形是双曲抛物面(又称为马鞍面)，如图 7-10 所示.

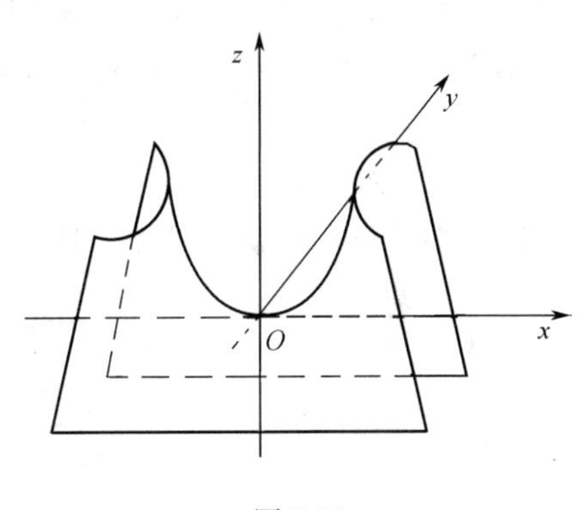

图 7-10

与一元函数一样，驻点虽不一定是极值点，但却为寻找可导函数的极值点划定了范围. 一般来说，连续函数 $z=f(x,y)$ 的可能极值点有驻点(偏导数为零的点)和尖点(偏导数不存在的点). 下面给出一个判别极值点的充分条件.

定理 9(极值存在的充分条件)　设函数 $z=f(x,y)$ 在点 $P_0(x_0,y_0)$ 的某个邻域内具有二阶连续偏导数，且点 $P_0(x_0,y_0)$ 是函数的驻点，即 $f_x(x_0,y_0)=f_y(x_0,y_0)=0$，若记 $A=f_{xx}(x_0,y_0)$，$B=f_{xy}(x_0,y_0)$，$C=f_{yy}(x_0,y_0)$，$\Delta=B^2-AC$，则

(1) 当 $\Delta<0$ 时，点 $P_0(x_0,y_0)$ 是极值点，且若 $A<0$(或 $C<0$)，点 $P_0(x_0,y_0)$ 为极大值点；若 $A>0$(或 $C>0$)，点 $P_0(x_0,y_0)$ 为极小值点.

(2) 当 $\Delta>0$ 时，点 $P_0(x_0,y_0)$ 非极值点.

(3) 当 $\Delta=0$，点 $P_0(x_0,y_0)$ 可能是极值点也可能不是极值点.（证略）

例 1　求函数 $z=x^3+y^3-3xy+3$ 的极值.

解　设 $f(x,y)=x^3+y^3-3xy+3$，先求 $f(x,y)$ 的偏导数

$$f_x(x,y)=3x^2-3y,\ f_y(x,y)=3y^2-3x$$

$$f_{xx}(x,y)=6x,\ f_{xy}(x,y)=-3,\ f_{yy}(x,y)=6y$$

求函数$f(x,y)$的驻点，即解方程组

$$\begin{cases}3x^2-3y=0\\3y^2-3x=0\end{cases}$$

得驻点分别为$(0,0)$，$(1,1)$.

关于驻点$(1,1)$，有$f_{xx}(1,1)=6$，$f_{xy}(1,1)=-3$，$f_{yy}(1,1)=6$，所以

$$B^2-AC=(-3)^2-6\times6=-27<0$$

且$A=6>0$，因此，$f(x,y)$在点$(1,1)$取得极小值$f(1,1)=2$.

关于驻点$(0,0)$，有$f_{xx}(0,0)=0$，$f_{xy}(0,0)=-3$，$f_{yy}(0,0)=0$，所以

$$B^2-AC=(-3)^2-0\times0=9>0$$

因此，$f(x,y)$在点$(0,0)$不取得极值.

7.4.2 多元函数的最大值与最小值

与一元函数类似，对于有界闭区域上连续的二元函数，一定能在该区域上取得最大值和最小值. 对于二元可微函数，如果该函数的最大值(最小值)在区域内部取得，这个最大值(最小值)点必在函数的驻点之中；若函数的最大值(最小值)在区域的边界上取得，那么它也一定是函数在边界上的最大值(最小值). 因此，求函数的最大值和最小值的方法是：将函数在所讨论的区域内所有驻点处的函数值与函数在区域边界上的最大值和最小值相比较，其中最大值就是函数在闭区域上的最大值，最小者就是函数在闭区域上的最小值.

例 2 求函数$z=x^2y(5-x-y)$在闭区域

$$D=\{(x,y)\mid x\geqslant0,y\geqslant0,x+y\leqslant4\}$$

上的最大值与最小值.

解 函数在D内处处可导，且

$$\frac{\partial z}{\partial x}=10xy-3x^2y-2xy^2=xy(10-3x-2y)$$

$$\frac{\partial z}{\partial y}=5x^2-x^3-2x^2y=x^2(5-x-2y)$$

解方程组$\frac{\partial z}{\partial x}=0$，$\frac{\partial z}{\partial y}=0$，得$D$驻点$\left(\frac{5}{2},\frac{5}{4}\right)$及对应的函数值$z=\frac{625}{64}$.

考虑函数在区域D边界上的情况(见图7-11)，在边界$x=0$及$y=0$上的函数z的值恒为零，在边界$x+y=4$上，函数z变为x的一元函数

$$z=x^2(4-x)\quad(0\leqslant x\leqslant4)$$

因为$\frac{\mathrm{d}z}{\mathrm{d}x}=x(8-3x)$，所以$z=x^2(4-x)$在$[0,4]$上的驻点为$x=\frac{8}{3}$，相应的函数值为$z=\frac{256}{27}$.

可见函数在闭域D上的最大值为$z=\frac{625}{64}$，它在点$\left(\frac{5}{2},\frac{5}{4}\right)$处取得；最小值为$z=0$，它在$D$的边界$x=0$及$y=0$上取得.

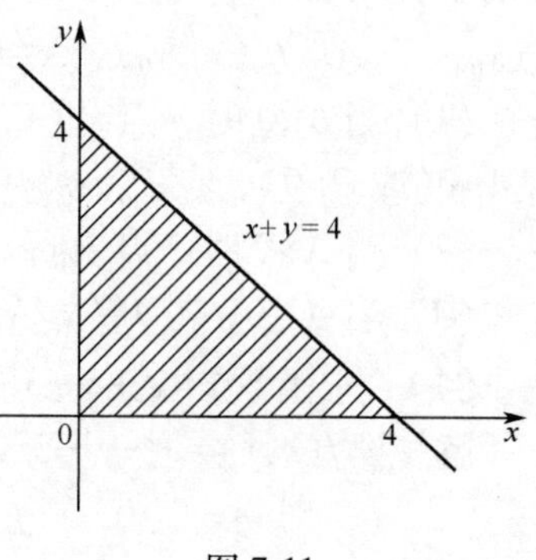

图 7-11

对于实际问题中的最值问题，往往从问题本身能断定它的最大值或最小值一定存在，且在定义区域的内部取得. 这时，如果函数在定义区域内有唯一的驻点，则该驻点的函数值就是函数的最大值或最小值. 因此，求实际问题中的最值问题的步骤是：

(1) 根据实际问题建立函数关系，确定其定义域；

(2) 求出驻点；

(3) 结合实际意义判定最大值、最小值.

例 3　某工厂要用钢板制作一个容积为 $a^3\mathrm{m}^3$ 的无盖长方体的容器，若不计钢板的厚度，怎样制作才能使材料最省？

解　从这个实际问题知材料最省的长方体容器一定存在，设容器的长为 xm，宽为 ym，高为 zm(见图 7-12)，则无盖容器所需钢板的面积为

$$A=xy+2yz+2xz$$

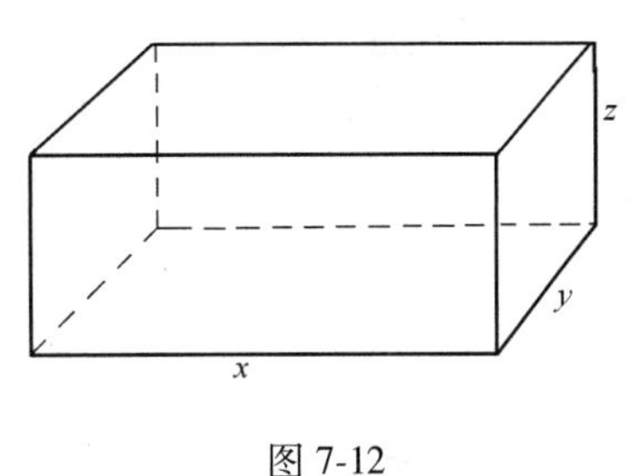

图 7-12

又已知长方体容器的体积为 $V=xyz=a^3$，于是把 $z=\dfrac{a^3}{xy}$代入 A 中，得

$$A=xy+\frac{2a^3(x+y)}{xy}\quad(x>0,y>0)$$

求 A 的偏导数

$$\frac{\partial A}{\partial x}=y-\frac{2a^3}{x^2},\ \frac{\partial A}{\partial y}=x-\frac{2a^3}{y^2}$$

求驻点，即解方程组

$$\begin{cases}y-\dfrac{2a^3}{x^2}=0\\ x-\dfrac{2a^3}{y^2}=0\end{cases}$$

得定义域内唯一驻点 $x=y=\sqrt[3]{2}a$，$z=\dfrac{\sqrt[3]{2}a}{2}$，所以当长方体容器的长与宽取$\sqrt[3]{2}a$m，高取$\dfrac{\sqrt[3]{2}a}{2}$m时，所需的材料最省.

7.4.3　条件极值

上面讨论的极值问题，自变量在定义域内可以任意取值，未受任何限制，通常称为无条件极值. 在实际问题中，当求极值或最值时，对自变量的取值往往要附加一定的约束条件，这类附有约束条件的极值问题，称为条件极值. 条件极值问题的约束条件分为等式约束条件和不等式约束条件两类，这里仅讨论等式约束条件下的条件极值，即函数 $z=f(x,y)$ 在满足约束条件 $\varphi(x,y)=0$ 时的条件极值问题. 求解这一条件极值问题的常用方法是拉格朗日乘数法.

拉格朗日乘数法的具体求解步骤如下：

(1) 构造辅助函数(称为拉格朗日函数)

$$L=L(x,y,\lambda)=f(x,y)+\lambda\varphi(x,y)$$

其中，λ 为待定常数，称为拉格朗日乘数，将原条件极值问题化为求三元函数 $L(x,y,\lambda)$ 的

无条件值问题.

(2) 由无条件极值问题必要条件有

$$\begin{cases}\dfrac{\partial L}{\partial x}=f_x+\lambda\varphi_x=0\\ \dfrac{\partial L}{\partial y}=f_y+\lambda\varphi_x=0\\ \dfrac{\partial L}{\partial \lambda}=\varphi(x,y)=0\end{cases}$$

从中解出可能的极值点(x,y)和乘数λ.

(3) 判别求出的可能极值点(x,y)是否为极值点，通常由实际问题的实际意义判定.

对于多于两个自变量的函数或多于一个约束条件的情形也有类似的结果.

这里利用拉格朗日乘数求解例 6. 设拉格朗日函数为

$$L(x,y,z,\lambda)=xy+2xz+2yz+\lambda(xyz-a^3)$$

由

$$\begin{cases}\dfrac{\partial L}{\partial x}=y+2z+\lambda yz=0\\ \dfrac{\partial L}{\partial y}=x+2z+\lambda xz=0\\ \dfrac{\partial L}{\partial z}=2x+2y+\lambda xy=0\\ \dfrac{\partial L}{\partial \lambda}=xyz-a^3=0\end{cases}$$

将上述方程组的第一个方程乘以 x，第二个方程乘以 y，第三个方程乘以 z，再两两相减得

$$\begin{cases}2xz-2yz=0\\ xy-2xz=0\end{cases}$$

因为 $x>0$，$z>0$，所以有 $x=y=2z$，代入第四个方程得唯一的可能极值点为

$$x=y=\sqrt[3]{2}\,a,\ z=\frac{\sqrt[3]{2}}{2}a$$

由问题本身可知最小值一定存在，因此当 $x=y=\sqrt[3]{2}\,a\text{m}$，$z=\dfrac{\sqrt[3]{2}}{2}a\text{m}$ 时，容器所需材料最省.

习题 7.4

1. 求函数 $f(x,y)=x^3-y^3+3x^2+3y^2-9x$ 的极值.

2. 设 $z=2-x^2-y^2$，求

(1) $z=2-x^2-y^2$的极值;

(2) $z=2-x^2-y^2$在条件 $y=2$ 下的极值.

3. 求 $z=e^{2x}(x+y^2+2y)$的极值.

4. 要用铁板做成一个体积为 8m^3 的有盖长方体水箱，求当长、宽、高各取怎样的尺寸时，才能使所用材料最省?

本章小结

一、基本知识

1. 基本概念

二元函数，二元函数的定义域、极限与连续性，二元函数的一阶偏导数、二阶偏导数、混合偏导数、全微分，多元函数的极值与最值，驻点和条件极值.

2. 基本方法

二元函数微分法：利用定义求偏导数，利用一元函数微分求偏导数，利用多元复合函数求导法则求偏导数，隐函数微分法和拉格朗日乘数法.

3. 基本定理

混合偏导数与次序无关，可微的充分条件，复合函数的偏导数，极值的必要条件和极值的充分条件.

二、要点解析

问题1　如何求多元函数的偏导数？

解析　求多元函数的偏导数的方法，实质上就是一元函数求导法. 例如，对 x 求偏导，就是把 x 看成变量，把其余自变量都看成常量，这样把函数看成 x 的一元函数，这时，就可以按一元函数的求导公式和法则求出对 x 的偏导数.

对于多元复合函数的求导，在一些简单的情况下，当然可以把它们先复合再求偏导数，但是当复合关系比较复杂时，先复合再求导往往繁杂易错. 如果复合关系中含有抽象函数，先复合的方法有时就行不通，这时，复合函数的求导公式便显示了其优越性，由于函数复合关系可以多种多样，在使用求导公式时应仔细分析，灵活运用.

例1　设 $z=e^{xy}\sin y$，求$\dfrac{\partial z}{\partial x}$，$\dfrac{\partial z}{\partial y}$.

解　直接求偏导数

$$\frac{\partial z}{\partial x}=ye^{xy}\sin y,\quad \frac{\partial z}{\partial y}=xe^{xy}\sin y+e^{xy}\cos y$$

利用全微分求偏导数

$$\begin{aligned}dz&=\sin y\,d(e^{xy})+e^{xy}d(\sin y)\\&=e^{xy}\sin y(y\,dx+x\,dy)+e^{xy}\cos y\,dy\\&=ye^{xy}\sin y\,dx+(xe^{xy}\sin y+e^{xy}\cos y)\,dy\end{aligned}$$

所以

$$\frac{\partial z}{\partial x}=ye^{xy}\sin y,\quad \frac{\partial z}{\partial y}=xe^{xy}\sin y+e^{xy}\cos y$$

例2　设 $z=f(e^{xy},\sin y)$，求$\dfrac{\partial z}{\partial x}$，$\dfrac{\partial z}{\partial y}$.

解　由复合函数求导法则，得

$$\frac{\partial z}{\partial x}=f_1(e^{xy},\sin y)e^{xy}y,\quad \frac{\partial z}{\partial y}=f_1(e^{xy},\sin y)e^{xy}x+f_2(e^{xy},\sin y)\cos y$$

其中 f_1，f_2 分别表示 $f(e^{xy},\sin y)$ 对 e^{xy} 和 $\sin y$ 的偏导数.

问题2　二元函数的极值是否一定在驻点取得？

解析　不一定，二元函数的极值还可能在偏导数不存在的点取得.

例 3　证明函数$f(x,y)=1-\sqrt{x^2+y^2}$在原点的偏导数不存在，但在原点取得极大值.

证　因为$\lim\limits_{\Delta x\to 0}\dfrac{f(0+\Delta x,0)-f(0,0)}{\Delta x}=\lim\limits_{\Delta x\to 0}\dfrac{1-\sqrt{(\Delta x)^2}-1}{\Delta x}=\lim\limits_{\Delta x\to 0}\dfrac{-|\Delta x|}{\Delta x}$

此极限不存在，所以在点$(0,0)$处，$f_x(0,0)$不存在.

同理
$$\lim_{\Delta y\to 0}\frac{f(0,0+\Delta y)-f(0,0)}{\Delta y}=\lim_{\Delta y\to 0}\frac{-|\Delta y|}{\Delta y}$$

此极限不存在，所以在点$(0,0)$处，$f_y(0,0)$不存在. 但函数
$$f(x,y)=1-\sqrt{x^2+y^2}\leqslant f(0,0)=1$$

即$f(x,y)$在点$(0,0)$取得极大值 1.

问题 3　在解决实际问题时，最值与极值的关系如何？无条件极值问题与有条件极值问题有何区别？如何用拉格朗日乘数法求极值？

解析　在实际问题中，需要解决的往往是求给定函数在特定区域中的最大值与最小值. 最大值与最小值是全局性概念，而极值却是局部性概念，它们有区别也有联系. 如果连续函数的最大值或最小值在区域内部取得，那么它一定就是此函数的极大值或极小值；又若函数在区域内可导，那么它一定在驻点处取得. 由于从实际问题建立的函数往往都是连续可导函数，而且最大(最小)值的存在性是显然的，因此，求最值的步骤通常可简化为三步：

(1) 根据实际问题建立函数关系，确定定义域；

(2) 求驻点；

(3) 结合实际意义判定最大值和最小值.

从实际问题所归纳的极值问题通常是条件极值. 条件极值和无条件极值是两个不同的概念. 例如，二元函数$z=x^2+y^2$的极值(无条件极值)显然在点$(0,0)$取得，其值为零. 但是点$(0,0)$显然不是此函数在约束条件$x+y-1=0$下的条件极小值点. 事实上$x=0$，$y=0$根本不满足约束条件，容易算出，这个条件极小值在点$\left(\dfrac{1}{2},\dfrac{1}{2}\right)$处取得，其值为$\dfrac{1}{2}$. 从几何上来看，它们的差异是十分明显的，无条件极值是曲面$z=x^2+y^2$点$(0,0)$的邻近所有竖坐标中的最小值，如图 7-13 所示；而条件极值是曲面对应于平面$x+y-1=0$上，即空间曲线$\begin{cases}z=x^2+y^2\\x+y-1=0\end{cases}$的极小值.

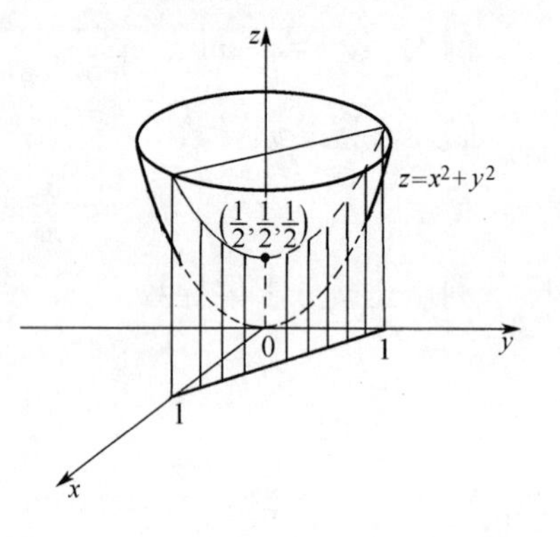

图 7-13

所谓把条件极值化成无条件极值来处理，并不是化成原来函数的无条件极值，而是代入条件后化成减少了自变量的新函数的无条件极值. 例如，把条件$y=1-x$代入函数$z=x^2+y^2$，便将原来的条件极值化成了一元函数
$$z=x^2+(1-x)^2=2x^2-2x+1$$
的无条件极值.

用拉格朗日乘数法求出的点是否为极值点还是要用极值存在的充分条件或其他方法判别. 但是，若讨论的目标函数是从实际问题中得来，且实际问题确有极大(或极小)值，且通

过拉格朗日乘数法求得可能极值点只有一个，则此点就是取得极大(或极小)值的点.

例4　求 $z=x^2+y^2+5$ 在约束条件 $y=1-x$ 下的极值.

解　作辅助函数

$$F(x,y,\lambda)=x^2+y^2+5+\lambda(1-x-y)$$

则有 $F'_x=2x-\lambda$，$F'_y=2y-\lambda$，$F'_\lambda=1-x-y$，解方程组

$$\begin{cases}2x-\lambda=0\\2y-\lambda=0\\1-x-y=0\end{cases}$$

得 $x=y=\dfrac{1}{2}$，$\lambda=1$. 下面判断点 $\left(\dfrac{1}{2},\dfrac{1}{2}\right)$ 是否为条件极值点.

由于问题的实质是求旋转抛物面 $z=x^2+y^2+5$ 与平面 $y=1-x$ 的交线，即开口向上的抛物线的极值，所以存在极小值，且在唯一驻点 $\left(\dfrac{1}{2},\dfrac{1}{2}\right)$ 处取得极小值 $z=\dfrac{11}{2}$.

三、例题精解

例5　求函数 $z=\dfrac{\sqrt{2x-y^2}}{\ln(1-x^2-y^2)}$ 的定义域，并做出定义域的图形.

解　要使函数有意义，需满足条件

$$\begin{cases}2x-y^2\geqslant 0\\1-x^2-y^2>0\\1-x^2-y^2\neq 1\end{cases}\quad 即\quad \begin{cases}y^2\leqslant 2x\\x^2+y^2<1\\(x,y)\neq(0,0)\end{cases}$$

定义域如图 7-14 阴影部分所示.

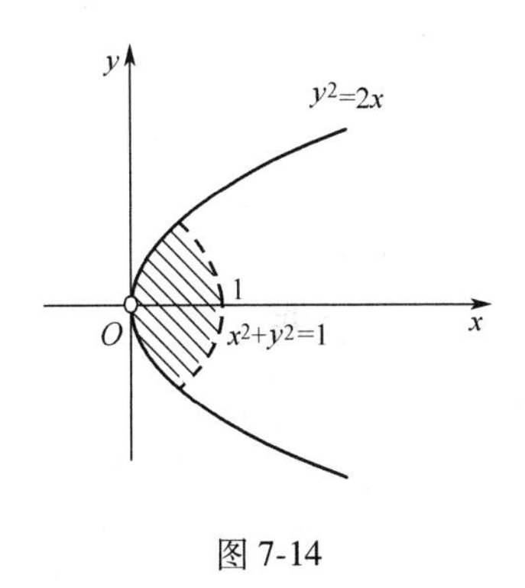

图 7-14

例6　求函数 $z=x^3-4x^2+2xy-y^2$ 的极值.

解　第一步：由极值的必要条件，求出所有的驻点. 由

$$\begin{cases}\dfrac{\partial z}{\partial x}=3x^2-8x+2y=0\\ \dfrac{\partial z}{\partial y}=2x-2y=0\end{cases}\quad 解出\quad \begin{cases}x_1=0\\y_1=0\end{cases},\ \begin{cases}x_2=2\\y_2=2\end{cases}.$$

第二步：由二元函数极值的充分条件判断这两个驻点是否为极值点. 为了简明列表如下：

	$A=\dfrac{\partial^2 z}{\partial x^2}$	$B=\dfrac{\partial^2 z}{\partial x\partial y}$	$C=\dfrac{\partial^2 z}{\partial y^2}$	B^2-AC	结　论
(0,0)	$-8<0$	$2>0$	$-2<0$	$-12<0$	是极值点，且为极大值点
(2,2)	$4>0$	$2>0$	$-2<0$	$12>0$	不是极值点

因此，函数的极大值为 $z(0,0)=0$.

复 习 题 七

1. 设函数 $f(x,y)=x^2+y^2$，求 $f(ax,by)$.

2. 求下列函数的定义域，并画出定义域的图形：

（1）$z=\ln\sqrt{1-x^2-y^2}$；（2）$z=\sqrt{x-y}$；

（3）$z=\dfrac{\sqrt{2-x^2-y^2}}{\ln\sqrt{4-x^2-y^2}}$；（4）$z=\dfrac{1}{x^2+y^2}$.

3. 求下列函数的偏导数：

（1）$z=x^2y^2+e^{xy}$；（2）$z=x^3y-y^3x+3x+y$；

（3）$z=\dfrac{x+y}{\sqrt{x^2+y^2}}$；（4）$z=\ln(xy)$；

（5）$z=e^x(\cos y+x\sin y)$.

4. 设$f(x,y)=x+y-\sqrt{x^2+y^2}$，求$f_x(3,4)$及$f_y(3,4)$.

5. 求曲线$\begin{cases}z=\dfrac{x^2+y^2}{4}\\ y=4\end{cases}$在点$(2,4,5)$处的切线方程.

6. 设$f(x,y,z)=xy^2+yz^2+zx^2$，求$f_{xx}(0,0,1)$，$f_{xxx}(1,0,2)$，$f_{xy}(0,-1,0)$，$f_{xyz}(2,0,1)$.

7. 求当$x=2$，$y=1$，$\Delta x=0.01$，$\Delta y=0.03$时，函数$z=\dfrac{x+y}{x^2-y^2}$的全增量和全微分.

8. 求下列函数的全微分：

（1）$z=xy+e^{xy}$；（2）$z=\dfrac{2xy}{\sqrt{x^2+y^2}}$；（3）$z=x\cos(x+y)$；（4）$u=x^{yz}$.

9. 利用全微分计算近似值：

（1）$1.02^{2.003}$；（2）$1.002\times2.003^2\times3.004^3$.

10. 有一批半径5cm，高20cm的金属圆柱体共100个，现要在圆柱体的表面镀一层厚度为0.05cm的镍，试估计大约需要多少的镍(镍的密度为8.8g/cm^3).

11. 当圆锥体形变时，它的半径由30cm增到30.1cm，高由60cm减到59.5cm，试求体积变化的近似值.

12. 求下列复合函数的偏导数(或全导数)：

（1）设$z=u^2v+uv^2$，而$u=x\cos y$，$v=x\sin y$，求$\dfrac{\partial z}{\partial x}$，$\dfrac{\partial z}{\partial y}$；

（2）设$z=e^{u\cos v}$，而$u=xy$，$v=\ln(x+2y)$，求$\dfrac{\partial z}{\partial x}$，$\dfrac{\partial z}{\partial y}$；

（3）设$z=e^{xy}$，而$x=\sin t$，$y=t^3$，求$\dfrac{dz}{dt}$；

（4）设$z=\arctan(xy)$，而$y=e^{2x}$，求$\dfrac{dz}{dx}$.

13. 求下列方程所确定的隐函数的导数或偏导数：

（1）设$\sin y+e^x-xy=0$，求$\dfrac{dy}{dx}$；（2）设$\dfrac{x}{z}=\ln\dfrac{z}{y}$，求$\dfrac{\partial z}{\partial x}$，$\dfrac{\partial z}{\partial y}$；

（3）设$x^2+z^2=e^{x+y}$，求$\dfrac{\partial z}{\partial x}$，$\dfrac{\partial z}{\partial y}$.

14. 求函数 $z=2xy-3x^3-2y^2$ 的极值.

【阅读资料】

线性代数发展简介

矩阵是数学中的一个重要的基本概念，是代数学的一个主要研究对象，也是数学研究和应用的一个重要工具. “矩阵”这个词是由西尔维斯特首先使用的，他是为了将数字的矩形阵列区别于行列式而发明了这个术语. 而实际上，矩阵这个课题在诞生之前就已经发展得很好了. 从行列式的大量工作中明显地表现出来，为了很多目的，不管行列式的值是否与问题有关，方阵本身都可以研究和使用，矩阵的许多基本性质也是在行列式的发展中建立起来的. 在逻辑上，矩阵的概念应先于行列式的概念，然而在历史上次序正好相反.

英国数学家凯莱(A Cayley,1821—1895)一般被公认为是矩阵论的创立者，因为他首先把矩阵作为一个独立的数学概念提出来，并首先发表了关于这个题目的一系列文章. 1858年，他发表了关于这一课题的第一篇论文《矩阵论的研究报告》，系统地阐述了关于矩阵的理论. 文中他定义了矩阵的相等、矩阵的运算法则、矩阵的转置以及矩阵的逆等一系列基本概念，指出了矩阵加法的可交换性与可结合性. 另外，凯莱还给出了方阵的特征方程和特征根(特征值)以及有关矩阵的一些基本结果. 凯莱出生于一个古老而有才华的英国家庭，剑桥大学三一学院大学毕业后留校讲授数学，三年后他转从律师职业，工作卓有成效，并利用业余时间研究数学，发表了大量的数学论文.

1855年，埃米特(C Hermite,1822—1901)证明了别的数学家发现的一些矩阵类的特征根的特殊性质，如现在称为埃米特矩阵的特征根性质等. 后来，克莱伯施(A Clebsch,1831—1872)、布克海姆(A Buchheim)等证明了对称矩阵的特征根性质. 泰伯(H Taber)引入矩阵的迹的概念并给出了一些有关的结论.

在矩阵论的发展史上，弗罗伯纽斯(G Frobenius,1849—1917)的贡献是不可磨灭的. 他讨论了最小多项式问题，引进了矩阵的秩、不变因子和初等因子、正交矩阵、矩阵的相似变换、合同矩阵等概念，以合乎逻辑的形式整理了不变因子和初等因子的理论，并讨论了正交矩阵与合同矩阵的一些重要性质. 1854年，约当研究了矩阵化为标准型的问题. 1892年，梅茨勒(H Metzler)引进了矩阵的超越函数概念并将其写成矩阵的幂级数的形式. 傅里叶、西尔和庞加莱的著作中还讨论了无限阶矩阵问题，这主要是适用方程发展的需要而开始的.

矩阵本身所具有的性质依赖于元素的性质，矩阵由最初作为一种工具经过两个多世纪的发展，现在已成为独立的一门数学分支——矩阵论. 而矩阵论又可分为矩阵方程论、矩阵分解论和广义逆矩阵论等矩阵的现代理论. 矩阵及其理论现已广泛地应用于现代科技的各个领域.

线性方程组的解法，早在中国古代的数学著作《九章算术》的“方程”一章中已作了比较完整的论述. 其中所述方法实质上相当于现代的对方程组的增广矩阵施行初等行变换从而消去未知量的方法，即高斯消元法. 在西方，线性方程组的研究是在17世纪后期由莱布尼茨开创的. 他曾研究含两个未知量的三个线性方程组组成的方程组. 麦克劳林在18世纪上半叶研究了具有二、三、四个未知量的线性方程组，得到了现在称为克莱姆法则的结果. 克莱姆不久也发表了这个法则. 18世纪下半叶，法国数学家贝祖对线性方程组理论进行了一系列研究，证明了n元齐次线性方程组有非零解的条件是系数行列式等于零.

19世纪，英国数学家史密斯(H Smith)和道奇森(C L Dodgson)继续研究线性方程组理论，前者引进了方程组的增广矩阵和非增广矩阵的概念，后者证明了n个未知数m个方程的方程组相容的充要条件是系数矩阵和增广矩阵的秩相同，这正是现代方程组理论中的重要结果之一.

大量的科学技术问题，最终往往归结为解线性方程组，因此在线性方程组的数值解法得到发展的同时，线性方程组解的结构等理论性工作也取得了令人满意的进展. 现在，线性方程组的数值解法在计算数学中占有重要地位.

第 8 章　线性代数与线性规划简介

线性代数是重要的数学分支，它主要研究线性函数，在研究运输管理最优化等问题时线性代数更有其独特的重要位置. 矩阵和线性方程组是线性代数的主要研究对象，是研究线性函数关系的一个重要工具. 它们在应用数学和社会经济管理中有着广泛的应用，是解决实际问题的有力工具.

线性规划是研究有限资源的最优配置以实现既定的目的、取得最优经济效果的一门学科，是最优化问题领域中重要的范畴之一. 它是源于第二次世界大战期间的运筹学研究而发展起来的，常用于在人力、物力、资金等资源一定的条件下，如何使用它们来完成最多的任务；或者给定一项任务，如何合理安排和规划，能以最少的人力、物力、资金等资源来完成该项任务. 它在工农业生产、科学实验、工程技术、经济管理和社会科学中都有广泛的应用.

本章介绍矩阵、线性方程组的概念及运算，线性规划的基本概念、建模方法及图解法等内容.

【基本要求】

1. 理解矩阵及零矩阵、三角矩阵、单位矩阵的概念，了解矩阵的实际模型，掌握矩阵运算法则.
2. 掌握矩阵的初等变换，会用矩阵的初等变换求矩阵的秩.
3. 掌握逆矩阵的概念，会用矩阵的初等变换求逆矩阵.
4. 了解线性方程组的有关概念，会用矩阵的秩判定线性方程组解的情况.
5. 了解线性规划的数学模型和线性规划的图解法.

8.1　矩阵的概念与运算

矩阵的概念是从解线性方程组中产生的，我国现存的最古老的数学书《九章算术》中，就有一个线性方程组的例子：

$$\begin{cases} x+2y+3z=26 \\ 2x+3y+z=34 \\ 3x+2y+z=39 \end{cases}$$

为了使用加减消元法解方程，古人把系数排成如图 8-1 所示的方形.

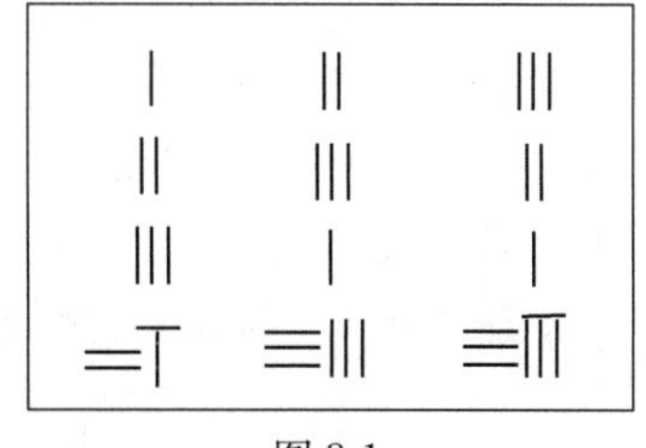

图 8-1

古代称这种矩形的数表为“方程”或“方阵”，其意思与矩阵相仿. 在西方，矩阵这个词是 1850 年由英国人西尔维斯特提出的，用来称呼由方程组的系数所排列起来的长方形表，与我国“方程”一词的意思是一致的.

8.1.1 矩阵的概念

例 1 设有 A，B，C，D 四个厂家，都生产甲、乙、丙三种产品，年产量(单位:万件)统计见表 8-1.

表 8-1 年产量统计表

产品 / 产量 / 工厂	甲	乙	丙
A	5	2	1
B	1	4	7
C	3	6	9
D	7	7	5

例 2 在三个不同的商场甲、乙、丙中，五种商品 A，B，C，D，E 的价格(单位:元)统计见表 8-2.

表 8-2 商品单价统计表

商品 / 价格 / 商场	A	B	C	D	E
甲	7	10	30	18	6
乙	8	12	29	17	8
丙	9	11	28	15	8

上述例子，用数表来表达一些数量和关系的方法，每个位置上的数都表示不同的含义，在数学上把这种数表称为矩阵.

定义 1 由 $m\times n$ 个数 $a_{ij}(i=1,2,\cdots,m;j=1,2,\cdots,n)$ 排成 m 行 n 列的矩形数表

$$\begin{pmatrix} a_{11} & a_{12} & \cdots & a_{1n} \\ a_{21} & a_{22} & \cdots & a_{2n} \\ \vdots & \vdots & & \vdots \\ a_{m1} & a_{m2} & \cdots & a_{mn} \end{pmatrix}$$

称为 $m\times n$ 矩阵. 当 $m=n$ 时，称为 n 阶方阵或 n 阶矩阵.

矩阵通常用大写字母 $\boldsymbol{A},\boldsymbol{B},\boldsymbol{C},\cdots$或$(a_{ij})$表示，其中 a_{ij}称为矩阵的元素，第一个下标 i 表示元素所在的行，第二个下标 j 表示元素所在的列. 有时为了指明矩阵的行数和列数，也可用$\boldsymbol{A}_{m\times n}$或 $(a_{ij})_{m\times n}$来表示矩阵，方阵用$\boldsymbol{A}_n$ 表示. 在 n 阶方阵中，从左上角到右下角的连线称为主对角线，$a_{11},a_{22},\cdots,a_{nn}$称为主对角线元素.

于是，例 1、例 2 中的数表可分别用矩阵表示为

$$\boldsymbol{A}=\begin{pmatrix} 5 & 2 & 1 \\ 1 & 4 & 7 \\ 3 & 6 & 9 \\ 7 & 7 & 5 \end{pmatrix},\quad \boldsymbol{B}=\begin{pmatrix} 7 & 10 & 30 & 18 & 6 \\ 8 & 12 & 29 & 17 & 8 \\ 9 & 11 & 28 & 15 & 8 \end{pmatrix}$$

其中，$\boldsymbol{A}$ 是一个 4×3 矩阵；$\boldsymbol{B}$ 是一个 3×5 矩阵.

例 3　国家 A 的三个城市 a_1, a_2, a_3 和国家 B 的四个城市 b_1, b_2, b_3, b_4 网络开通情况为：a_1 与 b_1, b_2, b_3, b_4 全部开通，a_2 与 b_4 开通，a_3 与 b_2, b_4 开通，其他没有开通. 用 1 表示两个城市开通，0 表示两个城市没有开通，则这两个国家城市之间网络通路可用矩阵表示为

$$\begin{array}{c} \\ a_1 \\ a_2 \\ a_3 \end{array}\begin{array}{c} \begin{array}{cccc} b_1 & b_2 & b_3 & b_4 \end{array} \\ \begin{pmatrix} 1 & 1 & 1 & 1 \\ 0 & 0 & 0 & 1 \\ 0 & 1 & 0 & 1 \end{pmatrix} \end{array}$$

定义 2　如果矩阵 $\boldsymbol{A}=(a_{ij})$ 与 $\boldsymbol{B}=(b_{ij})$ 都是 $m \times n$ 矩阵，并且它们的对应元素相等，

$$a_{ij}=b_{ij} \quad (i=1,2,\cdots,m; j=1,2,\cdots,n)$$

则称矩阵 $\boldsymbol{A}$ 与矩阵 $\boldsymbol{B}$ 相等，记作 $\boldsymbol{A}=\boldsymbol{B}$.

例如，矩阵

$$\begin{pmatrix} 1 & 0 \\ 2 & 3 \\ 3 & 1 \end{pmatrix} \text{ 和 } \begin{pmatrix} a_1 & a_2 \\ a_3 & a_4 \end{pmatrix}$$

无论 a_1, a_2, a_3, a_4 取什么值，它们都不相等，因为它们的行数不等.

再如，矩阵

$$\begin{pmatrix} 1 & 0 \\ a & 1 \end{pmatrix} \text{ 和 } \begin{pmatrix} 1 & b \\ 2 & 1 \end{pmatrix}$$

只有在 $a=2$，$b=0$ 时才相等.

8.1.2　几类特殊矩阵

1. 零矩阵

所有元素都为 0 的矩阵称为零矩阵，记为 $\boldsymbol{O}$. 例如，矩阵

$$\begin{pmatrix} 0 & 0 \\ 0 & 0 \end{pmatrix} \text{ 和 } \begin{pmatrix} 0 & 0 & 0 \\ 0 & 0 & 0 \end{pmatrix}$$

都是零矩阵.

2. 行矩阵、列矩阵

$1 \times n$ 矩阵

$$\begin{pmatrix} a_1 & a_2 & \cdots & a_n \end{pmatrix}$$

称为行矩阵.

$m \times 1$ 矩阵

$$\begin{pmatrix} b_1 \\ b_2 \\ \vdots \\ b_m \end{pmatrix}$$

称为列矩阵.

例如，矩阵

$$(1\quad 0\quad -1\quad 5) \quad 和 \quad \begin{pmatrix} 0 \\ -2 \\ 0 \end{pmatrix}$$

分别称为 1×4 行矩阵和 3×1 列矩阵.

3. 单位矩阵

主对角线上的元素全为 1，而其余元素全为 0 的方阵

$$\begin{pmatrix} 1 & 0 & \cdots & 0 \\ 0 & 1 & \cdots & 0 \\ \vdots & \vdots & & \vdots \\ 0 & 0 & \cdots & 1 \end{pmatrix}$$

称为单位矩阵，记为 $\boldsymbol{I}$ 或 $\boldsymbol{I}_n$.

例如，矩阵

$$\begin{pmatrix} 1 & 0 \\ 0 & 1 \end{pmatrix} \quad 和 \quad \begin{pmatrix} 1 & 0 & 0 \\ 0 & 1 & 0 \\ 0 & 0 & 1 \end{pmatrix}$$

分别是 2 阶和 3 阶单位矩阵.

4. 三角形矩阵

主对角线以下的元素全为 0 的方阵

$$\begin{pmatrix} a_{11} & a_{12} & \cdots & a_{1n} \\ 0 & a_{22} & \cdots & a_{2n} \\ \vdots & \vdots & & \vdots \\ 0 & 0 & \cdots & a_{nn} \end{pmatrix}$$

称为上三角形矩阵；主对角线以上的元素全为 0 的方阵

$$\begin{pmatrix} a_{11} & 0 & \cdots & 0 \\ a_{21} & a_{22} & \cdots & 0 \\ \vdots & \vdots & & \vdots \\ a_{n1} & a_{n2} & \cdots & a_{nn} \end{pmatrix}$$

称为下三角形矩阵.

例如，矩阵

$$\begin{pmatrix} 1 & 2 & 0 \\ 0 & -1 & 3 \\ 0 & 0 & 1 \end{pmatrix} \quad 和 \quad \begin{pmatrix} 1 & 0 & 0 & 0 \\ 3 & -1 & 0 & 0 \\ 2 & 9 & 2 & 0 \\ 5 & 7 & 0 & 7 \end{pmatrix}$$

分别为 3 阶上三角形矩阵和 4 阶下三角形矩阵.

8.1.3　矩阵的运算

1. 矩阵的加法

定义 3　设有矩阵 $\boldsymbol{A}=(a_{ij})_{m\times n}$，$\boldsymbol{B}=(b_{ij})_{m\times n}$，则称矩阵

$$\boldsymbol{C}=(a_{ij}+b_{ij})_{m\times n}$$

为矩阵 $\boldsymbol{A}$ 与 $\boldsymbol{B}$ 的和.

两个矩阵的和依然是一个矩阵，它的元素是矩阵 $\boldsymbol{A}$ 与 $\boldsymbol{B}$ 对应元素分别相加.

矩阵加法满足交换律和结合律

$$\boldsymbol{A}+\boldsymbol{B}=\boldsymbol{B}+\boldsymbol{A}$$

$$(\boldsymbol{A}+\boldsymbol{B})+\boldsymbol{C}=\boldsymbol{A}+(\boldsymbol{B}+\boldsymbol{C})$$

例 4　某公司产品由两个经营部分别销售，它们的销售量分别用矩阵 $\boldsymbol{A}$ 与 $\boldsymbol{B}$ 表示

$$\boldsymbol{A}=\begin{pmatrix}4&6&7\\1&3&5\\0&1&2\end{pmatrix},\ \boldsymbol{B}=\begin{pmatrix}1&3&2\\3&2&9\\2&6&1\end{pmatrix}$$

设该公司的总销售量即两经营部销售量之和用矩阵 $\boldsymbol{C}$ 表示，则公司产品的总销售量为

$$\boldsymbol{C}=\boldsymbol{A}+\boldsymbol{B}=\begin{pmatrix}4&6&7\\1&3&5\\0&1&2\end{pmatrix}+\begin{pmatrix}1&3&2\\3&2&9\\2&6&1\end{pmatrix}=\begin{pmatrix}4+1&6+3&7+2\\1+3&3+2&5+9\\0+2&1+6&2+1\end{pmatrix}=\begin{pmatrix}5&9&9\\4&5&14\\2&7&3\end{pmatrix}$$

2. 数与矩阵的乘法

定义 4　设有实数 λ 和矩阵 $\boldsymbol{A}=(a_{ij})_{m\times n}$，则称矩阵

$$\lambda\boldsymbol{A}=(\lambda a_{ij})_{m\times n}$$

为数 λ 与矩阵 $\boldsymbol{A}$ 的积.

数乘矩阵仍然是一个矩阵，它的元素是原矩阵各元素都乘以数 λ.

当 $\lambda=-1$ 时，称 $(-1)\boldsymbol{A}=-\boldsymbol{A}$ 为矩阵 $\boldsymbol{A}$ 的负矩阵. 并且有

$$\boldsymbol{A}+(-\boldsymbol{A})=\boldsymbol{O},\ \boldsymbol{A}-\boldsymbol{B}=\boldsymbol{A}+(-\boldsymbol{B})$$

数与矩阵的乘法满足分配律和结合律

$$\lambda(\boldsymbol{A}+\boldsymbol{B})=\lambda\boldsymbol{A}+\lambda\boldsymbol{B},\ (\lambda+\mu)\boldsymbol{A}=\lambda\boldsymbol{A}+\mu\boldsymbol{A},\ (\lambda\mu)\boldsymbol{A}=\lambda(\mu\boldsymbol{A})=\mu(\lambda\boldsymbol{A})$$

例 5　设 $\boldsymbol{A}=\begin{pmatrix}12&13&8\\6&5&3\\2&-1&0\end{pmatrix}$，$\boldsymbol{B}=\begin{pmatrix}3&4&2\\6&-1&0\\-4&-4&6\end{pmatrix}$，且满足 $\boldsymbol{A}-3\boldsymbol{X}=\boldsymbol{B}$，求矩阵 $\boldsymbol{X}$.

解　所求矩阵为

$$\boldsymbol{X}=\frac{\boldsymbol{A}-\boldsymbol{B}}{3}=\frac{1}{3}\begin{pmatrix}9&9&6\\0&6&3\\6&3&-6\end{pmatrix}=\begin{pmatrix}3&3&2\\0&2&1\\2&1&-2\end{pmatrix}$$

3. 矩阵的乘法

定义 5　设有矩阵 $\boldsymbol{A}=(a_{ij})_{m\times s}$ 与矩阵 $\boldsymbol{B}=(b_{ij})_{s\times n}$，则称矩阵 $\boldsymbol{C}=\boldsymbol{AB}=(c_{ij})_{m\times n}$ 为矩阵 $\boldsymbol{A}$ 与矩阵 $\boldsymbol{B}$ 的积. 其中

$$c_{ij}=a_{i1}b_{1j}+a_{i2}b_{2j}+\cdots+a_{is}b_{sj}=\sum_{k=1}^{s}a_{ik}b_{kj}\ (i=1,2,\cdots,m;j=1,2,\cdots,n)$$

由定义 5 可知：

（1）只有左边的矩阵 $\boldsymbol{A}$ 的列数与右边的矩阵 $\boldsymbol{B}$ 的行数相等时，两个矩阵才可以相乘.

（2）乘积矩阵 $\boldsymbol{C}=\boldsymbol{AB}$ 的行数等于左边矩阵 $\boldsymbol{A}$ 的行数，列数等于右边矩阵 $\boldsymbol{B}$ 的列数.

（3）乘积矩阵 $\boldsymbol{C}=\boldsymbol{AB}$ 的第 i 行第 j 列的元素 c_{ij} 等于左边矩阵 $\boldsymbol{A}$ 的第 i 行元素与右边矩阵 $\boldsymbol{B}$ 的第 j 列对应元素乘积的和.

例 6 设 $\boldsymbol{A}=\begin{pmatrix}0&1\\0&1\end{pmatrix}$，$\boldsymbol{B}=\begin{pmatrix}0&1\\0&0\end{pmatrix}$，求 $\boldsymbol{AB}$，$\boldsymbol{BA}$，$\boldsymbol{BB}$.

解

$$\boldsymbol{AB}=\begin{pmatrix}0&1\\0&1\end{pmatrix}\begin{pmatrix}0&1\\0&0\end{pmatrix}=\begin{pmatrix}0&0\\0&0\end{pmatrix}$$

$$\boldsymbol{BA}=\begin{pmatrix}0&1\\0&0\end{pmatrix}\begin{pmatrix}0&1\\0&1\end{pmatrix}=\begin{pmatrix}0&1\\0&0\end{pmatrix}$$

$$\boldsymbol{BB}=\begin{pmatrix}0&1\\0&0\end{pmatrix}\begin{pmatrix}0&1\\0&0\end{pmatrix}=\begin{pmatrix}0&0\\0&0\end{pmatrix}$$

由例 6 可以看到 $\boldsymbol{AB}\neq\boldsymbol{BA}$，说明矩阵乘法不满足交换律，一般地 $(\boldsymbol{AB})^k\neq\boldsymbol{A}^k\boldsymbol{B}^k$；虽然 $\boldsymbol{A}$，$\boldsymbol{B}$ 都是非零矩阵，但是它们的乘积却可以是零矩阵，所以由 $\boldsymbol{AB}=\boldsymbol{O}$ 不能推出 $\boldsymbol{A}=\boldsymbol{O}$ 或 $\boldsymbol{B}=\boldsymbol{O}$；由 $\boldsymbol{AB}=\boldsymbol{BB}$ 不能推出 $\boldsymbol{A}=\boldsymbol{B}$，一般地，由 $\boldsymbol{AC}=\boldsymbol{BC}$，不能推出 $\boldsymbol{A}=\boldsymbol{B}$，所以矩阵乘法不满足消去律.

只要矩阵不交换前后顺序，它满足结合律和分配律

$$(\boldsymbol{AB})\boldsymbol{C}=\boldsymbol{A}(\boldsymbol{BC}),\quad \lambda\boldsymbol{AB}=(\lambda\boldsymbol{A})\boldsymbol{B}=\boldsymbol{A}(\lambda\boldsymbol{B})$$

$$(\boldsymbol{A}+\boldsymbol{B})\boldsymbol{C}=\boldsymbol{AC}+\boldsymbol{BC},\quad \boldsymbol{C}(\boldsymbol{A}+\boldsymbol{B})=\boldsymbol{CA}+\boldsymbol{CB}$$

例 7 设矩阵

$$\boldsymbol{A}=\begin{pmatrix}1&2&1\\2&1&1\\1&1&2\end{pmatrix},\ \boldsymbol{B}=\begin{pmatrix}-1&1&0\\1&3&1\\-1&0&1\end{pmatrix}$$

求 $(\boldsymbol{A}+\boldsymbol{B})^2-(\boldsymbol{A}^2+2\boldsymbol{AB}+\boldsymbol{B}^2)$.

解 因为

$$\begin{aligned}&(\boldsymbol{A}+\boldsymbol{B})^2-(\boldsymbol{A}^2+2\boldsymbol{AB}+\boldsymbol{B}^2)\\&=(\boldsymbol{A}+\boldsymbol{B})(\boldsymbol{A}+\boldsymbol{B})-\boldsymbol{A}^2-2\boldsymbol{AB}-\boldsymbol{B}^2\\&=\boldsymbol{BA}-\boldsymbol{AB}\end{aligned}$$

而

$$\boldsymbol{BA}=\begin{pmatrix}-1&1&0\\1&3&1\\-1&0&1\end{pmatrix}\begin{pmatrix}1&2&1\\2&1&1\\1&1&2\end{pmatrix}=\begin{pmatrix}1&-1&0\\8&6&6\\0&-1&1\end{pmatrix}$$

$$\boldsymbol{AB}=\begin{pmatrix}1&2&1\\2&1&1\\1&1&2\end{pmatrix}\begin{pmatrix}-1&1&0\\1&3&1\\-1&0&1\end{pmatrix}=\begin{pmatrix}0&7&3\\-2&5&2\\-2&4&3\end{pmatrix}$$

$$\boldsymbol{BA}-\boldsymbol{AB}=\begin{pmatrix}1&-1&0\\8&6&6\\0&-1&1\end{pmatrix}-\begin{pmatrix}0&7&3\\-2&5&2\\-2&4&3\end{pmatrix}=\begin{pmatrix}1&-8&-3\\10&1&4\\2&-5&-2\end{pmatrix}$$

所以，原式$=\begin{pmatrix}1 & -8 & -3\\ 10 & 1 & 4\\ 2 & -5 & -2\end{pmatrix}$.

对于一般矩阵$(\boldsymbol{A}+\boldsymbol{B})^2\neq\boldsymbol{A}^2+2\boldsymbol{AB}+\boldsymbol{B}^2$.

对某些矩阵如果满足$\boldsymbol{AB}=\boldsymbol{BA}$，则称矩阵$\boldsymbol{A}$，$\boldsymbol{B}$是可交换的. 例如

$$\boldsymbol{A}=\begin{pmatrix}2 & 1\\ 4 & -1\end{pmatrix},\ \boldsymbol{B}=\begin{pmatrix}3 & 1\\ 4 & 6\end{pmatrix},\ \boldsymbol{AB}=\begin{pmatrix}2 & 1\\ 4 & -1\end{pmatrix}\begin{pmatrix}3 & 1\\ 4 & 6\end{pmatrix}=\begin{pmatrix}10 & 2\\ 8 & 4\end{pmatrix}=\begin{pmatrix}3 & 1\\ 4 & 6\end{pmatrix}\begin{pmatrix}2 & 1\\ 4 & -1\end{pmatrix}=\boldsymbol{BA}$$

对于上例，如果$\boldsymbol{A}$，$\boldsymbol{B}$可交换，则有

$$(\boldsymbol{A}+\boldsymbol{B})^2=\boldsymbol{A}^2+2\boldsymbol{AB}+\boldsymbol{B}^2$$

可以验证

$$\boldsymbol{I}_m\boldsymbol{A}_{m\times n}=\boldsymbol{A}_{m\times n}\boldsymbol{I}_n=\boldsymbol{A}_{m\times n},\ \boldsymbol{AB}+\boldsymbol{A}=\boldsymbol{A}(\boldsymbol{B}+\boldsymbol{I}),\ \boldsymbol{BA}+\boldsymbol{A}=(\boldsymbol{B}+\boldsymbol{I})\boldsymbol{A}$$

例8 设矩阵$\boldsymbol{A}$表示某文具厂三个车间一天的产量，矩阵$\boldsymbol{B}$表示铅笔和钢笔的单位售价(元)和单位利润(元)

$$\begin{matrix} & \text{铅笔} & \text{钢笔} & \\ \boldsymbol{A}= & \left(\begin{matrix}3000\\2500\\2000\end{matrix}\right. & \left.\begin{matrix}1000\\1100\\1000\end{matrix}\right) & \begin{matrix}\text{一车间}\\\text{二车间}\\\text{三车间}\end{matrix}\end{matrix}\qquad\qquad \begin{matrix} & \text{单价} & \text{单位利润} & \\ \boldsymbol{B}= & \left(\begin{matrix}0.5\\10\end{matrix}\right. & \left.\begin{matrix}0.2\\2\end{matrix}\right) & \begin{matrix}\text{铅笔}\\\text{钢笔}\end{matrix}\end{matrix}$$

则三个车间一天创造的总产值和总利润为矩阵

$$\begin{aligned}\boldsymbol{C}&=\boldsymbol{AB}\\ &=\begin{pmatrix}3000\times0.5+1000\times10 & 3000\times0.2+1000\times2\\ 2500\times0.5+1100\times10 & 2500\times0.2+1100\times2\\ 2000\times0.5+1000\times10 & 2000\times0.2+1000\times2\end{pmatrix}\\ &\qquad\ \ \text{总产值}\quad\ \text{总利润}\\ &=\begin{pmatrix}11500 & 2600\\ 12250 & 2700\\ 11000 & 2400\end{pmatrix}\begin{matrix}\text{一车间}\\\text{二车间}\\\text{三车间}\end{matrix}\end{aligned}$$

习题 8.1

1. 某学院某学生一、二、三年级时各科成绩分别为：

年级 \ 学科	高等数学	大学英语	计算机基础
一年级	78	86	91
二年级	82	89	73
三年级	85	75	84

试写出表示该学生三年级的成绩矩阵.

2. 设$\boldsymbol{A}=\begin{pmatrix}2 & 3 & -1\\ 4 & 0 & 5\end{pmatrix}$，$\boldsymbol{B}=\begin{pmatrix}7 & -4 & 0\\ 3 & 2 & 1\end{pmatrix}$，求$\boldsymbol{A}+\boldsymbol{B}$，$\boldsymbol{B}-\boldsymbol{A}$，$3\boldsymbol{A}-2\boldsymbol{B}$.

3. 已知矩阵 $\boldsymbol{A}=\begin{pmatrix}1&0\\0&0\end{pmatrix}$，$\boldsymbol{B}=\begin{pmatrix}x&y\\1&-2\end{pmatrix}$，$\boldsymbol{C}=\begin{pmatrix}2y&-4x\\1&-2\end{pmatrix}$，且 $\boldsymbol{A}=\boldsymbol{B}-\boldsymbol{C}$，求未知数 x，y.

4. 设 $\boldsymbol{A}=\begin{pmatrix}1&2\\1&3\end{pmatrix}$，$\boldsymbol{B}=\begin{pmatrix}1&0\\1&2\end{pmatrix}$，求 $\boldsymbol{AB}$，$\boldsymbol{BA}$，$(\boldsymbol{A}+\boldsymbol{B})(\boldsymbol{A}-\boldsymbol{B})$，$\boldsymbol{AB}-\boldsymbol{BA}$，$\boldsymbol{A}^2-\boldsymbol{B}^2$.

5. 计算下列矩阵的乘积：

（1）$(1\quad 2\quad 3)\begin{pmatrix}3\\2\\1\end{pmatrix}$；　（2）$\begin{pmatrix}2\\1\\3\end{pmatrix}(1\ -2)$；　（3）$\begin{pmatrix}2&1&4\\5&3&6\end{pmatrix}\begin{pmatrix}1&0&2&-1\\0&1&3&2\\-1&1&0&4\end{pmatrix}$.

6. 设 $\boldsymbol{A}=\begin{pmatrix}2&1\\0&3\\4&1\end{pmatrix}$，$\boldsymbol{B}=\begin{pmatrix}1&5&0\\2&0&1\end{pmatrix}$，求 $\boldsymbol{AB}$.

7. 已知 $\boldsymbol{A}=\begin{pmatrix}1&\sqrt{3}\\-\sqrt{3}&1\end{pmatrix}$，求 $\boldsymbol{A}^3$.

8.2　矩阵的初等行变换与秩

8.2.1　矩阵的初等行变换

定义 6　如果对矩阵进行下列三种变换：

（1）互换某两行的位置（第 i 行与第 j 行互换，记为 $r_i \leftrightarrow r_j$）；

（2）用非零数 k 乘某一行的所有元素（乘第 i 行，记为 kr_i）；

（3）将某一行所有元素的 k 倍加到另一行对应元素上（第 j 行的 k 倍加到第 i 行，记为 kr_j+r_i），

则称上述变换为矩阵的初等行变换.

矩阵 $\boldsymbol{A}$ 经过初等行变换得到矩阵 $\boldsymbol{B}$，一般可表示为 $\boldsymbol{A}\to\boldsymbol{B}$.

下面用 3 阶矩阵来说明上述三种变换.

例如，第二行与第三行互换，可记为

$$\begin{pmatrix}a_{11}&a_{12}&a_{13}\\a_{21}&a_{22}&a_{23}\\a_{31}&a_{32}&a_{33}\end{pmatrix}\xrightarrow{r_2\leftrightarrow r_3}\begin{pmatrix}a_{11}&a_{12}&a_{13}\\a_{31}&a_{32}&a_{33}\\a_{21}&a_{22}&a_{23}\end{pmatrix}$$

第一行乘非零数 k，可记为

$$\begin{pmatrix}a_{11}&a_{12}&a_{13}\\a_{21}&a_{22}&a_{23}\\a_{31}&a_{32}&a_{33}\end{pmatrix}\xrightarrow{kr_1}\begin{pmatrix}ka_{11}&ka_{12}&ka_{13}\\a_{21}&a_{22}&a_{23}\\a_{31}&a_{32}&a_{33}\end{pmatrix}$$

第一行的 k 倍加到第三行，可记为

$$\begin{pmatrix} a_{11} & a_{12} & a_{13} \\ a_{21} & a_{22} & a_{23} \\ a_{31} & a_{32} & a_{33} \end{pmatrix} \xrightarrow{kr_1+r_3} \begin{pmatrix} a_{11} & a_{12} & a_{13} \\ a_{21} & a_{22} & a_{33} \\ ka_{11}+a_{31} & ka_{12}+a_{32} & ka_{13}+a_{33} \end{pmatrix}$$

8.2.2 阶梯形矩阵

定义 7　如果矩阵满足下列条件：

(1) 每个元素不全为 0 的行的第一个非零元素的列标随着行标的递增而严格增大；

(2) 如果有元素全为 0 的行，则它在矩阵的最下行，

则称该矩阵为阶梯形矩阵.

例如

$$\begin{pmatrix} -1 & 0 & 1 \\ 0 & 3 & 4 \\ 0 & 0 & 2 \end{pmatrix}, \begin{pmatrix} 1 & -7 & 0 & 0 \\ 0 & -3 & 0 & 2 \\ 0 & 0 & 0 & 1 \end{pmatrix}, \begin{pmatrix} 1 & -5 & 2 & 1 & -1 \\ 0 & 13 & -7 & -6 & 5 \\ 0 & 0 & 0 & 0 & 3 \\ 0 & 0 & 0 & 0 & 0 \end{pmatrix}$$

都是阶梯形矩阵；而

$$\begin{pmatrix} 1 & 2 & 1 \\ 0 & 5 & 8 \\ 0 & 1 & 3 \end{pmatrix}, \begin{pmatrix} 1 & 3 & 0 & -1 \\ 0 & 0 & 0 & 0 \\ 0 & 0 & 3 & 5 \end{pmatrix}$$

都不是阶梯形矩阵.

任意一个矩阵 $\boldsymbol{A}$ 经过若干次初等行变换可以化成阶梯形矩阵，这时，就称此阶梯形矩阵为矩阵 $\boldsymbol{A}$ 的阶梯形矩阵.

在化矩阵为阶梯形矩阵时，为了运算方便简捷，常把矩阵的第一行第一列的元素变成 1，同时要观察行与行之间的特征，避免进行分数计算.

由于初等行变换的变换方式不同，一个矩阵的阶梯形矩阵并不是唯一的. 但是，一个矩阵的阶梯形矩阵所含的元素不全为 0 的行数是唯一的.

例 1　求下列矩阵的阶梯形矩阵：

$$\boldsymbol{A}=\begin{pmatrix} 1 & -1 & 2 & 4 & -3 \\ 0 & 4 & -5 & 2 & 1 \\ -2 & 1 & 3 & -1 & 2 \\ -1 & 4 & 0 & 1 & 1 \end{pmatrix}, \quad \boldsymbol{B}=\begin{pmatrix} 3 & 2 & -1 & 5 \\ 1 & -2 & -4 & 9 \\ 4 & 3 & -1 & 6 \\ 6 & 7 & 2 & 2 \end{pmatrix}$$

解

$$\boldsymbol{A}=\begin{pmatrix} 1 & -1 & 2 & 4 & -3 \\ 0 & 4 & -5 & 2 & 1 \\ -2 & 1 & 3 & -1 & 2 \\ -1 & 4 & 0 & 1 & 1 \end{pmatrix} \xrightarrow[r_1+r_4]{2r_1+r_3} \begin{pmatrix} 1 & -1 & 2 & 4 & -3 \\ 0 & 4 & -5 & 2 & 1 \\ 0 & -1 & 7 & 7 & -4 \\ 0 & 3 & 2 & 5 & -2 \end{pmatrix}$$

$$\xrightarrow{r_2 \leftrightarrow r_3} \begin{pmatrix} 1 & -1 & 2 & 4 & -3 \\ 0 & -1 & 7 & 7 & -4 \\ 0 & 4 & -5 & 2 & 1 \\ 0 & 3 & 2 & 5 & -2 \end{pmatrix} \xrightarrow[3r_2+r_4]{4r_2+r_3} \begin{pmatrix} 1 & -1 & 2 & 4 & -3 \\ 0 & -1 & 7 & 7 & -4 \\ 0 & 0 & 23 & 30 & -15 \\ 0 & 0 & 23 & 26 & -14 \end{pmatrix}$$

$$\xrightarrow{-r_3+r_4}\begin{pmatrix}1 & -1 & 2 & 4 & -3\\0 & -1 & 7 & 7 & -4\\0 & 0 & 23 & 30 & -15\\0 & 0 & 0 & -4 & 1\end{pmatrix}$$

$$\boldsymbol{B}=\begin{pmatrix}3 & 2 & -1 & 5\\1 & -2 & -4 & 9\\4 & 3 & -1 & 6\\6 & 7 & 2 & 2\end{pmatrix}\xrightarrow{r_1\leftrightarrow r_2}\begin{pmatrix}1 & -2 & -4 & 9\\3 & 2 & -1 & 5\\4 & 3 & -1 & 6\\6 & 7 & 2 & 2\end{pmatrix}$$

$$\xrightarrow[\substack{-4r_1+r_3\\-6r_1+r_4}]{-3r_1+r_2}\begin{pmatrix}1 & -2 & -4 & 9\\0 & 8 & 11 & -22\\0 & 11 & 15 & -30\\0 & 19 & 26 & -52\end{pmatrix}\xrightarrow[-2r_2+r_4]{-r_2+r_3}\begin{pmatrix}1 & -2 & -4 & 9\\0 & 8 & 11 & -22\\0 & 3 & 4 & -8\\0 & 3 & 4 & -8\end{pmatrix}$$

$$\xrightarrow[-3r_3+r_2]{-r_3+r_4}\begin{pmatrix}1 & -2 & -4 & 9\\0 & -1 & -1 & 2\\0 & 3 & 4 & -8\\0 & 0 & 0 & 0\end{pmatrix}\xrightarrow{3r_2+r_3}\begin{pmatrix}1 & -2 & -4 & 9\\0 & -1 & -1 & 2\\0 & 0 & 1 & -2\\0 & 0 & 0 & 0\end{pmatrix}$$

若对矩阵 $\boldsymbol{B}$ 的最后一个矩阵继续进行初等行变换，则有

$$\begin{pmatrix}1 & -2 & -4 & 9\\0 & -1 & -1 & 2\\0 & 0 & 1 & -2\\0 & 0 & 0 & 0\end{pmatrix}\xrightarrow{-r_2}\begin{pmatrix}1 & -2 & -4 & 9\\0 & 1 & 1 & -2\\0 & 0 & 1 & -2\\0 & 0 & 0 & 0\end{pmatrix}$$

根据定义知，矩阵

$$\begin{pmatrix}1 & -2 & -4 & 9\\0 & -1 & -1 & 2\\0 & 0 & 1 & -2\\0 & 0 & 0 & 0\end{pmatrix}\text{和}\begin{pmatrix}1 & -2 & -4 & 9\\0 & 1 & 1 & -2\\0 & 0 & 1 & -2\\0 & 0 & 0 & 0\end{pmatrix}$$

都是矩阵 $\boldsymbol{B}$ 的阶梯形矩阵，显然一个矩阵的阶梯形矩阵不是唯一的，但是它们所含的元素不全为 0 的行数都是 3 行，是唯一的.

8.2.3 矩阵的秩

定义 8 矩阵 $\boldsymbol{A}$ 的阶梯形矩阵元素不全为 0 的行数称为矩阵的秩，记为 $R(\boldsymbol{A})$.

例 2 求矩阵 $\boldsymbol{A}=\begin{pmatrix}1 & 3 & -1 & -2\\2 & -1 & 2 & 3\\3 & 2 & 1 & 1\\1 & -4 & 2 & 1\end{pmatrix}$的秩.

解 将矩阵 $\boldsymbol{A}$ 进行初等行变换，则有

$$A=\begin{pmatrix}1&3&-1&-2\\2&-1&2&3\\3&2&1&1\\1&-4&2&1\end{pmatrix}\xrightarrow[-r_1+r_4]{\substack{-2r_1+r_2\\-3r_1+r_3}}\begin{pmatrix}1&3&-1&-2\\0&-7&4&7\\0&-7&4&7\\0&-7&3&3\end{pmatrix}\xrightarrow[-r_2+r_4]{-r_2+r_3}\begin{pmatrix}1&3&-1&-2\\0&-7&4&7\\0&0&0&0\\0&0&-1&-4\end{pmatrix}$$

$$\xrightarrow{r_3\leftrightarrow r_4}\begin{pmatrix}1&3&-1&-2\\0&-7&4&7\\0&0&-1&-4\\0&0&0&0\end{pmatrix}$$

因为矩阵 $\boldsymbol{A}$ 的阶梯形矩阵元素不全为 0 的行数为 3，所以 $R(\boldsymbol{A})=3$.

定义 9　设矩阵 $\boldsymbol{A}$ 是 n 阶方阵，若 $R(\boldsymbol{A})=n$，则称矩阵 $\boldsymbol{A}$ 为满秩矩阵.

例如，矩阵

$$\begin{pmatrix}1&0&\cdots&0\\0&1&\cdots&0\\\vdots&\vdots&&\vdots\\0&0&\cdots&1\end{pmatrix}\text{和}\begin{pmatrix}1&1&1\\0&1&1\\0&0&1\end{pmatrix}$$

都是满秩矩阵；而矩阵

$$\begin{pmatrix}1&-2&-4&9\\0&-1&-1&2\\0&0&1&-2\\0&0&0&0\end{pmatrix}\text{和}\begin{pmatrix}1&3&0&-1\\0&0&0&0\\0&0&3&5\end{pmatrix}$$

都不是满秩矩阵.

任何满秩矩阵都能经过初等行变换化成单位矩阵. 因为任意矩阵经过初等行变换能化成阶梯形矩阵，满秩矩阵是方阵，并且它的阶梯形矩阵不出现元素全为 0 的行，即主对角线上的元素都不等于 0. 若再对这个阶梯形矩阵继续进行初等行变换，把主对角线上的元素化成 1，主对角线以外的其他元素化成 0，这样就把满秩矩阵化成了单位矩阵.

例 3　设矩阵

$$A=\begin{pmatrix}0&2&-1\\1&1&2\\-1&-1&-1\end{pmatrix}$$

说明 $\boldsymbol{A}$ 是满秩矩阵，并将其化成单位矩阵.

解　先求 $\boldsymbol{A}$ 的阶梯形矩阵.

$$A=\begin{pmatrix}0&2&-1\\1&1&2\\-1&-1&-1\end{pmatrix}\xrightarrow{r_1\leftrightarrow r_2}\begin{pmatrix}1&1&2\\0&2&-1\\-1&-1&-1\end{pmatrix}\xrightarrow{r_1+r_3}\begin{pmatrix}1&1&2\\0&2&-1\\0&0&1\end{pmatrix}$$

因为 $R(\boldsymbol{A})=3$，所以 $\boldsymbol{A}$ 是满秩矩阵.

再对上述最后一个矩阵继续进行初等行变换，化成单位矩阵.

$$\begin{pmatrix}1&1&2\\0&2&-1\\0&0&1\end{pmatrix}\xrightarrow[-2r_3+r_1]{r_3+r_2}\begin{pmatrix}1&1&0\\0&2&0\\0&0&1\end{pmatrix}\xrightarrow{\frac{1}{2}r_2}\begin{pmatrix}1&1&0\\0&1&0\\0&0&1\end{pmatrix}\xrightarrow{-r_2+r_1}\begin{pmatrix}1&0&0\\0&1&0\\0&0&1\end{pmatrix}$$

习题 8.2

1. 对矩阵 $A=\begin{pmatrix}2&4&0\\3&5&2\\1&0&3\end{pmatrix}$ 的行进行初等变换，使之成为单位矩阵.

2. 求下列矩阵的秩.

（1）$A=\begin{pmatrix}-2&1&1\\1&-2&1\\1&1&-2\end{pmatrix}$；（2）$B=\begin{pmatrix}2&1&3&-1\\0&-1&2&0\\0&0&4&-2\\0&0&0&1\end{pmatrix}$；

（3）$C=\begin{pmatrix}2&0&2&0&2\\0&1&0&1&0\\2&1&0&2&1\\0&1&0&1&0\end{pmatrix}$；（4）$D=\begin{pmatrix}-1&1&4&0\\3&-2&5&-3\\2&0&-6&4\\0&1&1&2\end{pmatrix}$.

3. 用初等行变换把下列矩阵化为阶梯形矩阵，并求矩阵的秩.

（1）$A=\begin{pmatrix}3&-3&0&7&0\\1&-1&0&2&1\\1&-1&2&3&2\\2&-2&2&5&3\end{pmatrix}$；（2）$B=\begin{pmatrix}1&-2&-1&0&2\\-2&4&2&6&-6\\2&-1&0&2&3\\3&3&3&3&4\end{pmatrix}$.

4. 求 λ 的值，使矩阵 $A=\begin{pmatrix}1&2&4\\2&\lambda&1\\1&1&0\end{pmatrix}$ 的秩有最小值.

8.3 逆矩阵及其求法

8.3.1 逆矩阵的概念

定义 10 对于一个 n 阶方阵 A，如果存在一个 n 阶方阵 B，使得

$$AB=BA=I$$

则称方阵 A 是可逆的，并把方阵 B 称为方阵 A 的逆矩阵，记为 $B=A^{-1}$.

例如，$II=II=I$，则 $I^{-1}=I$.

8.3.2 逆矩阵的运算性质

设 A，B 均是同阶可逆矩阵，由定义 10 可知，可逆矩阵具有下面性质：

（1）若 $AB=I$（或 $BA=I$），则 A 与 B 互为逆矩阵.

（2）$AA^{-1}=A^{-1}A=I$.

（3）$(A^{-1})^{-1}=A$.

（4）若 $k\neq0$，$(kA)^{-1}=\dfrac{A^{-1}}{k}$.

（5）$\boldsymbol{AB}$ 可逆，且$(\boldsymbol{AB})^{-1}=\boldsymbol{B}^{-1}\boldsymbol{A}^{-1}$.

（6）n 阶矩阵 $\boldsymbol{A}$ 可逆的充分必要条件是 $\boldsymbol{A}$ 为满秩矩阵，即 $R(\boldsymbol{A})=n$.

例1　设矩阵

$$\boldsymbol{A}=\begin{pmatrix}3&4\\2&3\end{pmatrix},\qquad \boldsymbol{B}=\begin{pmatrix}3&-4\\-2&3\end{pmatrix}$$

验证 $\boldsymbol{A}$，$\boldsymbol{B}$ 互为逆矩阵.

解　因为

$$\boldsymbol{AB}=\begin{pmatrix}3&4\\2&3\end{pmatrix}\begin{pmatrix}3&-4\\-2&3\end{pmatrix}=\begin{pmatrix}1&0\\0&1\end{pmatrix}=\boldsymbol{I}$$

$$\boldsymbol{BA}=\begin{pmatrix}3&-4\\-2&3\end{pmatrix}\begin{pmatrix}3&4\\2&3\end{pmatrix}=\begin{pmatrix}1&0\\0&1\end{pmatrix}=\boldsymbol{I}$$

所以 $\boldsymbol{A}$，$\boldsymbol{B}$ 互为逆矩阵.

8.3.3　初等行变换法求逆矩阵

可以证明：若方阵 $\boldsymbol{A}$ 可逆，则方阵 $\boldsymbol{A}$ 是满秩矩阵；由方阵 $\boldsymbol{A}$ 作矩阵$(\boldsymbol{A}\vdots\boldsymbol{I})$，用矩阵的初等行变换将$(\boldsymbol{A}\vdots\boldsymbol{I})$化为$(\boldsymbol{I}\vdots\boldsymbol{B})$，则方阵 $\boldsymbol{B}$ 为方阵 $\boldsymbol{A}$ 的逆矩阵.

这样就得到用初等行变换求逆矩阵的方法为

$$(\boldsymbol{A}\vdots\boldsymbol{I})\xrightarrow{\text{初等行变换}}(\boldsymbol{I}\vdots\boldsymbol{A}^{-1})$$

也就是在方阵 $\boldsymbol{A}$ 的右边写上同阶的单位矩阵 $\boldsymbol{I}$，构成一个 $n\times2n$ 矩阵$(\boldsymbol{A}\vdots\boldsymbol{I})$，然后对$(\boldsymbol{A}\vdots\boldsymbol{I})$进行初等行变换，将 $\boldsymbol{A}$ 化成单位矩阵，同时 $\boldsymbol{I}$ 就化成 $\boldsymbol{A}$ 的逆矩阵 $\boldsymbol{A}^{-1}$.

例2　设 $\boldsymbol{A}=\begin{pmatrix}3&-1\\2&-1\end{pmatrix}$，求 $\boldsymbol{A}^{-1}$.

解　因为

$$(\boldsymbol{A}\vdots\boldsymbol{I})=\left(\begin{array}{cc:cc}3&-1&1&0\\2&-1&0&1\end{array}\right)\xrightarrow{-r_2+r_1}\left(\begin{array}{cc:cc}1&0&1&-1\\2&-1&0&1\end{array}\right)$$

$$\xrightarrow{-2r_1+r_2}\left(\begin{array}{cc:cc}1&0&1&-1\\0&-1&-2&3\end{array}\right)\xrightarrow{-r_2}\left(\begin{array}{cc:cc}1&0&1&-1\\0&1&2&-3\end{array}\right)$$

所以

$$\boldsymbol{A}^{-1}=\begin{pmatrix}1&-1\\2&-3\end{pmatrix}$$

例3　设矩阵 $\boldsymbol{A}=\begin{pmatrix}1&2&3\\2&2&1\\3&4&3\end{pmatrix}$，求 $\boldsymbol{A}^{-1}$.

解　因为

$$(\boldsymbol{A}\vdots\boldsymbol{I})=\left(\begin{array}{ccc:ccc}1&2&3&1&0&0\\2&2&1&0&1&0\\3&4&3&0&0&1\end{array}\right)\xrightarrow[-3r_1+r_3]{-2r_1+r_2}\left(\begin{array}{ccc:ccc}1&2&3&1&0&0\\0&-2&-5&-2&1&0\\0&-2&-6&-3&0&1\end{array}\right)$$

$$\xrightarrow{-r_2+r_3}\left(\begin{array}{ccc:ccc}1&2&3&1&0&0\\0&-2&-5&-2&1&0\\0&0&-1&-1&-1&1\end{array}\right)$$

$$\xrightarrow[3r_3+r_1]{-5r_3+r_2}\left(\begin{array}{ccc:ccc}1&2&0&-2&-3&3\\0&-2&0&3&6&-5\\0&0&-1&-1&-1&1\end{array}\right)$$

$$\xrightarrow{r_2+r_1}\left(\begin{array}{ccc:ccc}1&0&0&1&3&-2\\0&-2&0&3&6&-5\\0&0&-1&-1&-1&1\end{array}\right)\xrightarrow[-r_3]{-\frac{1}{2}r_2}\left(\begin{array}{ccc:ccc}1&0&0&1&3&-2\\0&1&0&-\frac{3}{2}&-3&\frac{5}{2}\\0&0&1&1&1&-1\end{array}\right)$$

所以

$$A^{-1}=\begin{pmatrix}1&3&-2\\-\frac{3}{2}&-3&\frac{5}{2}\\1&1&-1\end{pmatrix}$$

例 4　设 $A=\begin{pmatrix}-2&0&1\\1&1&2\\-1&1&3\end{pmatrix}$，问 A^{-1} 存在吗？若存在，求出 A^{-1}.

解

$$(A\,\vdots\,I)=\left(\begin{array}{ccc:ccc}-2&0&1&1&0&0\\1&1&2&0&1&0\\-1&1&3&0&0&1\end{array}\right)\xrightarrow{r_1\leftrightarrow r_2}\left(\begin{array}{ccc:ccc}1&1&2&0&1&0\\-2&0&1&1&0&0\\-1&1&3&0&0&1\end{array}\right)$$

$$\xrightarrow[r_1+r_3]{2r_1+r_2}\left(\begin{array}{ccc:ccc}1&1&2&0&1&0\\0&2&5&1&2&0\\0&2&5&0&1&1\end{array}\right)\xrightarrow{-r_2+r_3}\left(\begin{array}{ccc:ccc}1&1&2&0&1&0\\0&2&5&1&2&0\\0&0&0&-1&-1&1\end{array}\right)$$

因为左边矩阵经过初等行变换元素出现了全为 0 的行，所以矩阵 A 不是满秩矩阵，故 A^{-1} 不存在.

总之，当给定了 n 阶矩阵 A，不论其是否可逆，总可以进行初等行变换. 当进行到矩阵 A 的元素出现了全为 0 的行时，则可判定矩阵 A 是不可逆的，若化成了单位矩阵 I，则说明矩阵 A 是可逆的，且此时这个单位矩阵 I 右侧的矩阵就是 A 的逆矩阵 A^{-1}.

习题　8.3

1. 用初等行变换求解下列矩阵方程.

(1) $\begin{pmatrix}2&5\\1&3\end{pmatrix}X=\begin{pmatrix}4&-6\\2&1\end{pmatrix}$；　　(2) $\begin{pmatrix}2&1\\2&1\end{pmatrix}X=\begin{pmatrix}2&1\\2&1\end{pmatrix}$；

(3) $X\begin{pmatrix}1&1&-1\\2&1&0\\1&-1&1\end{pmatrix}=\begin{pmatrix}1&-1&3\\4&3&2\\1&-2&5\end{pmatrix}$；　　(4) $AX=A+2X$，其中 $A=\begin{pmatrix}3&1&0\\1&1&0\\0&1&4\end{pmatrix}$.

2. 求下列矩阵的逆矩阵.

（1）$A=\begin{pmatrix}1&-4&-3\\1&-5&-3\\-1&6&4\end{pmatrix}$；　　（2）$B=\begin{pmatrix}1&2&3&4\\0&1&2&3\\0&0&1&2\\0&0&0&1\end{pmatrix}$.

3. 若 $\boldsymbol{A}$ 是可逆方阵，且 $\boldsymbol{AB}=\boldsymbol{AC}$，证明 $\boldsymbol{B}=\boldsymbol{C}$.

8.4　线性方程组解的判定及其解法

8.4.1　*n* 元线性方程组

定义 11　给定 n 元线性方程组

$$\begin{cases}a_{11}x_1+a_{12}x_2+\cdots+a_{1n}x_n=b_1\\a_{21}x_1+a_{22}x_2+\cdots+a_{2n}x_n=b_2\\\quad\vdots\\a_{m1}x_1+a_{m2}x_2+\cdots+a_{mn}x_n=b_m\end{cases}$$

则称矩阵

$$\begin{pmatrix}a_{11}&a_{12}&\cdots&a_{1n}\\a_{21}&a_{22}&\cdots&a_{2n}\\\vdots&\vdots&&\vdots\\a_{m1}&a_{m2}&\cdots&a_{mn}\end{pmatrix}$$

为该方程组的系数矩阵，记为 $\boldsymbol{A}$.

分别称列矩阵

$$\begin{pmatrix}x_1\\x_2\\\vdots\\x_n\end{pmatrix}\quad 和\quad \begin{pmatrix}b_1\\b_2\\\vdots\\b_m\end{pmatrix}$$

为未知量矩阵和常数矩阵，分别记为 $\boldsymbol{X}$ 和 $\boldsymbol{b}$.

称矩阵

$$\begin{pmatrix}a_{11}&a_{12}&\cdots&a_{1n}&b_1\\a_{21}&a_{22}&\cdots&a_{2n}&b_2\\\vdots&\vdots&&\vdots&\vdots\\a_{m1}&a_{m2}&\cdots&a_{mn}&b_m\end{pmatrix}$$

为该方程组的增广矩阵，记为 $\overline{\boldsymbol{A}}$.

当定义 11 中方程组的常数项 $b_1,b_2,\cdots,b_n$ 不全为 0 时，称该方程组为非齐次线性方程组，可以简记为

$$\boldsymbol{AX}=\boldsymbol{b}$$

当 $b_1=b_2=\cdots=b_m=0$ 时，称该方程组为齐次线性方程组.

例 1　写出线性方程组

$$\begin{cases} 4x_1-5x_2-x_3=1 \\ -x_1+5x_2+x_3=2 \\ x_1+x_3=0 \\ 5x_1-x_2+3x_3=4 \end{cases}$$

的增广矩阵和矩阵形式.

解　增广矩阵是

$$\overline{A}=\begin{pmatrix} 4 & -5 & -1 & 1 \\ -1 & 5 & 1 & 2 \\ 1 & 0 & 1 & 0 \\ 5 & -1 & 3 & 4 \end{pmatrix}$$

方程组的矩阵形式是

$$\begin{pmatrix} 4 & -5 & -1 \\ -1 & 5 & 1 \\ 1 & 0 & 1 \\ 5 & -1 & 3 \end{pmatrix}\begin{pmatrix} x_1 \\ x_2 \\ x_3 \end{pmatrix}=\begin{pmatrix} 1 \\ 2 \\ 0 \\ 4 \end{pmatrix}$$

简记为

$$\boldsymbol{AX}=\boldsymbol{b}$$

8.4.2　线性方程组解的判定

下面不加证明地给出线性方程组解的判定定理.

定理 1　线性方程组 $\boldsymbol{AX}=\boldsymbol{b}$ 有解的充分必要条件是它的系数矩阵的秩和增广矩阵的秩相等，即

$$R(\boldsymbol{A})=R(\overline{\boldsymbol{A}})$$

定理 2　若线性方程组 $\boldsymbol{AX}=\boldsymbol{b}$ 满足

$$R(\boldsymbol{A})=R(\overline{\boldsymbol{A}})=r$$

则当 $r=n$ 时，线性方程组有解且只有唯一解；当 $r<n$ 时，线性方程组有无穷多解.

对于齐次线性方程组而言，由于增广矩阵的最后一列元素全为 0，所以 $R(\boldsymbol{A})=R(\overline{\boldsymbol{A}})$，即方程组一定有解，因此有以下推论.

推论　对于齐次线性方程组，若 $R(\boldsymbol{A})=n$，则方程组有唯一的零解；若 $R(\boldsymbol{A})=r<n$，则方程组有无穷多解.

例 2　判定下列方程组是否有解？若有解，请说明解的个数.

（1）$\begin{cases} x_1-2x_2+x_3=0 \\ 2x_1-3x_2+x_3=-4 \\ 4x_1-3x_2-2x_3=-2 \\ 3x_1-2x_3=5 \end{cases}$；　（2）$\begin{cases} x_1-2x_2+x_3=0 \\ 2x_1-3x_2+x_3=-4 \\ 4x_1-3x_2-2x_3=-2 \\ 3x_1-2x_3=-42 \end{cases}$；

(3) $\begin{cases} x_1-2x_2+x_3=0 \\ 2x_1-3x_2+x_3=-4 \\ 4x_1-3x_2-x_3=-20 \\ 3x_1-3x_3=-24 \end{cases}$.

解　(1) 对线性方程组的增广矩阵进行初等行变换

$$\overline{\boldsymbol{A}}=\begin{pmatrix}1 & -2 & 1 & 0\\ 2 & -3 & 1 & -4\\ 4 & -3 & -2 & -2\\ 3 & 0 & -2 & 5\end{pmatrix}\xrightarrow[-3r_1+r_4]{\substack{-2r_1+r_2\\ -4r_1+r_3}}\begin{pmatrix}1 & -2 & 1 & 0\\ 0 & 1 & -1 & -4\\ 0 & 5 & -6 & -2\\ 0 & 6 & -5 & 5\end{pmatrix}$$

$$\xrightarrow[-6r_2+r_4]{-5r_2+r_3}\begin{pmatrix}1 & -2 & 1 & 0\\ 0 & 1 & -1 & -4\\ 0 & 0 & -1 & 18\\ 0 & 0 & 1 & 29\end{pmatrix}\xrightarrow{r_3+r_4}\begin{pmatrix}1 & -2 & 1 & 0\\ 0 & 1 & -1 & -4\\ 0 & 0 & -1 & 18\\ 0 & 0 & 0 & 47\end{pmatrix}$$

因为 $R(\boldsymbol{A})=3$，$R(\overline{\boldsymbol{A}})=4$，$R(\boldsymbol{A})\neq R(\overline{\boldsymbol{A}})$，所以该方程组无解.

(2) 同理

$$\overline{\boldsymbol{A}}=\begin{pmatrix}1 & -2 & 1 & 0\\ 2 & -3 & 1 & -4\\ 4 & -3 & -2 & -2\\ 3 & 0 & -2 & -42\end{pmatrix}\rightarrow\begin{pmatrix}1 & -2 & 1 & 0\\ 0 & 1 & -1 & -4\\ 0 & 0 & -1 & 18\\ 0 & 0 & 0 & 0\end{pmatrix}$$

因为 $R(\boldsymbol{A})=R(\overline{\boldsymbol{A}})=3=n$，所以方程组有唯一解.

(3) 同理

$$\overline{\boldsymbol{A}}=\begin{pmatrix}1 & -2 & 1 & 0\\ 2 & -3 & 1 & -4\\ 4 & -3 & -1 & -20\\ 3 & 0 & -3 & -24\end{pmatrix}\rightarrow\begin{pmatrix}1 & -2 & 1 & 0\\ 0 & 1 & -1 & -4\\ 0 & 0 & 0 & 0\\ 0 & 0 & 0 & 0\end{pmatrix}$$

因为 $R(\boldsymbol{A})=R(\overline{\boldsymbol{A}})=2<3$，所以方程组有无穷多解.

例 3　当 a，b 为何值时，线性方程组

$$\begin{cases} x_1+3x_2+x_3=0 \\ 3x_1+2x_2+3x_3=-1 \\ -x_1+4x_2+ax_3=b \end{cases}$$

有唯一解、无穷多解或无解？

解　将方程组的增广矩阵进行初等行变换

$$\overline{\boldsymbol{A}}=\begin{pmatrix}1 & 3 & 1 & 0\\ 3 & 2 & 3 & -1\\ -1 & 4 & a & b\end{pmatrix}\xrightarrow[r_1+r_3]{-3r_1+r_2}\begin{pmatrix}1 & 3 & 1 & 0\\ 0 & -7 & 0 & -1\\ 0 & 7 & a+1 & b\end{pmatrix}\xrightarrow{r_2+r_3}\begin{pmatrix}1 & 3 & 1 & 0\\ 0 & -7 & 0 & -1\\ 0 & 0 & a+1 & b-1\end{pmatrix}$$

由线性方程组解的判定定理可知：

当 $a=-1$ 且 $b\neq1$ 时，$R(\boldsymbol{A})=2<R(\overline{\boldsymbol{A}})=3$，方程组无解；

当 $a=-1$ 且 $b=1$ 时，$R(\boldsymbol{A})=R(\overline{\boldsymbol{A}})=2<3$，方程组有无穷多解；

当 $a\neq-1$，b 任意时，$R(\boldsymbol{A})=R(\overline{\boldsymbol{A}})=3$，方程组有唯一解.

8.4.3 线性方程组的解法

1. 消元法

定义 12 对一个线性方程组进行下列变形：

(1) 对换两个方程的位置；

(2) 用不为 0 的数 k 乘某一个方程的两边；

(3) 将某一个方程的两边同乘一个数后加到另一个方程的两边，

则称上述不改变其解的变形为同解变形.

定义 13 如果矩阵 $\boldsymbol{A}$ 满足下列条件：

(1) $\boldsymbol{A}$ 是一个阶梯形矩阵；

(2) $\boldsymbol{A}$ 的每个元素不全为 0 的行的第一个非 0 元素为 1，且这个 1 所在列的其他元素都为 0，

则称 $\boldsymbol{A}$ 为最简型矩阵.

可以知道，对线性方程组的增广矩阵进行初等行变换实质上是对方程组进行的同解变形.

任意阶梯形矩阵经过初等行变换都可以化为最简型矩阵；可逆矩阵化成的最简型矩阵一定是单位矩阵.

化阶梯形矩阵为最简型矩阵时，一般从最后一个元素不全为 0 的行的第一个非 0 元素开始，将这个元素化为 1，再将其所在列的其他元素化为 0，然后将倒数第二个元素不全为 0 的行的第一个非 0 元素化为 1，并将其所在列的其他元素化为 0，依次往上做，就得到最简型矩阵.

用消元法解线性方程组的具体步骤如下.

第一步：写出增广矩阵 $\overline{\boldsymbol{A}}$，用初等行变换将 $\overline{\boldsymbol{A}}$ 化成阶梯形矩阵；

第二步：写出相应的阶梯形方程组，并且用回代的方法求解，或者继续用初等行变换将阶梯形矩阵化成最简型矩阵，从而写出解.

例 4 解 8.4 节例 2 中线性方程组(2).

解 将例 2 中(2)的阶梯形矩阵继续用初等行变换化为最简型矩阵

$$\overline{\boldsymbol{A}}=\begin{pmatrix}1&-2&1&0\\2&-3&1&-4\\4&-3&-2&-2\\3&0&-2&-42\end{pmatrix}\to\begin{pmatrix}1&-2&1&0\\0&1&-1&-4\\0&0&-1&18\\0&0&0&0\end{pmatrix}$$

$$\xrightarrow{-r_3}\begin{pmatrix}1&-2&1&0\\0&1&-1&-4\\0&0&1&-18\\0&0&0&0\end{pmatrix}\xrightarrow[-r_3+r_1]{r_3+r_2}\begin{pmatrix}1&-2&0&18\\0&1&0&-22\\0&0&1&-18\\0&0&0&0\end{pmatrix}\xrightarrow{2r_2+r_1}\begin{pmatrix}1&0&0&-26\\0&1&0&-22\\0&0&1&-18\\0&0&0&0\end{pmatrix}$$

则原方程组的解为

$$\begin{cases} x_1=-26 \\ x_2=-22 \\ x_3=-18 \end{cases}$$

例 5　解线性方程组

$$\begin{cases} x_1+\ x_2+\ x_3+2x_4=3 \\ 2x_1-\ x_2+3x_3+8x_4=8 \\ -3x_1+2x_2-\ x_3-9x_4=-5 \\ x_2-2x_3-3x_4=-4 \end{cases}$$

解　用初等行变换将增广矩阵 $\overline{\boldsymbol{A}}$ 化成阶梯形矩阵

$$\overline{\boldsymbol{A}}=\begin{pmatrix} 1 & 1 & 1 & 2 & 3 \\ 2 & -1 & 3 & 8 & 8 \\ -3 & 2 & -1 & -9 & -5 \\ 0 & 1 & -2 & -3 & -4 \end{pmatrix} \xrightarrow[3r_1+r_3]{-2r_1+r_2} \begin{pmatrix} 1 & 1 & 1 & 2 & 3 \\ 0 & -3 & 1 & 4 & 2 \\ 0 & 5 & 2 & -3 & 4 \\ 0 & 1 & -2 & -3 & -4 \end{pmatrix}$$

$$\xrightarrow{r_2\leftrightarrow r_4} \begin{pmatrix} 1 & 1 & 1 & 2 & 3 \\ 0 & 1 & -2 & -3 & -4 \\ 0 & 5 & 2 & -3 & 4 \\ 0 & -3 & 1 & 4 & 2 \end{pmatrix} \xrightarrow[3r_2+r_4]{-5r_2+r_3} \begin{pmatrix} 1 & 1 & 1 & 2 & 3 \\ 0 & 1 & -2 & -3 & -4 \\ 0 & 0 & 12 & 12 & 24 \\ 0 & 0 & -5 & -5 & -10 \end{pmatrix}$$

$$\xrightarrow[5r_4+r_5]{\frac{1}{12}r_4} \begin{pmatrix} 1 & 1 & 1 & 2 & 3 \\ 0 & 1 & -2 & -3 & -4 \\ 0 & 0 & 1 & 1 & 2 \\ 0 & 0 & 0 & 0 & 0 \end{pmatrix}$$

则阶梯形矩阵对应的阶梯形方程组为

$$\begin{cases} x_1+x_2+\ x_3+2x_4=3 \\ x_2-2x_3-3x_4=-4 \\ x_3+\ x_4=2 \end{cases}$$

将其变形为

$$\begin{cases} x_1+x_2+\ x_3=-2x_4+3 \\ x_2-2x_3=\ \ 3x_4-4 \\ x_3=-\ x_4+2 \end{cases}$$

将最后一个方程

$$x_3=-x_4+2$$

回代到第二个方程得

$$x_2=x_4$$

然后将前两个方程回代到第一个方程得

$$x_1=-2x_4+1$$

于是原方程组的解为

$$\begin{cases} x_1 = -2x_4 + 1 \\ x_2 = \quad x_4 \\ x_3 = -x_4 + 2 \end{cases}$$

其中，x_4 是自由未知量，因为未知量 x_4 可以任意取值，所以原方程组有无穷多组解. 对上面线性方程组的阶梯形矩阵也可以继续进行初等行变换化为最简型矩阵

$$\begin{pmatrix} 1 & 1 & 1 & 2 & 3 \\ 0 & 1 & -2 & -3 & -4 \\ 0 & 0 & 1 & 1 & 2 \\ 0 & 0 & 0 & 0 & 0 \end{pmatrix} \xrightarrow[2r_3+r_2]{-r_3+r_1} \begin{pmatrix} 1 & 1 & 0 & 1 & 1 \\ 0 & 1 & 0 & -1 & 0 \\ 0 & 0 & 1 & 1 & 2 \\ 0 & 0 & 0 & 0 & 0 \end{pmatrix} \xrightarrow{-r_2+r_1} \begin{pmatrix} 1 & 0 & 0 & 2 & 1 \\ 0 & 1 & 0 & -1 & 0 \\ 0 & 0 & 1 & 1 & 2 \\ 0 & 0 & 0 & 0 & 0 \end{pmatrix}$$

上述最简型矩阵对应的方程组为

$$\begin{cases} x_1 \quad + 2x_4 = 1 \\ x_2 \quad - x_4 = 0 \\ x_3 + x_4 = 2 \end{cases}$$

因此原方程组的解为

$$\begin{cases} x_1 = -2x_4 + 1 \\ x_2 = \quad x_4 \\ x_3 = -x_4 + 2 \end{cases} \quad (x_4 \text{ 是自由未知量})$$

例 6 解齐次线性方程组

$$\begin{cases} x_1 - x_2 + 4x_3 = 0 \\ 2x_1 + x_2 - x_3 = 0 \\ x_1 \quad + x_3 = 0 \end{cases}$$

解

$$\overline{A} = \begin{pmatrix} 1 & -1 & 4 & 0 \\ 2 & 1 & -1 & 0 \\ 1 & 0 & 1 & 0 \end{pmatrix} \xrightarrow[-r_1+r_3]{-2r_1+r_2} \begin{pmatrix} 1 & -1 & 4 & 0 \\ 0 & 3 & -9 & 0 \\ 0 & 1 & -3 & 0 \end{pmatrix}$$

$$\xrightarrow{r_2 \leftrightarrow r_3} \begin{pmatrix} 1 & -1 & 4 & 0 \\ 0 & 1 & -3 & 0 \\ 0 & 3 & -9 & 0 \end{pmatrix} \xrightarrow[r_2+r_1]{-3r_2+r_3} \begin{pmatrix} 1 & 0 & 1 & 0 \\ 0 & 1 & -3 & 0 \\ 0 & 0 & 0 & 0 \end{pmatrix}$$

所以原方程组的解为

$$\begin{cases} x_1 = -x_3 \\ x_2 = 3x_3 \end{cases} \quad (x_3 \text{ 为自由未知量})$$

2. 逆矩阵法

在对矩阵方程 $\boldsymbol{AX}=\boldsymbol{B}$ 求解时，可在方程两边左乘 $\boldsymbol{A}^{-1}$，得到 $\boldsymbol{A}^{-1}(\boldsymbol{AX})=\boldsymbol{A}^{-1}\boldsymbol{B}$，则该矩阵方程的解为 $\boldsymbol{X}=\boldsymbol{A}^{-1}\boldsymbol{B}$.

一般地，线性方程组所对应的矩阵方程为 $\boldsymbol{AX}=\boldsymbol{b}$，如果系数矩阵 $\boldsymbol{A}$ 是可逆的，则可得到该矩阵方程的解为 $\boldsymbol{X}=\boldsymbol{A}^{-1}\boldsymbol{b}$，由逆矩阵的唯一性可知，矩阵方程 $\boldsymbol{AX}=\boldsymbol{b}$ 的解是唯一的，对于齐次线性方程组 $\boldsymbol{AX}=\boldsymbol{0}$ 而言，只有零解.

例 7　解线性方程组

$$\begin{cases} 3x_1+2x_2+\ x_3=1 \\ 4x_1+3x_2+\ x_3=1 \\ -x_1+2x_2-4x_3=2 \end{cases}$$

解　方程组的矩阵形式为

$$\begin{pmatrix} 3 & 2 & 1 \\ 4 & 3 & 1 \\ -1 & 2 & -4 \end{pmatrix}\begin{pmatrix} x_1 \\ x_2 \\ x_3 \end{pmatrix}=\begin{pmatrix} 1 \\ 1 \\ 2 \end{pmatrix}$$

因为

$$\begin{pmatrix} 3 & 2 & 1 \\ 4 & 3 & 1 \\ -1 & 2 & -4 \end{pmatrix}^{-1}=\begin{pmatrix} 14 & -10 & 1 \\ -15 & 11 & -1 \\ -11 & 8 & -1 \end{pmatrix}$$

所以

$$\begin{pmatrix} x_1 \\ x_2 \\ x_3 \end{pmatrix}=\begin{pmatrix} 3 & 2 & 1 \\ 4 & 3 & 1 \\ -1 & 2 & -4 \end{pmatrix}^{-1}\begin{pmatrix} 1 \\ 1 \\ 2 \end{pmatrix}=\begin{pmatrix} 14 & -10 & 1 \\ -15 & 11 & -1 \\ -11 & 8 & -1 \end{pmatrix}\begin{pmatrix} 1 \\ 1 \\ 2 \end{pmatrix}=\begin{pmatrix} 6 \\ -6 \\ -5 \end{pmatrix}$$

故方程组的解为

$$\begin{cases} x_1=6 \\ x_2=-6 \\ x_3=-5 \end{cases}$$

习题　8.4

1. λ 为何值时，方程组

$$\begin{cases} \lambda x_1+\ x_2+\ x_3=1 \\ x_1+\lambda x_2+\ x_3=\lambda \\ x_1+\ x_2+\lambda x_3=\lambda^2 \end{cases}$$

（1）有唯一解；（2）无解；（3）有无穷多组解.

2. 求解下列线性方程组.

（1）$\begin{cases} x_1+2x_2+3x_3=1 \\ 2x_1+2x_2+5x_3=2 \\ 3x_1+5x_2+\ x_3=3 \end{cases}$；　　（2）$\begin{cases} x_1-\ x_2-\ x_3=2 \\ x_1\qquad\ -2x_3=-1 \\ 3x_1-2x_2-5x_3=0 \end{cases}$；

（3）$\begin{cases} x_1+\ x_2+\ x_3=-1 \\ x_1+2x_2-\ x_3=-4 \\ -2x_1-3x_2+\ x_3=6 \\ 3x_1-\ x_2-2x_3=-4 \end{cases}$；　　（4）$\begin{cases} x_1+x_2\qquad+x_4=5 \\ \quad x_2+x_3\qquad=6 \\ x_1\qquad\quad\ +x_4=7 \\ \quad x_2+x_3+x_4=8 \end{cases}$；

(5) $\begin{cases} x_1+x_2+2x_3-x_4=0 \\ 2x_1+x_2+x_3-x_4=0; \\ 2x_1+2x_2+x_3+2x_4=0 \end{cases}$　　(6) $\begin{cases} x_1+2x_2+3x_3+4x_4=5 \\ 2x_1+4x_2+4x_3+6x_4=8. \\ -x_1-2x_2-x_3-2x_4=-3 \end{cases}$

8.5 线性规划简介

8.5.1 线性规划问题的数学模型

先看几个实例.

例 1 某公司生产甲、乙两种产品，每件产品都需在机器Ⅰ和Ⅱ上加工，每件产品在两台机器上的加工时间(单位:h)和获得的利润(单位:元)见表 8-3. 在最近两周内，机器Ⅰ可使用 60h，机器Ⅱ可使用 80h，问应如何安排生产，才能使所获得的利润最大?

表 8-3 加工时间和获得利润统计表

机器 \ 产品	甲	乙
Ⅰ	3	2
Ⅱ	2	4
利润	50	40

解 设 x，y 分别表示产品甲和乙的产量，根据题中问题所给的条件有

$$\begin{cases} 3x+2y\leqslant 60 \\ 2x+4y\leqslant 80 \\ x,\ y\geqslant 0 \end{cases}$$

上述条件称为所给问题的约束条件.

上述问题的目标是：如何确定产量 x 和 y 才能使所获得的利润最大，即求利润函数 $f(x, y)=50x+40y$ 的最大值. 上述线性函数称为所给问题的目标函数.

上例可写成下面的数学形式：

求 x，y，满足

$$\max z=50x+40y$$

$$\begin{cases} 3x+2y\leqslant 60 \\ 2x+4y\leqslant 80 \\ x,\ y\geqslant 0 \end{cases}$$

我们把上面的数学形式称为上例所给问题的数学模型.

例 2 某工厂生产甲、乙两种产品，已知生产甲种产品 1 吨需耗 A 种矿石 10 吨、B 种矿石 5 吨、煤 4 吨；生产乙种产品 1 吨需耗 A 种矿石 4 吨、B 种矿石 4 吨、煤 9 吨. 每吨甲种产品的利润是 600 元，每吨乙种产品的利润是 1000 元. 工厂在生产这两种产品的计划中要求消耗 A 种矿石不超过 300 吨、B 种矿石不超过 200 吨、煤不超过 360 吨，已知数据见表 8-4. 问甲、乙两种产品应各多少时，能使利润总额达到最大?

表 8-4　资源消耗量和利润统计表

消耗量 产品 / 资源	甲	乙	资源限制
A 种矿石	10	4	300
B 种矿石	5	4	200
煤	4	9	360
利润	600	1000	

解　设生产甲、乙两种产品分别为 x，y，利润总额为 z，则该问题的数学模型为：
求 x，y，满足

$$\max z = 600x + 1000y$$

$$\begin{cases} 10x+4y \leqslant 300 \\ 5x+4y \leqslant 200 \\ 4x+9y \leqslant 360 \\ x,\ y \geqslant 0 \end{cases}$$

例 3　要将两种大小不同的钢板截成 A，B，C 三种规格，每张钢板可同时截得三种规格的小钢板的块数见表 8-5. 今需要 A，B，C 三种规格的成品分别为 15、18、27 块，问各截这两种钢板多少张可得所需三种规格成品，且所用钢板张数最少？

表 8-5　小钢板块数统计表

规格 / 类型	A	B	C
第一种钢板	2	1	1
第二种钢板	1	2	3

解　　设需截第一种钢板 x 张，第二种钢板 y 张，则上述问题的数学模型为：
求 x，y，满足

$$\min z = x + y$$

$$\begin{cases} 2x+y \geqslant 15 \\ x+2y \geqslant 18 \\ x+3y \geqslant 27 \\ x,\ y \geqslant 0 \end{cases}$$

8.5.2　线性规划问题的图解法

在建立了数学模型之后，要求出变量的值，使得它们满足约束条件，同时使目标函数达到最大值或最小值，这就是最简单的线性规划问题.

我们把满足约束条件的变量的值称为线性规划问题的可行解，约束条件所围成的几何区域称为线性规划问题的可行域，能使目标函数达到最大值或最小值的可行解称为最优解，求最优解的过程称为解线性规划问题.

对于两个变量的线性规划问题可用图解法求解，具体步骤如下：

(1) 根据实际问题所给条件，写出数学模型；

(2) 在平面直角坐标系中，画出可行域；

(3) 做出目标函数值等于零的直线，即过原点的零等值线；

(4) 求出最优解.

最优解可能不存在，如果存在最优解，必然在等值线与可行域的顶点或边界相交处取到.

例 4 用图解法求解 8.5 节例 1 的最优解.

解 在平面直角坐标系中，画出可行域，即做出直线

$$3x+2y=60,\ 2x+4y=80$$

以上述两条直线和两条坐标轴为边界的凸多边形 $OABC$ 的内部及其边界就是可行域，如图 8-2 所示.

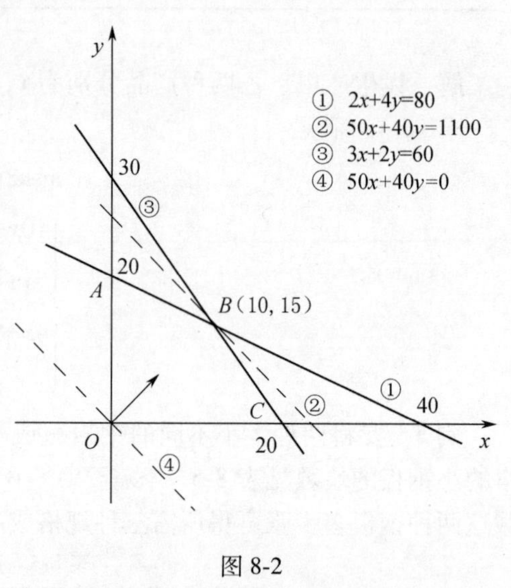

图 8-2

在可行域上的任意一点的坐标都是线性规划问题的可行解. 如点 $O(0,0)$，$A(0,20)$，$C(20,0)$ 在可行域的边界上，因此它们都是线性规划问题的可行解，两直线

$$\begin{cases}3x+2y=60\\2x+4y=80\end{cases}$$

的交点 $B(10,15)$ 在边界相交处，因而也是可行解.

做出等值线：$50x+40y=0$，它与可行域有交点，将这条直线沿着目标函数增大的方向平行移动，即在可行域中找出最优解.

在可行域中找出最优解，就是要找出使目标函数取得最大的 x 与 y 的值. 当直线通过 B 点时，即当 $x=10$，$y=15$ 时，取得最大值 1100.

因此，问题的最优解为 $x=10$，$y=15$，目标函数的最优值为 1100，即产品甲生产 10 件，产品乙生产 15 件时，可以获得最大利润为 1100 元.

习题 8.5

1. 建立下列问题的线性规划模型：

(1) 有两个农场 A_1 和 A_2，产粮量分别为 23 万吨和 27 万吨，要将粮食运往 B_1，B_2，B_3 三个城市，三个城市的粮食需求量分别为 17 万吨、18 万吨和 15 万吨，农场到各城市的运价见表 8-6：

表 8-6 运价表 单位：元/万吨

	B_1	B_2	B_3
A_1	50	60	70
A_2	60	110	160

问：应如何调运，可使总运费最省？

（2）某企业生产A，B两种产品，已知生产单位A和B分别需要消耗钢材8t和9t，煤5t和8t，电力6度和4度，劳动力4人日和12人日．现该企业有钢材400t，煤320t，电力280度，劳动力350人日．又知生产单位产品A和B各能获利8千元和1万元．问应如何安排生产，可使企业利润最大？

2. 用图解法求解线性规划问题.

（1）$\max z=5x_1+2x_2$

$$\begin{cases}2x_1+x_2\leqslant 8\\ x_1\leqslant 3\\ x_2\leqslant 4\\ x_1,\ x_2\geqslant 0\end{cases}\quad (x_1, x_2\text{ 为整数});$$

（2）$\max z=2x_1+4x_2$

$$\begin{cases}x_1\leqslant 4\\ x_2\leqslant 3\\ x_1+2x_2\leqslant 8\\ x_1,\ x_2\geqslant 0\end{cases};$$

（3）$\max z=x_1+3x_2$

$$\begin{cases}2x_1+3x_2\leqslant 6\\ x_1+4x_2\leqslant 4\\ x_1,\ x_2\geqslant 0\end{cases};$$

（4）$\max z=3x_1-2x_2$

$$\begin{cases}x_1+x_2\leqslant 1\\ 2x_1+3x_2\leqslant 4\\ x_1,\ x_2\geqslant 0\end{cases}.$$

本章小结

一、基本知识

1. 基本概念

矩阵、单位矩阵、三角形矩阵、阶梯形矩阵、矩阵的初等变换、矩阵的秩、逆矩阵、线性方程组、线性方程组的系数矩阵、增广矩阵、齐次线性方程组、非齐次线性方程组、线性规划、数学模型.

2. 矩阵的运算

（1）矩阵的相等

矩阵$\boldsymbol{A}$与矩阵$\boldsymbol{B}$的行数、列数分别相等，且所有对应元素相等，则矩阵$\boldsymbol{A}$与矩阵$\boldsymbol{B}$相等，记作$\boldsymbol{A}=\boldsymbol{B}$.

（2）矩阵的加减法

在矩阵$\boldsymbol{A}$与矩阵$\boldsymbol{B}$的行数、列数分别相等的前提下，对应元素可相加减，且矩阵的加法满足

$$\boldsymbol{A}+\boldsymbol{B}=\boldsymbol{B}+\boldsymbol{A},\ (\boldsymbol{A}+\boldsymbol{B})+\boldsymbol{C}=\boldsymbol{A}+(\boldsymbol{B}+\boldsymbol{C})$$

（3）数乘矩阵

数乘矩阵即数乘矩阵的每一个元素．数乘矩阵还满足($\lambda\neq 0$)：

$$\lambda(\boldsymbol{A}+\boldsymbol{B})=\lambda\boldsymbol{A}+\lambda\boldsymbol{B},\ (\lambda+\mu)\boldsymbol{A}=\lambda\boldsymbol{A}+\mu\boldsymbol{A},\ (\lambda\mu)\boldsymbol{A}=\lambda(\mu\boldsymbol{A})=\mu(\lambda\boldsymbol{A})$$

（4）矩阵的乘法

只有当左矩阵的行数与右矩阵的列数相等的两个矩阵才能相乘．矩阵的乘法不满足交换律和消去律．矩阵的乘法满足：

$$(AB)C=A(BC),\ \lambda AB=(\lambda A)B=A(\lambda B)$$
$$(A+B)C=AC+BC,\ C(A+B)=CA+CB$$

(5) 矩阵的逆运算

若 $AB=I$(或 $BA=I$)，则 A 与 B 互为逆矩阵. 逆矩阵还满足：

$AA^{-1}=A^{-1}A=I$，$(A^{-1})^{-1}=A$，$(kA)^{-1}=\dfrac{A^{-1}}{k}$ $(k\neq 0)$

AB 可逆，且 $(AB)^{-1}=B^{-1}A^{-1}$.

3. 基本方法

矩阵的秩的求法，逆矩阵的求法，线性方程组的解法及解的情况的判定，两个变量的线性规划问题的图解法.

二、要点解析

问题 1 矩阵有哪些初等行变换？

解析 矩阵的初等行变换为下列三种：①互换某两行的位置；②用非零数 k 乘某一行的所有元素；③将某一行所有元素的 k 倍加到另一行对应元素上.

问题 2 如何求矩阵的秩和逆矩阵？

解析 (1) 矩阵的秩就是它相应的阶梯形矩阵中元素不全为 0 的行数；如果矩阵是 n 阶方阵，并且秩等于 n，则称该矩阵为满秩矩阵.

(2) 若矩阵 A 可逆，则它的逆矩阵 A^{-1} 是唯一的，并且满足

$$AA^{-1}=A^{-1}A=I$$

n 阶矩阵 A 可逆的充分必要条件是 A 为满秩矩阵，即 $R(A)=n$.

在方阵 A 的右边写上同阶的单位矩阵 I，构成一个 $n\times 2n$ 矩阵 $(A\vdots I)$，然后对 $(A\vdots I)$ 进行初等行变换，将 A 化成单位矩阵，同时 I 就化成 A 的逆矩阵 A^{-1}，即

$$(A\vdots I)\xrightarrow{\text{初等行变换}}(I\vdots A^{-1})$$

问题 3 解线性方程组的具体步骤有哪些？

解析 (1) 写出增广矩阵 $\overline{A}$；

(2) 用初等行变换将 $\overline{A}$ 化成阶梯形矩阵；

(3) 根据阶梯形矩阵写出同解的阶梯形方程组；

(4) 如果出现矛盾方程，则方程组无解；如果方程的个数等于未知量的个数，则方程组有唯一的解；如果方程的个数小于未知量的个数，则方程组有无穷多个解，写出解的一般形式.

问题 4 线性方程组的解的情况是如何判定的？

解析 (1) 线性方程组 $AX=b$ 有解的充分必要条件是它的系数矩阵的秩和增广矩阵的秩相等，即 $R(A)=R(\overline{A})$.

(2) 若线性方程组 $AX=b$ 满足 $R(A)=R(\overline{A})=r$，则当 $r=n$ 时，线性方程组有解且只有唯一解；当 $r<n$ 时，线性方程组有无穷多解.

(3) 对于齐次线性方程组，若 $R(A)=n$，则方程组有唯一的零解；若 $R(A)=r<n$，则方程组有无穷多解.

问题 5 何为线性规划问题？

解析 把具体实际问题抽象转化成含有未知变量的数学形式称为数学模型，在建立了数

学模型之后，要求出变量的值，使得它们满足约束条件，同时使目标函数达到最大或最小，这就是最简单的线性规划问题.

问题 6　线性规划问题图解法求解的具体步骤有哪些？

解析　（1）根据实际问题所给条件，写出数学模型；

（2）在平面直角坐标系中，画出可行域；

（3）做出目标函数值等于零的直线，即过原点的零等值线；

（4）求出最优解.

复习题八

1. 某学生在高中一、二、三年级三科成绩如下：

学科＼年级	一年级	二年级	三年级
语文	90	85	93
数学	98	90	95
英语	85	90	97

试写出表示该学生高中三年的成绩矩阵.

2. 设 $\boldsymbol{A}$ 是 3×4 矩阵，$\boldsymbol{B}$ 是 3×3 矩阵，$\boldsymbol{C}$ 是 4×2 矩阵，运算 $\boldsymbol{AB}$，$\boldsymbol{BA}$，$\boldsymbol{AC}$，$\boldsymbol{CA}$，$\boldsymbol{BC}$，$\boldsymbol{CB}$ 能否进行？如果能，写出乘积矩阵的行数与列数.

3. 试用矩阵表示方程组

$$\begin{cases} 2x_1+3x_2-6x_3=8 \\ -x_1+5x_2+6x_3=-4 \\ 3x_1-2x_2+\ x_3=1 \end{cases}$$

4. 计算

（1）$\begin{pmatrix} 3 & 1 \\ 4 & 6 \end{pmatrix}\begin{pmatrix} 0 & 0 \\ 1 & 1 \end{pmatrix}$；　（2）$\begin{pmatrix} -2 & 1 \\ 4 & 6 \end{pmatrix}\begin{pmatrix} 0 & 0 \\ 1 & 1 \end{pmatrix}$；　（3）$\begin{pmatrix} -1 & 4 \\ 1 & 2 \end{pmatrix}\begin{pmatrix} 0 & 4 \\ 1 & 3 \end{pmatrix}$；

（4）$\begin{pmatrix} 0 & 4 \\ 1 & 3 \end{pmatrix}\begin{pmatrix} -1 & 4 \\ 1 & 2 \end{pmatrix}$；　（5）$\begin{pmatrix} 1 & 2 & 4 & 5 \end{pmatrix}\begin{pmatrix} 3 \\ 0 \\ -1 \\ 2 \end{pmatrix}$；　（6）$\begin{pmatrix} 0 \\ 1 \\ -2 \end{pmatrix}\begin{pmatrix} -1 & 2 & 4 \end{pmatrix}$；

（7）$\begin{pmatrix} 1 & 0 \\ 1 & 1 \end{pmatrix}\begin{pmatrix} -1 & 2 \\ 2 & 3 \end{pmatrix}-3\begin{pmatrix} -1 & -2 \\ -3 & 6 \end{pmatrix}$.

5. 求下列矩阵的秩（$\lambda\in\mathbf{R}$）.

（1）$\begin{pmatrix} 1 & -2 & 1 \\ 2 & -3 & 1 \\ 4 & -3 & -2 \end{pmatrix}$；　（2）$\begin{pmatrix} 1 & -2 & 1 & 0 \\ 2 & -3 & 1 & -4 \\ 4 & -3 & -1 & -20 \\ 3 & 0 & -3 & -24 \end{pmatrix}$；

(3) $\begin{pmatrix} 1 & -7 & 4 & 2 & 0 \\ 2 & -5 & 3 & 2 & 1 \\ 5 & -8 & 5 & 4 & 3 \\ 4 & -1 & 1 & 2 & \lambda \end{pmatrix}$；　　(4) $\begin{pmatrix} 1 & 2 & 4 \\ 2 & \lambda & 1 \\ 1 & 1 & 0 \end{pmatrix}$.

6. 求下列矩阵的逆矩阵.

(1) $\begin{pmatrix} 2 & 0 & 0 & 0 \\ 0 & 1 & 4 & 0 \\ 0 & 0 & -1 & 0 \\ 0 & 0 & 0 & 9 \end{pmatrix}$；　(2) $\begin{pmatrix} 0 & 2 & -1 \\ 1 & 1 & 2 \\ -1 & -1 & -1 \end{pmatrix}$；　(3) $\begin{pmatrix} -2 & 1 & 0 \\ 1 & -2 & 1 \\ 0 & 1 & -2 \end{pmatrix}$.

7. 给定方程组

$$\begin{cases} x_1-x_2=a_1 \\ x_2-x_3=a_2 \\ x_3-x_4=a_3 \\ x_4-x_5=a_4 \\ x_5-x_1=a_5 \end{cases}$$

证明这个方程组有解的充分必要条件是 $a_1+a_2+a_3+a_4+a_5=0$.

8. 讨论下列线性方程组解的情况，并求解

(1) $\begin{cases} 3x_1+2x_2+x_3=1 \\ 4x_1+3x_2+x_3=1 \\ -x_1+2x_2-4x_3=2 \end{cases}$；　(2) $\begin{cases} 4x_1-x_2-x_3-x_4=7 \\ 2x_1+3x_2+x_3+x_4=-1 \\ 5x_1+4x_2+x_3+2x_4=0 \\ 3x_1+x_2+x_3+2x_4=-2 \end{cases}$；

(3) $\begin{cases} -2x_1+x_2+x_3=1 \\ x_1-2x_2+x_3=-2 \\ x_1+x_2-2x_3=4 \end{cases}$；　(4) $\begin{cases} x_1-x_2+3x_3=0 \\ x_1+x_2-2x_3=0 \\ 3x_1+x_2-x_3=0 \\ x_1-3x_2+8x_3=0 \end{cases}$.

9. 已知 $\begin{cases} x_1+x_2+x_3=1 \\ 2x_1+3x_2-x_3=\lambda \\ 4x_1+5x_2+\lambda^2x_3=3 \end{cases}$，试讨论 λ 取何值时，

(1) 方程组无解；

(2) 方程组有唯一解；

(3) 方程组有无穷多组解.

10. 用图解法解决本章 8.5 节例 2 和例 3 提出的线性规划问题.

11. 求 x，y，满足

$$\begin{cases} x-4y\leqslant -3 \\ 3x+5y\leqslant 25 \\ x\geqslant 1 \end{cases}$$

$$\max z=2x+y \text{ 与 } \min z=2x+y$$

12. 为制造两种类型的产品，仓库最多提供 80kg 的钢材，已知每制造一件 I 型产品需

消耗钢材 2kg，最少需要生产 10 件，而每件售价 50 元；每制造一件Ⅱ型产品需消耗钢材 1kg，最多只能生产 40 件，而每件售价 30 元，问如何选择最优方案以获得最大收入？试建立该问题的数学模型.

13. 某农场有 100 亩土地，种植甲、乙两种农作物，种植甲种作物每亩成本是 1000 元，种植乙种作物每亩成本是 600 元，且投资最多 40000 元，如果甲种作物平均每亩收获 750kg，每千克纯利润 1.80 元，如果乙种作物平均每亩收获 1250kg，每千克纯利润 1.50 元，收获后，农场必须将作物贮藏一段时间后才能销售，并且最大贮藏量为 60000kg，问农场怎样安排种植才能达到最大利润？试建立该问题的数学模型.

习题参考答案

第1章

习题 1.1

一、1. C；2. D；3. D；4. B；5. B.

二、1. $2-2x^2$；2. $\{x|a<x<b\}$；3. x^2-4x+3；4. 10，100，101；

5. $1+\frac{\pi^2}{4}$；6. $(-\infty,-1)\cup(-1,+\infty)$.

三、1. −1，0，1. 2. 1，1，3.

3.（1）$[1,+\infty)$；（2）e，$1+e^2$；（3）$\sqrt{x^2-1}+e^{x^2}$.

4. 图略.

5. $y=\begin{cases}0.3x & 0\leqslant x\leqslant 50\\ 15+0.45(x-50) & x>50\end{cases}$，图略.

习题 1.2

一、1. ×；2. ×；3. ×.

二、1. B；2. A；3. D；4. D；5. A；6. B；7. C.

三、1. 奇函数的图形关于原点对称，偶函数的图形关于 y 轴对称.

2. 单调增加函数 y 与 x 同增同减，图形呈上升趋势；单调减少函数 y 与 x 增减相反，图形呈下降趋势.

3. 周期函数的图形每隔周期的整数倍重复出现.

4. 图略，函数在区间$(0,+\infty)$上单调增加，在区间$(-\infty,0)$上单调减少.

习题 1.3

一、1. D；2. A；3. C；4. B.

二、1. $y=\sqrt[3]{x-2}$；2. $y=\log_2(x-1)$；3. $y=\frac{1-x}{1+x}$；4. $y=\frac{1}{3}\arcsin\frac{x}{2}$；

5. $y=e^{x-1}-2$；6. $y=\sqrt{x^3-1}$.

习题 1.4

一、1. $y=\sin u$，$u=e^x$；2. $y=u^3$，$u=\tan v$，$v=1+2x$；

3. $y=3^u$，$u=\sqrt{v}$，$v=x^2-1$；4. $y=\cos u$，$u=\sin v$，$v=x^2$.

二、1. A；2. D；3. A；4. D.

三、1.（1）$y=\sin u$，$u=8x$；（2）$y=\tan u$，$u=\sqrt{v}$，$v=1+2x$；

（3）$y=u^2$，$u=\sin v$，$v=3x-1$；（4）$y=\sqrt{u}$，$u=1-x^2$；

（5）$y=u^3$，$u=\arccos v$，$v=1-x^2$；（6）$y=\sin u$，$u=5v$，$v=(x-1)^{-1}$.

2.（1）不能，因为函数 $y=\sqrt{1-x}$ 的定义域为 $D=(-\infty,1]$，函数 $x=1+e^t$ 的值域为 $Z=(1,+\infty)$，而 $D\cap Z=\varnothing$，所以这两个函数不能复合成一个函数.

（2）不能，因为函数的 $y=\sqrt{-u}$ 的定义域为 $D=(-\infty,0]$，函数 $u=\frac{1}{x^2}$ 的值域为 $Z=(0,+\infty)$，而 $D\cap Z=\varnothing$，所以这两个函数不能复合成一个函数.

习题 1.5

1.（1）$Q_d=60-3p$，图略；（2）$R(Q)=20Q-\frac{1}{3}Q^2$，图略.

2. $\overline{C}(Q)=6Q^2+7+\frac{15}{Q}$. 3. $p_0=\frac{37}{5}$. 4. $p_0=\frac{3}{2}$，$Q_0=15$；图略.

5. $L(Q)-0.45Q^2+41Q-294$.

6. $C(Q)=20000+30Q$，$\overline{C}(Q)=\frac{20000}{Q}+30$，$R(Q)=80Q$，

$L(Q)=R(Q)-C(Q)=50Q-20000$，$Q_0=400$.

复习题一

1. $\pi+1$.

2.（1）是；（2）不是；（3）不是；（4）不是；（5）不是.

3.（1）$(-\infty,+\infty)$；（2）$(-\infty,0)\cup(0,+\infty)$；（3）$\{2\}$；

（4）$[-6,1)$；（5）$(-\infty,0)\cup(0,3]$；（6）$[e^2,+\infty)$；

（7）$[0,2]$；（8）$\left(\frac{1}{3},\frac{2}{3}\right)\cup\left(\frac{2}{3},4\right]$

（9）$[0,4]$；（10）$[0,1)$.

4. 1，-1，3，$\frac{13}{4}$，$\frac{13}{4}$.

5. 图略；函数在 $(-\infty,0)$ 内是单调减少的，在 $(0,+\infty)$ 内是单调增加的.

6.（1）偶函数；（2）非奇非偶函数；（3）奇函数；（4）非奇非偶函数.

7.（1）不是；（2）是，周期为4；（3）不是；（4）是，周期为$\frac{2\pi}{3}$；

（5）是，周期为 2π；（6）是，周期为$\frac{\pi}{2}$.

8.（1）$y=\ln(x+1)$；（2）$y=\frac{1}{2}\arcsin\frac{x}{3}$；（3）$y=\frac{1}{2}(e^{x+4}-1)$；（4）$y=\frac{1}{2}(\log_3 x+3)$.

9. (1) $f(g(x))=2x^2+1$; $g(f(x))=4x^2+12x+8$;

(2) $f(g(x))=\sqrt{x^4-2}$; $g(f(x))=(x-2)^2$;

(3) $f(g(x))=\dfrac{2^x}{1-2^x}$; $g(f(x))=2^{\frac{x}{1-x}}$.

10. (1) $y=\sqrt[3]{u}$, $u=1-2x$; (2) $y=2^u$, $u=v^2$, $v=\tan x$;

(3) $y=u^2$, $u=\sin v$, $v=1+2x$; (4) $y=2u^2$, $u=\sin v$, $v=3x$;

(5) $y=\ln u$, $u=\sqrt{v}$, $v=1+x^2$; (6) $y=\cos u$, $u=\sqrt[3]{v}$, $v=1+x^2$.

11. $R(Q)=40Q-\dfrac{1}{5}Q^2$, $R(20)=720$, $\overline{R}(20)=36$.

12. $L(Q)=-500+150Q-\dfrac{1}{20}Q^2$.

13. $L(Q)=-1000+25Q-3.2Q^2$, $\overline{L}(Q)=-\dfrac{1000}{Q}+25-3.2Q$.

第2章

习题2.1

一、1. B; 2. C; 3. D; 4. D; 5. C; 6. B.

二、1. (1) 1; (2) 不存在; (3) 不存在.

2. 5, 5, 5.

3. 图略, 4, 3, 不存在.

4. $a=3$, $b=-6$.

5. 2.

习题2.2

一、1. C; 2. B; 3. A; 4. A; 5. C; 6. C; 7. B; 8. D.

二、1. (1) 13; (2) 0; (3) $\dfrac{\sqrt{2}}{2}$; (4) 6; (5) $\dfrac{1}{e}$; (6) $\dfrac{\pi}{2}$.

2. (1) $\dfrac{4}{3}$; (2) $\dfrac{1}{2\sqrt{x}}$; (3) $\dfrac{1}{2}$; (4) $3x^2$; (5) $\dfrac{1}{2}$; (6) $\dfrac{1}{2}$.

3. (1) 14; (2) 4; (3) $\dfrac{1}{2}$; (4) 0; (5) $\dfrac{\sqrt{3}}{6}$; (6) $\dfrac{1}{2}$.

4. $a=-3$, $b=2$.

习题2.3

一、1. B; 2. C; 3. A; 4. B; 5. A; 6. D.

二、1. (1) 3; (2) 1; (3) 2; (4) $\dfrac{1}{2}$; (5) 0; (6) 0.

2. (1) e^2；(2) e^2；(3) e^{-2}；(4) e^2；(5) e^3；(6) e^{-1}；(7) e^3；(8) 2.

习题 2.4

一、1. 2；2. $\frac{1}{2}$，2；3. 2；4. ±1，∞.

二、1. A；2. A；3. B；4. B；5. D；6. B；7. B.

三、1. (1) 无穷大；(2) 无穷小；(3) 无穷小；(4) 无穷小；(5) 无穷小；(6) 无穷小.

2. (1) 0；(2) 0；(3) 0；(4) 0.

3. 证略.

习题 2.5

一、1. $f(x_0)$；2. 1；3. $(2,3)\cup(3,+\infty)$；4. $(-\infty,1]\cup[4,+\infty)$；5. 可去；

6. 跳跃；7. 可去；8. $\frac{1}{e}$；9. 跳跃；10. 在 $x=1$ 处极限不存在；

11. 第二类，可去；12. 可去；13. e^a；14. 充分不必要.

二、1. (1) $x=2$ 是第二类间断点；

(2) $x=1$ 是可去间断点，$x=2$ 是第二类间断点；

(3) $x=1$ 是跳跃间断点；

(4) 无间断点.

2. 连续，$(-\infty,+\infty)$. 3. $\frac{1}{2}$. 4. $a=2$，$b=3$.

5. (1) 不连续，可去间断点；(2) $(-\infty,+\infty)$；

(3) $f(x)$ 与 $g(x)$ 除了在 $x=0$ 处函数值不同外，其余均相同.

复习题二

1. (1) 图略；(2) 0，1；(3) 不存在.
2. 0，3，12.
3. (1) 0；(2) 0；(3) 0.
4. (1) 1；(2) 3；(3) 1；(4) 1；(5) 0；(6) 1.
5. (1) 1；(2) $\frac{1}{2}$；(3) $\frac{1}{6}$；(4) e^2；(5) $\frac{1}{e}$；(6) e^2；(7) 1；(8) $\frac{1}{2}$.
6. 证略；二者为同阶无穷小.
7. 不连续，跳跃间断点.
8. $a=0$，$b=5$.
9. $(-\infty,-2)\cup(2,+\infty)$.
10. 0，−2，不存在.
11. 1.
12. $a=1$.

13. $c=\ln 2$.

第3章

习题3.1

一、1. 0；2. -3；3. $\frac{1}{2}$；4. 5；5. $-\sqrt{3}$.

二、1. C；2. D；3. B；4. D；5. B；6. B.

三、1.（1）352；（2）$\frac{9}{8}x^{\frac{1}{8}}$；（3）0.

2. 在点(1,1)处的切线方程为 $3x-y-2=0$，法线方程为 $x+3y-4=0$；在点(-1,-1)处的切线方程为 $3x-y+2=0$，法线方程为 $x+3y+4=0$.

3. $f'\left(\frac{\pi}{3}\right)=-\frac{\sqrt{3}}{2}$, $f'\left(-\frac{5\pi}{4}\right)=-\frac{\sqrt{2}}{2}$.

4. 连续且可导.

5. $a=2$，$b=-1$.

习题3.2

一、1. B；2. B；3. C；4. B；5. C；6. B；7. B；8. D.

二、1. ×；2. ×；3. √；4. √；5. ×.

三、1. $2e^{-2x}\sin(e^{-2x})$；2. $-\frac{1}{x^2}$；3. $-\frac{\pi}{2}$；4. 7.

四、1.（1）$y'=24x^7+3e^x+\frac{1}{x}$；　（2）$y'=2x-\frac{5}{2}x^{-\frac{7}{2}}-3x^{-4}$；

（3）$y'=2^x\ln 2+5x^4-\frac{3}{x\ln 2}$；　（4）$y'=\cos x-x\sin x$；

（5）$y'=\frac{e^x(\cos x+\sin x)}{\cos^2 x}$；　（6）$y'=\frac{\sin x-x\ln x\cos x}{x\sin^2 x}$；

（7）$y'=\frac{x+1}{2x\sqrt{x}}$；　（8）$y'=\arctan x-\frac{x}{1+x^2}$；

（9）$y'=2x\cot x-x^2\csc^2 x-2\csc x\cot x$；　（10）$y'=2x\tan x+x^2\sec^2 x+\frac{1}{\sqrt{1-x^2}}$.

2. (0,0)，$\left(1,-\frac{1}{12}\right)$.

3.（1）$y'=200(2x-1)^{99}$；（2）$y'=(4x+1)e^{2x^2+x}$；

（3）$y'=3\cos(3x+\pi)$；　（4）$y'=-\sin 2x$；

（5）$y'=e^{2x}(2\sin x+\cos x)$（6）$y'=\frac{2x}{1+x^2}$；

（7） $y'=2\sec^2 2x$；　（8） $y'=-3\csc^2 3x$.

4. （1） $y''=10$；　（2） $y''=-9\sin(3x+1)$.

5. $\frac{dy}{dx}=x^x(\ln x+1)$.

6. $y^{(n)}=a^x\ln^2 a+a(a-1)x^{a-2}$.

7. $y'=\frac{y^2}{x(1-y\ln x)}$.

8. $y^{(4)}=24+e^x$.

习题 3.3

一、1. $\cos x e^{\sin x}dx$；2. $\frac{1}{2}e^{2x}$；3. $\frac{1}{1+x}dx$；4. $\frac{1}{2}\ln^2 x$；5. 可导；6. $f'(x_0)\Delta x$.

二、1. A；2. C；3. C；4. D.

三、1. （1） $(2x+\cos x)dx$；（2） $\frac{\ln 3}{x}3^{\ln 2x}dx$；（3） $(x+1)e^x dx$；（4） $300(3x-1)^{99}dx$.

2. 0.003.

3. 1.013.

习题 3.4

一、1. $0.02Q+10$；2. 5；3. $-\frac{Q}{10}+20$.

二、1. $C(120)=2440$，$\overline{C}(120)=20.3$，$C'(120)=24$；100，2000.

2. $L(Q)=-\frac{1}{2}Q^2+150Q-10000$，$L'(50)=100$.

3. $R(50)=9750$，$\overline{R}(50)=195$，$R'(50)=190$.

复习题三

1. （1） $\frac{1}{3}$；（2） $\frac{1}{x}$.

2. $-f'(x_0)$.

3. （1） $2x+y-3=0$，$x-2y+1=0$；（2） $12x-y-16=0$，$x+12y-98=0$.

4. 证略.

5. $a=2$.

6. （1） $y'=4x+\frac{3}{x^4}+6$；　（2） $y'=2x^{-\frac{1}{3}}-3x^2$；　（3） $y'=3x^2\sin x+x^3\cos x$；

（4） $y'=\frac{\sin x-1}{(x+\cos x)^2}$；　（5） $y'=\ln x+1$；　（6） $y'=\cos x\ln x+\frac{\sin x}{x}$；

（7） $y'=\frac{1}{1+\cos x}$；　（8） $y'=\frac{1-x^2}{(1+x^2)^2}$；　（9） $y'=\sec^2 x+2\cos x$；

(10) $y' = -\dfrac{2}{x(1+\ln x)^2}$.

7. (1) -1; (2) -4, -72.

8. $\left(-\dfrac{1}{2},-\dfrac{9}{4}\right)$, $\left(\dfrac{3}{2},\dfrac{7}{4}\right)$.

9. $x=1$.

10. (1) $y'=3(x^3-x)^2(3x^2-1)$; (2) $y'=\dfrac{\ln x}{x\sqrt{2+\ln^2 x}}$; (3) $y'=\dfrac{1}{x^2}\csc^2\dfrac{1}{x}$;

(4) $y'=2x\sin\dfrac{1}{x}-\cos\dfrac{1}{x}$; (5) $y'=\dfrac{1}{x(x+1)}$; (6) $y'=3\sin 6x$;

(7) $y'=2(x+\sin x)(1+\cos x)$; (8) $y'=\dfrac{1}{x\ln x\ln(\ln x)}$;

(9) $y'=\dfrac{1}{x(\ln^2 x+1)}$; (10) $y'=-\dfrac{1}{\sqrt{1-(1-x)^2}}$.

11. (1) $y''=30x^4+12x$; (2) $y'''=-12\sin 2x-8x\cos 2x$.

12. (1) $y'=-\dfrac{5y-3x^2}{3y^2-5x}$; (2) $y'=\dfrac{y+2x}{x-2y}$.

13. (1) $y'=\dfrac{(2x+3)(x+6)^3}{\sqrt{x+1}}\left[\dfrac{2}{2x+1}+\dfrac{3}{x+6}-\dfrac{1}{2(x+1)}\right]$; (2) $y'=2x^{2x}(\ln x+1)$.

14. (1) $dy=(3x^2+1)dx$; (2) $dy=(1-x)e^{-x}dx$;

(3) $dy=\dfrac{1}{2(1+x)\sqrt{x}}dx$; (4) $dy=-\dfrac{y}{x}dx$.

15. (1) 0.795; (2) 0.507; (3) 0.01; (4) 5.0133.

16. (1) $\overline{C}(400)=5$; (2) $\dfrac{C(500)-C(400)}{100}=4.5$; (3) $C'(400)=4$.

第4章

习题 4.1

一、1. $\dfrac{\pi}{4}$, $\dfrac{3\pi}{4}$; 2. $\dfrac{1}{\ln 2}-1$; 3. $(-1,1)$, $(-\infty,-1)\cup(1,+\infty)$; 4. 1;

5. $[a,x_1]\cup[x_2,b]$, $[x_1,x_2]$.

二、1. √; 2. ×; 3. √; 4. ×.

三、1. B; 2. A; 3. D; 4. D; 5. C; 6. C; 7. B; 8. B.

四、1. (1) $\dfrac{5}{2}$; (2) 0; (3) $\dfrac{\pi}{2}$.

2. $(2,4)$.

3. 因为$f'(x)=(x-1)^2\geqslant 0$，所以此函数$(-\infty,+\infty)$上单调递增.

4. 因为$f'(x)=-3x^2e^{-x^3}\leqslant 0$，所以此函数$(-\infty,+\infty)$上单调递减.

习题 4.2

一、1. −8；2. 4；3. 驻，尖；4. $f(b)$；5. −2，1；6. ln5，0.

二、1. √；2. √；3. ×；4. √.

三、1. B；2. D；3. B；4. A；5. D.

四、1. 0，−20；0，−20.

2. 函数在$(-\infty,2)$和$(3,+\infty)$内单调增加，在$(2,3)$内单调减少；极小值$f(3)=\dfrac{9}{2}$，极大值$f(2)=\dfrac{14}{3}$.

3. e.

4. 当$Q=300$时利润最大，最大利润是$R(300)=700$.

5. $p=500$，$Q=4000$.

习题 4.3

一、1. $(-1,10)$；2. −3，$(1,-7)$，$(1,+\infty)$，$(-\infty,1)$；3. $-\dfrac{1}{2}$，$\dfrac{3}{2}$；4. $x=\pm 1$；5. $y=-3$；6. $y=\dfrac{1}{3}$；7. $x=2$，$y=1$.

二、1. B；2. D；3. D；4. A；5. D.

三、1. 在$(-\infty,2)$上是凸的，在$(2,+\infty)$上是凹的，拐点为$\left(2,-\dfrac{10}{3}\right)$.

2. 水平渐近线为$y=0$；铅直渐近线为$x=-1$，$x=-2$.

3. 图略.

习题 4.4

一、1. 0；2. 0；3. 0；4. 0；5. $+\infty$；6. $\dfrac{1}{2}$.

二、1. 8；2. 3；3. 8；4. $\dfrac{1}{3}$.

复习题四

1. (1) $\xi=\dfrac{5}{2}$；(2) $\xi=\sqrt{\dfrac{4}{\pi}-1}$.

2. (1) 在区间$(-\infty,0)$和$(1,+\infty)$内单调增加，在区间$(0,1)$内单调减少；
(2) 在区间$(-\infty,-1)$，$(0,1)$内单调增加，在$(-1,0)$和$(1,+\infty)$内单调减少.

3. (1) 极小值$f(-1)=0$，极大值$f(1)=4e^{-1}$；(2) 极大值$f(-1)=3$.

4. $a=-\dfrac{2}{3}$，$b=-\dfrac{1}{6}$，在$x_1=1$处取得极小值，在$x_2=2$处取得极大值.

5.（1）最大值$f(3)=8$，最小值$f(1)=2$；（2）最大值$f(-1)=81$，最小值$f(1)=1$.

6. $r=\sqrt[3]{\dfrac{V}{2\pi}}$，$h=2\sqrt[3]{\dfrac{V}{2\pi}}$，$r:h=1:2$.

7. $r=h=\sqrt[3]{\dfrac{V}{5\pi}}$.

8.（1）曲线在$(-\infty,1)$内是凸的，在$(1,+\infty)$内是凹的，拐点为$(1,-1)$；

（2）曲线在区间$\left(0,\mathrm{e}^{-\frac{3}{2}}\right)$内是凹的，在区间$\left(\mathrm{e}^{-\frac{3}{2}},+\infty\right)$内是凸的，拐点为$\left(\mathrm{e}^{-\frac{3}{2}},\dfrac{3}{2}\mathrm{e}^{-3}\right)$.

9.（1）直线$y=0$为曲线的水平渐近线，$x=\pm2$为曲线的铅直渐近线；

（2）直线$y=1$为曲线的水平渐近线，$x=1$为曲线的铅直渐近线.

10. 图略.

11.（1）$\dfrac{1}{2}$；（2）-2；（3）2；（4）$\dfrac{1}{2}$；（5）$\dfrac{1}{2}$；（6）1.

12.（1）存在，0；（2）不能，因为不是“$\dfrac{0}{0}$”型或“$\dfrac{\infty}{\infty}$”型未定式.

13. $Q=10$.

14.（1）$Q=250$；（2）$L'(200)=1$，经济意义是在200的基础上每多生产1个单位产品，利润增加1.

第5章

习题5.1

一、1. $F'(x)=f(x)$；2. $f(x)\mathrm{d}x$；3. $\dfrac{\cos x}{1+\sin x}+C$；4. $-2x\mathrm{e}^{-x^2}$；5. 2；6. $\mathrm{e}^x+\cos x$；

7. $2\pi+1$，1；8. x^3+C；9. $\dfrac{1}{2}\ln|x|+C$；10. $\sin x-\cos x+C$；11. $\dfrac{\sin x}{1+x^2}$；

12. $y=x^3+x-1$.

二、1. A；2. A；3. D；4. D；5. C；6. D；7. D；8. C；9. B；10. C.

三、（1）$\dfrac{1}{16}x^{16}+C$；（2）$\dfrac{1}{\ln2}2^x+C$；（3）$\mathrm{e}^{x+1}+C$；

（4）$\sin x+2\cos x+C$；（5）$6\arctan x+C$；（6）$42\arcsin x+C$；

（7）$\mathrm{e}^x+\sqrt[3]{2}x+C$；（8）$4\tan x-2\cot x+C$

（9）$\mathrm{e}^x+\dfrac{3}{4}x^{\frac{4}{3}}+\sin x-x+C$；（10）$\dfrac{1}{21}x^{21}+4\mathrm{e}^x-4\cos x+6\sin x+C$.

四、1. $C(Q)=0.3Q^2+10Q+120$；2. $L(Q)=-\dfrac{1}{4}Q^2+25Q-70$；

3. $C(Q)=\frac{1}{3}Q^3-2Q^2+6Q+100$；　4. $R(Q)=200Q-\frac{1}{100}Q^2$；

5. $C(Q)=0.4Q^2+42Q+1240$.

习题 5.2

一、1. $e^{x-6}+C$；　2. $\frac{1}{2}\sin 2x+C$；　3. $\sin(e^x)+C$；

4. $F(x^2)+C$；　5. $\frac{1}{a}f(ax+b)+C$；　6. $\sin(\ln x)+C$；

7. $e^{f(x)}+C$.

二、1. A；2. B；3. D.

三、1. ×；2. ×；3. √；4. √.

四、1. (1) $\frac{1}{6}\sin^6 x+C$；　(2) $\frac{1}{4}\cos^4 x+C$；　(3) $\frac{1}{6}(2x+3)^3+C$；

(4) $\frac{1}{2}x^2-2\cos\sqrt{x}+C$；(5) $\frac{1}{2}\arcsin(x^2)+C$；　(6) $\frac{1}{2}\tan^2 x+C$；

(7) $-\sqrt{1-x^2}+C$；　(8) $\frac{\sqrt{2}}{2}\arctan\frac{x}{\sqrt{2}}+C$；　(9) $\arcsin\frac{x}{2}+C$；

(10) $\ln|\arcsin x|+C$；　(11) $\ln|\arctan x|+C$.

2. (1) $2\sqrt{x}-2\ln(\sqrt{x}+1)+C$；(2) $2\sqrt{x-1}-2\ln(\sqrt{x-1}+1)+C$；

(3) $2\sqrt{x}-3\sqrt[3]{x}+6\sqrt[6]{x}-6\ln(1+\sqrt[6]{x})+C$；(4) $\sqrt[3]{x^2}-2\sqrt[3]{x}-2\ln(1+\sqrt[3]{x})+C$.

3. (1) $x(\ln 2x-1)+C$；　(2) $x\arctan 2x-\frac{1}{4}\ln(1+4x^2)+C$；

(3) $\frac{1}{4}xe^{4x}-\frac{1}{16}e^{4x}+C$；　(4) $\frac{1}{1001}x^{1001}(\ln x-1)+C$；

(5) $\frac{x}{3}\sin 3x+\frac{1}{9}\cos 3x+C$；　(6) xe^x+C；

(7) $2e^{\sqrt{x}}(\sqrt{x}-1)+x+C$；　(8) $\frac{1}{4}x^4\ln x-\frac{1}{16}x^4+C$；

(9) $\frac{1}{2}x^2\arctan 2x-\frac{1}{4}x+\frac{1}{8}\arctan 2x+C$.

复习题五

1. (1) $\frac{1}{4}x^4+\frac{1}{3}x^3+\frac{1}{2}x^2+x+C$；　(2) $-\frac{2}{3}x^{-\frac{3}{2}}+C$；

(3) $\frac{3}{2}x^2+\sin x+C$；　(4) $-\cot x-x+C$；

(5) $-\frac{1}{2}e^{-2x}+C$；　(6) $x-\arctan x+C$.

2. $y=\ln x+1$;

3. (1) 8m;　(2) 7.945.

4. (1) $-\frac{3}{4}(3-2x)^{\frac{2}{3}}+C$;　(2) $-\frac{1}{5}\cos 5x+C$;　(3) $-\frac{1}{3}(1-x^2)^{\frac{3}{2}}+C$;

(4) $\frac{1}{2}(\ln 2x)^2+C$;　(5) $-\sin\frac{1}{x}+C$;　(6) $\sin x-\frac{1}{3}\sin^3 x+C$;

(7) $\frac{1}{101}(x+100)^{101}+C$;　(8) $\frac{1}{3}\arcsin 3x+C$;　(9) $(\arctan\sqrt{x})^2+C$;

(10) $x\arctan x-\frac{1}{2}\ln(1+x^2)+C$;　(11) $\frac{1}{2}x^2\ln x-\frac{1}{4}x^2+C$.

5. $y=x^3-3x+2$.

第6章

习题 6.1

一、1. 积分变量，被积函数，积分区间；2. 0；3. 2(e−1)；4. 0；5. $\frac{1}{4}\pi$，2π；6. e；

7. $b-a-1$.

二、1. C；2. C；3. D.

三、1. ×；2. ×；3. √；4. √.

四、1. (1) $\int_0^1 x^2\mathrm{d}x > \int_0^1 x^3\mathrm{d}x$;　(2) $\int_1^e \ln^2 x\mathrm{d}x < \int_1^e \ln x\mathrm{d}x$;

(3) $\int_{-1}^0 e^x\mathrm{d}x < \int_{-1}^0 e^{-x}\mathrm{d}x$;　(4) $\int_0^\pi \sin x\mathrm{d}x > \int_0^\pi \cos x\mathrm{d}x$.

2. (1) 提示：设 $\int_0^1 f(x)\mathrm{d}x = A$，将方程两边同时在区间[0,1]上积分得

$$\int_0^1 f(x)\mathrm{d}x = \int_0^1 x^2\mathrm{d}x + 2A\int_0^1 \mathrm{d}x$$

即
$$A=\frac{1}{3}x^3\Big|_0^1+2Ax\Big|_0^1$$

解之，得
$$A=-\frac{1}{3}$$

所以
$$\int_0^1 f(x)\mathrm{d}x=-\frac{1}{3}$$

(2) $f(x)=x^2-\frac{2}{3}$.

3. (1) $\int_0^1 (x^2+1)\mathrm{d}x$;　(2) $\int_1^e \ln x\mathrm{d}x$;

(3) $\int_0^2 x\mathrm{d}x-\int_0^1 (x-x^2)\mathrm{d}x$;　(4) $\int_0^1 2\sqrt{x}\mathrm{d}x+\int_1^4(\sqrt{x}-x+2)\mathrm{d}x$.

习题 6.2

一、1. $\frac{1}{200}(2^{100}-1)$；2. $\frac{\sqrt{2}}{2}$；3. $\frac{1}{2}(e-1)$；4. 2；5. $2(e^2-e)$；6. 1；7. 1.

二、1. B；2. D；3. B；4. C；5. A；6. B.

三、1. （1）$4-2\sqrt{2}$；（2）$\frac{1}{4}$；（3）$\frac{1}{10}\arctan\frac{1}{10}$；（4）$\frac{1}{2}$；（5）1；（6）7.

2. $-\frac{1}{\pi}$.

3. $\frac{17}{6}$.

4. 提示：设$f(x)=x^2+2x+1$，因为$f'(x)=2x+2=2(x+1)\geqslant 0$，$x\in[-1,1]$，所以在区间$[-1,1]$内$f(x)$是单调增加的，因此$f(-1)\leqslant f(x)\leqslant f(1)$，即$0\leqslant f(x)\leqslant 4$，由定积分的估值公式，有$2\leqslant\int_{-1}^{1}(x^2+2x+1)\mathrm{d}x\leqslant 8$.

习题 6.3

一、1. 0；2. 0；3. 0；4. 0.

二、1. D；2. A；3. B；4. D；5. D.

三、1. （1）$\frac{38}{15}$；　（2）7；　（3）$2\left(\arctan 2-\frac{\pi}{4}\right)$；

（4）$\frac{3}{2}(\ln 5-\ln 2)$；　（5）$\frac{\pi}{4}+\frac{\sqrt{2}}{2}-1$；　（6）$\frac{1}{10}\left(3+\frac{1}{3^6}\right)$.

2.（1）π；（2）1；（3）$\frac{1}{4}(e^2-3)$；（4）$\frac{\pi}{2}-1$.

3. 不一定. 例如，$\int_{-1}^{1}x^2\mathrm{d}x=\frac{2}{3}$，因为偶函数的图形关于$y$轴对称，所以根据定积分的几何意义，偶函数在对称区间上的积分值等于单侧图形面积的2倍.

4. 2.

5. 提示：将原式在区间$[1,e]$上积分，并设$\int_1^e f(x)\mathrm{d}x=A$，则有

$$\int_1^e f(x)\mathrm{d}x=\int_1^e \ln x\mathrm{d}x-A\int_1^e\mathrm{d}x$$

即

$$A=\int_1^e \ln x\mathrm{d}x-A\int_1^e\mathrm{d}x$$

解之得$A=\frac{1}{e}$，所以$\int_1^e f(x)\mathrm{d}x=\frac{1}{e}$.

习题 6.4

一、1. D；2. A；3. B；4. D；5. A.

二、1.（1）$\frac{1}{2}$；（2）π.

2.（1）$-\frac{1}{99}$，收敛；（2）$\frac{1}{101}$，收敛.

3.（1）$\frac{1}{\ln a}$；（2）$\frac{\pi^2}{8}$；（3）$\frac{1}{a}$；（4）$\frac{1}{p-k}$.

习题 6.5

1. $\frac{1}{4}$. 2. $\frac{2}{3}(\sqrt{2}-1)$. 3. $\frac{32}{3}$； 4. $\frac{4}{5}\pi$. 5. $\frac{k(b^2-a^2)}{2a}$.

6. 6.93×10^5N.

7.（1）9987.5；（2）19850.

8.（1）400 台；（2）0.5 万元.

复习题六

1.（1）0； （2）0； （3）$\frac{2}{5}(\ln2+1)$； （4）$\frac{1}{2}\ln2+\frac{\pi^2}{32}$； （5）2；

（6）$\frac{1}{4}(e^2-1)$； （7）0； （8）$2(2-\ln3)$； （9）4π； （10）$2e^5-1$；

（11）$\frac{7}{3}$； （12）2； （13）1； （14）$\frac{1}{2}(e^{\frac{\pi}{2}}+1)$； （15）$-\frac{1}{2\pi}(e^{\pi}+1)$.

2. 因为 $f(x)=(xe^x)'=(x+1)e^x$，而

$$\int xf'(x)\mathrm{d}x=\int x\mathrm{d}f(x)=xf(x)-\int f(x)\mathrm{d}x=x(x+1)e^x-xe^x=x^2e^x$$

所以 $\int_0^1 xf'(x)\mathrm{d}x=x^2e^x\big|_0^1=e$.

3. $f(x)=\ln x-\frac{1}{e}$.

4. $f''(x)=4x\sin x+2x^2\cos x$.

5. $-\frac{1}{3}$.

6. 切线方程：$y=\frac{2}{\pi}x-1$；法线方程：$y=-\frac{\pi}{2}x+\frac{\pi^2}{4}$.

7. ln2.

8. $\frac{\pi}{2}(e^2-1)$.

9. 6.23×10^5J.

10. 1.65×10^6N.

11.（1）$Q=200$ 台时利润最大，最大利润 $L(200)=9900$；

（2）再销售 20 台，利润将减少 100 万元.

12. $\frac{2}{\pi}$.

第 7 章

习题 7.1

一、1. $\frac{4}{5}$；2. $\{(x,y)\,|\,y\geqslant x^2-1\}$；3. $2x+y$；4. $2x\cos(x^2+y^2)$；5. $x^2(1+xy)^{x-1}$；

6. $y\sec^2(xy)$；7. $2y$；8. 6.

二、1. √；2. ×；3. ×.

三、1. 67；2. e；3. 0；4. $1<x^2+y^2\leqslant 4$，图略；5. 4，6；6. e，e+6；

7. yx^{y-1}，$x^y\ln x$；8. $72x^7e^y$，$9x^8e^y$，$72x^7e^y$，$504x^6e^y$，$9x^8e^y$；

9. $10(x+3y+6z)^9$，$30(x+3y+6z)^9$，$60(x+3y+6z)^9$，$180(x+3y+6z)^8$；

10. $x(10+x)^{xy}\ln(10+x)$.

习题 7.2

一、1. $dx+dy$；2. $2e^{2x+y}dx+e^{2x+y}dy$；3. $3x^2y^3dx+3x^3y^2dy$；4. dx.

二、1. $\Delta z=0.091$，$dz=0.1$；

2. $\frac{y}{xy+4z^4}dx+\frac{x}{xy+4z^4}dy+\frac{16z^3}{xy+4z^4}dz$；

3. 提示：设 $z=x^y$，要计算的数值就是在 $x_0+\Delta x=1.01$，$y_0+\Delta y=2.99$ 时的函数值 $f(1.01,2.99)$，取 $x_0=1$，$y_0=3$，$\Delta x=0.01$，$\Delta y=-0.01$，由公式

$$f(x_0+\Delta x,y_0+\Delta y)\approx f(x_0,y_0)+f_x(x_0,y_0)\Delta x+f_y(x_0,y_0)\Delta y$$

得 $f(1.01,2.99)=f(1+0.01,3-0.01)\approx f(1,3)+f_x(1,3)\times 0.01+f_y(1,3)\times(-0.01)$

而 $f_x(x,y)=yx^{y-1}$，$f_y(x,y)=x^y\ln x$，且 $f(1,3)=1$，$f_x(1,3)=3$，$f_y(1,3)=0$，所以

$$1.01^{2.99}\approx 1+3\times 0.01+0\times(-0.01)=1.03$$

4. 约为 21.1cm^3.

习题 7.3

1. $e^{xy}[y\sin(x+y)+\cos(x+y)]$，$e^{xy}[x\sin(x+y)+\cos(x+y)]$.

2. $(2x+y)^{xy-1}[2xy+y(2x+y)\ln(2x+y)]$，

$(2x+y)^{xy-1}[xy+x(2x+y)\ln(2x+y)]$.

3. $\frac{\partial z}{\partial u}\cdot 2x+\frac{\partial z}{\partial v}\cdot y$，$\frac{\partial z}{\partial u}\cdot 2y+\frac{\partial z}{\partial v}\cdot x$.

4. $\frac{y}{1+e^z}$，$\frac{x}{1+e^z}$.

5. $f'(x+2y+z)$，$2f'(x+2y+z)$，$f'(x+2y+z)$.

6. $-\dfrac{y-e^x}{x+e^y}$.

习题 7.4

1. 极小值$f(1,0)=-5$，极大值$f(-3,2)=31$.
2. (1) 极大值$f(0,0)=2$；(2) 在 $y=2$ 的条件下有极大值-2.
3. 极小值 $z=-\dfrac{e}{2}$.
4. 长、宽、高分别为 2m，2m，2m 时，水箱所用的材料最省 .

复习题七

1. $a^2x^2+b^2y^2$.
2. (1) $D=\{(x,y)\mid x^2+y^2<1\}$，图略；(2) $D=\{(x,y)\mid y\leqslant x\}$，图略；
   (3) $D=\{(x,y)\mid x^2+y^2\leqslant 2\}$，图略；(4) $D=\{(x,y)\mid x\neq 0,\ y\neq 0\}$，图略.
3. (1) $\dfrac{\partial z}{\partial x}=2xy^2+ye^{xy}$，$\dfrac{\partial z}{\partial y}=2yx^2+xe^{xy}$；

   (2) $\dfrac{\partial z}{\partial x}=3x^2y-y^3+3$，$\dfrac{\partial z}{\partial y}=x^3-3xy^2+1$；

   (3) $\dfrac{\partial z}{\partial x}=\dfrac{y^2-xy}{(x^2+y^2)^{\frac{3}{2}}}$，$\dfrac{\partial z}{\partial y}=\dfrac{x^2-xy}{(x^2+y^2)^{\frac{3}{2}}}$；

   (4) $\dfrac{\partial z}{\partial x}=\dfrac{1}{x}$，$\dfrac{\partial z}{\partial y}=\dfrac{1}{y}$；

   (5) $\dfrac{\partial z}{\partial x}=e^x(\sin y+\cos y+x\sin y)$，$\dfrac{\partial z}{\partial y}=e^x(-\sin y+x\cos y)$.
4. $\dfrac{2}{5}$，$\dfrac{1}{5}$.
5. $\begin{cases}x-z+3=0\\ y=4\end{cases}$ 或 $\begin{cases}x=t+2\\ y=4\\ z=t+5\end{cases}$.
6. 2，0，−2，0.
7. $\Delta z=0.02825$，$dz=0.02777$.
8. (1) $dz=y(1+e^{xy})dx+x(1+e^{xy})dy$；

   (2) $dz=\dfrac{2y^3}{(x^2+y^2)^{\frac{3}{2}}}dx+\dfrac{2x^3}{(x^2+y^2)^{\frac{3}{2}}}dy$；

   (3) $dz=[\cos(x+y)-x\sin(x+y)]dx-x\sin(x+y)dy$；

   (4) $du=x^{yz}\left(\dfrac{yz}{x}dx+z\ln x dy+y\ln x dz\right)$.
9. (1) 约 1.04；　(2) 约 108.972.
10. 约 34.54kg.

11. -94.2cm^3.

12. (1) $\frac{3}{2}x^2(\sin y+\cos y)\sin 2y$,　$x^3\sin 2y(\cos y-\sin y)+x^3(\cos^3 y-\sin^3 y)$;

(2) $e^{xy\cos\ln(x+2y)}\left[y\cos\ln(x+2y)-\frac{xy}{x+2y}\sin\ln(x+2y)\right]$,

$e^{xy\cos\ln(x+2y)}\left[x\cos\ln(x+2y)-\frac{2xy}{x+2y}\sin\ln(x+2y)\right]$;

(3) $e^{t^3\sin t}(t^3\cos t+3t^2\sin t)$;

(4) $\frac{e^{2x}(1+2x)}{1+x^2e^{4x}}$.

13. (1) $\frac{y-e^x}{\cos y-x}$;

(2) $\frac{z}{x+z}$, $\frac{z^2}{y(x+z)}$;

(3) $\frac{e^{x+y}-2x}{2z}$, $\frac{e^{x+y}}{2z}$.

14. 极大值 $z=0$.

第 8 章

习题 8.1

1. $\begin{pmatrix}78&86&91\\82&89&73\\85&75&84\end{pmatrix}$.

2. $\begin{pmatrix}9&-1&-1\\7&2&6\end{pmatrix}$, $\begin{pmatrix}5&-7&1\\-1&2&-4\end{pmatrix}$, $\begin{pmatrix}-8&17&-3\\1&-4&13\end{pmatrix}$.

3. $x=\frac{1}{9}$, $y=-\frac{4}{9}$.

4. $\begin{pmatrix}3&4\\4&6\end{pmatrix}$, $\begin{pmatrix}1&2\\3&8\end{pmatrix}$, $\begin{pmatrix}0&6\\0&9\end{pmatrix}$, $\begin{pmatrix}2&2\\1&-2\end{pmatrix}$, $\begin{pmatrix}2&8\\1&7\end{pmatrix}$.

5. (1) (10);　(2) $\begin{pmatrix}2&-4\\1&-2\\3&-6\end{pmatrix}$;　(3) $\begin{pmatrix}-2&5&7&16\\-1&9&19&25\end{pmatrix}$.

6. $\begin{pmatrix}4&10&1\\6&0&3\\6&20&1\end{pmatrix}$.

7. $\begin{pmatrix}-8&0\\0&-8\end{pmatrix}$.

习题 8.2

1. $\boldsymbol{A}=\begin{pmatrix}2&4&0\\3&5&2\\1&0&3\end{pmatrix}\xrightarrow{\frac{1}{2}r_1}\begin{pmatrix}1&2&0\\3&5&2\\1&0&3\end{pmatrix}\xrightarrow[-r_1+r_3]{-3r_1+r_2}\begin{pmatrix}1&2&0\\0&-1&2\\0&-2&3\end{pmatrix}$

$\xrightarrow{-r_2}\begin{pmatrix}1&2&0\\0&1&-2\\0&-2&3\end{pmatrix}\xrightarrow{2r_2+r_3}\begin{pmatrix}1&0&4\\0&1&-2\\0&0&-1\end{pmatrix}\xrightarrow{-r_3}\begin{pmatrix}1&0&4\\0&1&-2\\0&0&1\end{pmatrix}\xrightarrow[2r_3+r_2]{-4r_3+r_1}\begin{pmatrix}1&0&0\\0&1&0\\0&0&1\end{pmatrix}$

2. (1) $R(\boldsymbol{A})=3$； (2) $R(\boldsymbol{B})=4$； (3) $R(\boldsymbol{C})=3$； (4) $R(\boldsymbol{A})=3$.

3. (1) $\boldsymbol{A}=\begin{pmatrix}3&-3&0&7&0\\1&-1&0&2&1\\1&-1&2&3&2\\2&-2&2&5&3\end{pmatrix}\to\begin{pmatrix}1&-1&0&2&1\\0&0&2&1&1\\0&0&0&1&-3\\0&0&0&0&0\end{pmatrix}$，所以 $R(\boldsymbol{A})=3$；

(2) $\boldsymbol{B}=\begin{pmatrix}1&-2&-1&0&2\\-2&4&2&6&-6\\2&-1&0&2&3\\3&3&3&3&4\end{pmatrix}\to\begin{pmatrix}1&-2&-1&0&2\\0&3&2&2&-1\\0&0&0&-3&1\\0&0&0&0&0\end{pmatrix}$，所以 $R(\boldsymbol{B})=3$.

4. $\lambda=\dfrac{9}{4}$.

习题 8.3

1. (1) $\boldsymbol{X}=\begin{pmatrix}2&-23\\0&8\end{pmatrix}$； (2) $\boldsymbol{X}=\begin{pmatrix}1&0\\0&1\end{pmatrix}$；

(3) $\boldsymbol{X}=\begin{pmatrix}-3&2&0\\-4&5&-2\\-5&3&0\end{pmatrix}$； (4) $\boldsymbol{X}=\begin{pmatrix}5&-2&-2\\4&-3&-2\\-2&2&3\end{pmatrix}$.

2. (1) $\boldsymbol{A}^{-1}=\begin{pmatrix}2&2&3\\1&-1&0\\-1&2&1\end{pmatrix}$； (2) $\boldsymbol{B}^{-1}=\begin{pmatrix}1&-2&1&0\\0&1&-2&1\\0&0&1&-2\\0&0&0&1\end{pmatrix}$.

3. 证略.

习题 8.4

1. (1) $\lambda\neq-2$ 且 $\lambda\neq1$；(2) $\lambda=-2$；(3) $\lambda=1$.

2. (1) $\begin{cases}x_1=1\\x_2=0;\\x_3=0\end{cases}$ (2) $\begin{cases}x_1=5\\x_2=0;\\x_3=3\end{cases}$

(3) $\begin{cases}x_1=-1\\x_2=-1\\x_3=1\end{cases}$;　　(4) $\begin{cases}x_1=5\\x_2=-2\\x_3=8\\x_4=2\end{cases}$;

(5) $\begin{cases}x_1=\dfrac{4}{3}x_4\\x_2=-3x_4\\x_3=\dfrac{4}{3}x_4\end{cases}$($x_4$ 为自由未知量);　　(6) $\begin{cases}x_1=2-2x_2-x_4\\x_3=1-x_4\end{cases}$($x_2, x_4$ 为自由未知量).

习题 8.5

1. (1) $\max z=50x_{11}+60x_{12}+70x_{13}+60x_{21}+110x_{22}+160x_{23}$

$$\begin{cases}x_{11}+x_{12}+x_{13}=23\\x_{21}+x_{22}+x_{23}=27\\x_{11}+x_{21}=17\\x_{12}+x_{22}=18\\x_{13}+x_{23}=15\\x_{ij}\geqslant 0(i=1,2;j=1,2,3)\end{cases};$$

(2) $\max z=8x_1+10x_2$

$$\begin{cases}8x_1+9x_2\leqslant 400\\5x_1+8x_2\leqslant 320\\6x_1+4x_2\leqslant 280\\4x_1+12x_2\leqslant 350\\x_1,\ x_2\geqslant 0\end{cases};$$

2. (1) 提示:建立平面直角坐标系,作可行域,它由 5 条直线组成,然后做目标函数等值线$z=5x_1+2x_2=0$,平移该直线至(3,2),过等值线上的 z 值为最优值,即 $z=5\times3+2\times2=19$.

(2) 提示:建立平面直角坐标系,作可行域,它由 5 条直线组成,然后做目标函数等值线 $z=2x_1+4x_2=0$,平移该直线至(4,2),过等值线上的 z 值为最优值,即$z=2\times4+4\times2=16$.

(3) 过程略,最优值为 $Z=2.4+3\times0.4=3.6$.

(4) 过程略,最优值为 $Z=3\times1-2\times0=3$.

复习题八

1. 略 .
2. 能运算的是 ***AC*** 和 ***BA***,***AC*** 为 3×2 矩阵,***BA*** 为 3×4 矩阵;不能运算的为 ***AB***,***CA***,***BC***,***CB***.

3. $\begin{pmatrix} 2 & 3 & -6 \\ -1 & 5 & 6 \\ 3 & -2 & 1 \end{pmatrix}\begin{pmatrix} x_1 \\ x_2 \\ x_3 \end{pmatrix}=\begin{pmatrix} 8 \\ -4 \\ 1 \end{pmatrix}$.

4. (1) $\begin{pmatrix} 1 & 1 \\ 4 & 6 \end{pmatrix}$； (2) $\begin{pmatrix} 1 & 1 \\ 4 & 6 \end{pmatrix}$； (3) $\begin{pmatrix} 4 & 8 \\ 2 & 10 \end{pmatrix}$；

(4) $\begin{pmatrix} 4 & 8 \\ 2 & 10 \end{pmatrix}$； (5) $[9]$； (6) $\begin{pmatrix} 0 & 0 & 0 \\ -1 & 2 & 4 \\ 2 & -4 & -8 \end{pmatrix}$；

(7) $\begin{pmatrix} 2 & 8 \\ 10 & -13 \end{pmatrix}$.

5. (1) 3；(2) 2；(3) 当 $\lambda=3$ 时，秩为 2，当 $\lambda\neq 3$ 时，秩为 3；

(4) 当 $\lambda=\frac{9}{4}$时，秩为 2，当 $\lambda\neq\frac{9}{4}$时，秩为 3.

6. (1) $\begin{pmatrix} \frac{1}{2} & 0 & 0 & 0 \\ 0 & 1 & 4 & 0 \\ 0 & 0 & -1 & 0 \\ 0 & 0 & 0 & \frac{1}{9} \end{pmatrix}$；

(2) $\begin{pmatrix} -\frac{1}{2} & -\frac{3}{2} & -\frac{5}{2} \\ \frac{1}{2} & \frac{1}{2} & \frac{1}{2} \\ 0 & 1 & 1 \end{pmatrix}$； (3) $\begin{pmatrix} -\frac{3}{4} & -\frac{1}{2} & -\frac{1}{4} \\ -\frac{1}{2} & -1 & -\frac{1}{2} \\ -\frac{1}{4} & -\frac{1}{2} & -\frac{3}{4} \end{pmatrix}$

7. 证略.

8. (1) 有唯一解$\begin{cases} x_1=6 \\ x_2=-6 \\ x_3=-5 \end{cases}$；

(2) 有唯一解$\begin{cases} x_1=1 \\ x_2=0 \\ x_3=-1 \\ x_4=-2 \end{cases}$；

(3) 无解；

(4) 有无穷多组解$\begin{cases} x_1=-\frac{1}{2}x_3 \\ x_2=\frac{5}{2}x_3 \end{cases}$ （x_3 为自由未知量）.

9. （1）$\lambda\neq1$ 且 $\lambda\neq-2$；（2）$\lambda=1$；（3）$\lambda=-2$.

10. 例 2 最优解为 $x\approx12.4$，$y\approx34.4$；例 3 最优解为$(3,9)$或$(4,8)$.

11. $\max z=2\times5+2=12$，$\min z=2\times1+1=3$.

12. $\max z=50x+30y$

$$s.\ t.\ \begin{cases}2x+y\leqslant80\\x\geqslant10\\y\leqslant40\end{cases}$$

13. $\max z=1.80\times750x+1.50\times1250y$

$$s.\ t.\ \begin{cases}x+y\leqslant100\\1000x+600y\leqslant40000\\750x+1250y\leqslant60000\end{cases}$$

参考文献

[1] 侯风波．工科高等数学[M]．沈阳：辽宁大学出版社，2006.
[2] 赵树嫄．经济应用数学基础(一)：微积分[M]．北京：中国人民大学出版社，2007.
[3] 高汝熹．高等数学(一)：微积分[M]．武汉：武汉大学出版社，1995.
[4] 李林曙．线性代数[M]．北京：高等教育出版社，2007.
[5] 张圣勤．高等数学[M]．北京：机械工业出版社，2009.
[6] 皮利利．经济应用数学[M]．北京：机械工业出版社，2010.
[7] 李峰．高等数学[M]．北京：原子能出版社，2009.
[8] 李林曙．微积分[M]．北京：高等教育出版社，2007.
[9] 柳重堪．高等数学[M]．北京：中央广播电视大学出版社，2010.
[10] 汪荣伟．经济应用数学[M]．北京：高等教育出版社，2006.

检
43